専門基礎

線形代数学

久保富士男 監修

栗田多喜夫・飯間 信・河村尚明

共著

培風館

まえがき

本書は大学初年度の理工系学生が，線形代数を学ぶための教科書である．線形代数は基礎数学として重要であり，その内容は数学のみならず物理学や工学など，いわゆる理工系の諸分野で広く用いられている．

例えば本書では，数を長方形に並べた「行列」という概念，それを基にして連立１次方程式の性質や解き方を学ぶ．こういった内容をさらに発展させることで，大規模な連立１次方程式を効率良く解く方法を理解することができる．その方法は，高校で学ぶ方法とは随分違っているが，例えば，天気予報を行うためにスーパーコンピュータを用いて大気の運動を計算する際に使われている．

また，本書では「線形写像」という概念を学ぶが，その概念を理解することにより，例えば多項式関数 ($1-2x+6x^2+7x^3$ のような関数) とその微分の関係が，じつは行列の演算と関係していることがわかる．このような例により，数学的な考え方が，一見関係のないようにみえる概念どうしを結びつける強力な力をもつことが理解できるであろう．

ただし本書の目的は線形代数の応用そのものをめざすことではなく，将来専門課程で学ぶ諸分野の習得に最小限必要な基礎知識を効率良く学んでもらうことである．我々は，そのために必要なのはカラフルなページ，イラスト，あるいは文章の断片化ではないと考えている．むしろ，必要な記述はなるべくていねいに書くことや，理解を助ける例や定理を載せるといった基本的なことが重要だと考えた．本書をていねいに読むことで，線形代数学の基本的な考え方が身につき，それは結局，専門科目を学ぶうえでの早道になると信じている．そのような気持ちから，書名を「専門基礎 線形代数学」とした．

本書の執筆にあたり，広島大学大学院理学研究科の石井亮教授，また木内敬氏には原稿を読んでさまざまなご意見をいただいた．ここに感謝の意を表したい．ただし当然のことながら，内容に万が一誤りがあったとすればそれは著者らの責任である．

2016 年 10 月

著 者 一 同

目　　次

定理・定義目次

1
行　　列

1.1　行列とベクトル

あるクラスの試験結果を，ある行には A 君の英語と数学の得点，次の行には B 君の英語と数学の得点，$\cdots$ のような形で 1 つの表にまとめると，そこには複数の数 (得点) が長方形状に並んでいるだろう．このような数の集まりが行列である．

定義 1.1 (行列)

m, n を自然数とし，mn 個の数 a_{ij} $(i = 1, \cdots, m;\ j = 1, \cdots, n)$ を以下のように長方形に並べたものを **(m 行 n 列の) 行列** あるいは **$m \times n$ 行列** という．

$$\begin{bmatrix} a_{11} & a_{12} & \cdots & a_{1n} \\ a_{21} & a_{22} & \cdots & a_{2n} \\ \vdots & \vdots & & \vdots \\ a_{m1} & a_{m2} & \cdots & a_{mn} \end{bmatrix} \tag{1.1}$$

横に並んだ数の組を **行**，縦に並んだ数の組を **列** といい，行の数と列の数の組 (m, n) を **行列の型** という．上から第 i 番目の行を **第 i 行**，左から第 j 番目の列を **第 j 列** という，第 i 行と第 j 列が交わる位置の数 a_{ij} をその行列の **(i, j) 成分** という．

Note:　この教科書では，“数” とは通常の意味での四則演算ができる **有理数**，**実数**，あるいは，**複素数** のいずれかを意味するものとする．(もう少し詳しい説明は，4.2 節「体」も参照のこと．)

- 行列と対比して，単一の数を **スカラー** ということがある．
- 通常，スカラーは小文字 $a, b, c, \cdots$，行列は大文字 $A, B, C, \cdots$ で表す．
- 行列 A の (i, j) 成分が a_{ij} であるとき，$A = [a_{ij}]_{m \times n}$，$A = [a_{ij}]$ などと書くことも多い．
- また，行列の成分を囲む $[\quad]$ は $(\quad)$ とする場合もある．ただし，1×1 行列 $\begin{bmatrix} a \end{bmatrix}$ は，その成分と同一視して a と書く．

本書では，行列の成分は **実数** または **複素数** のいずれかとする．成分がすべて実数 (複素数) の行列を **実行列 (複素行列)** ということがある．

例 1.1

$$A = \begin{bmatrix} 2-i & 2 \end{bmatrix}, \quad B_1 = \begin{bmatrix} 1 & 0 \\ 0 & -1/2 \end{bmatrix}, \quad B_2 = \begin{bmatrix} 1.2 & 2.4 & 3.6 \\ -\sqrt{2} & 5-\pi & \log 2 \end{bmatrix}$$

はいずれも行列の例である．(ただし，$i = \sqrt{-1}$ は虚数単位とする．) ここで，A は複素行列であるが，B_1, B_2 は実行列，複素行列のいずれとみなしてもよい．

2 つの行列 A, B の型が同じで，さらに，それぞれの各成分の値がすべて一致する場合に，A と B は **等しい** といい，このことを $A = B$ と書く．

例題 1.1

行列 $A = \begin{bmatrix} a & b & c & d \\ b & a & d & c \end{bmatrix}$, $B = \begin{bmatrix} 1 & 0 & 2 & 3 \\ 0 & 1 & 3 & 2 \end{bmatrix}$ に対して，

(1) A の型を述べよ．

(2) B の成分のなかで 3 となるものをすべて答えよ．

(3) $A = B$ となるようなスカラー a, b, c, d を求めよ．

解答 (1) $(2, 4)$ 型．(2) $(1, 4)$ 成分，$(2, 3)$ 成分．(3) $a = 1$, $b = 0$, $c = 2$, $d = 3$. ∎

特に，行または列の数が 1 である行列は次のようにもよばれる．

定義 1.2 (行ベクトル・列ベクトル)

$1 \times n$ 行列を **(n 次の) 行ベクトル**, $m \times 1$ 行列を **(m 次の) 列ベクトル** という．これら両者をまとめて **ベクトル** (あるいは, **数ベクトル**) という．

Note: 成分がすべて実数 (複素数) であるベクトルを **実 (複素) ベクトル** とよぶことがある．

数ベクトルは太字の小文字 $\boldsymbol{a}, \boldsymbol{b}, \boldsymbol{c}, \cdots$ を用いて表すことが多い．

行列 $A = [a_{ij}]_{m \times n}$ の第 i 行は，ある n 次行ベクトル $\boldsymbol{a}'_i$ とみなせる．同様に，A の第 j 列は，ある m 次列ベクトル $\boldsymbol{a}_j$ とみなせる．具体的に書くと，

$$\boldsymbol{a}'_i = \begin{bmatrix} a_{i1} & \cdots & a_{in} \end{bmatrix} \text{(行ベクトル)}, \qquad \boldsymbol{a}_j = \begin{bmatrix} a_{1j} \\ \vdots \\ a_{mj} \end{bmatrix} \text{(列ベクトル)}.$$

行列 A は行ベクトル $\boldsymbol{a}'_1, \cdots, \boldsymbol{a}'_m$ を縦に並べたもの，あるいは列ベクトル $\boldsymbol{a}_1, \cdots, \boldsymbol{a}_n$ を横に並べたものと考えることもできる．このような行列の表示をそれぞれ **行ベクトル表示**，あるいは **列ベクトル表示** という (1.4 節).

$$A = \begin{bmatrix} \boldsymbol{a}'_1 \\ \vdots \\ \boldsymbol{a}'_m \end{bmatrix}, \qquad A = \begin{bmatrix} \boldsymbol{a}_1 & \cdots & \boldsymbol{a}_n \end{bmatrix}$$

(行ベクトル表示)　　　　(列ベクトル表示)

例えば, 例題 1.1 の行列 A の場合, $\boldsymbol{a}'_1 = \begin{bmatrix} a & b & c & d \end{bmatrix}, \boldsymbol{a}'_2 = \begin{bmatrix} b & a & d & c \end{bmatrix}$ とおくと，行ベクトル表示を用いて $A = \begin{bmatrix} \boldsymbol{a}'_1 \\ \boldsymbol{a}'_2 \end{bmatrix}$ と表せる．

特別な行列の一つとして，次に定義する零行列がある．

定義 1.3 (零行列・零ベクトル)

(1) 成分がすべて 0 の行列を **零行列** といい, $O, O_{m \times n}$ (特に, $O_n = O_{n \times n}$) などと表す．

(2) 成分がすべて 0 のベクトルを **零ベクトル** といい，$\boldsymbol{0}$ と書く．

例題 1.2

行列 $A=\begin{bmatrix} a-1 & b+1 \\ 0 & c-2 \end{bmatrix}$, 列ベクトル $\boldsymbol{a}=\begin{bmatrix} d^2+1 \\ d^4-1 \end{bmatrix}$ に対して, $A=O$, $\boldsymbol{a}=\boldsymbol{0}$ となるスカラー a,b,c,d を求めよ.

解答　$a=1$, $b=-1$, $c=2$, $d=\pm i$ (i は虚数単位). ■

定義 1.4 (転置行列)

$m \times n$ 行列 $A=[a_{ij}]_{m\times n}$ の行と列を置き換える操作 (転置) により得られる $n \times m$ 行列を A の **転置行列** といい, ${}^tA$ と書く. すなわち, ${}^tA=[\widehat{a}_{ij}]_{n\times m}$ とすると, $\widehat{a}_{ij}=a_{ji}$ である.

- n 次列ベクトル ($n \times 1$ 行列) の転置 (行列) は n 次行ベクトル ($1 \times n$ 行列) である. また, 行ベクトルの転置は列ベクトルである.
- $A=\begin{bmatrix} a & b \\ c & d \\ e & f \end{bmatrix}$ のとき, ${}^tA=\begin{bmatrix} a & c & e \\ b & d & f \end{bmatrix}$ である.
- 行列 $A=[a_{ij}]_{m\times n}$ を $A=\begin{bmatrix} \boldsymbol{a}_1 & \cdots & \boldsymbol{a}_n \end{bmatrix}$ と列ベクトル表示すると, A の転置行列 ${}^tA$ は, ${}^tA=\begin{bmatrix} {}^t\boldsymbol{a}_1 \\ \vdots \\ {}^t\boldsymbol{a}_n \end{bmatrix}$ となる.
- 転置行列の定義から明らかに, ${}^t({}^tA)=A$ である.

1.2 行列の演算

● 和・差・スカラー倍

定義 1.5 (行列の和・スカラー倍)

(1) 行列 A,B の **和** $A+B$ は, A と B の型が同じ場合にのみ, それぞれの成分どうしの和と差をとることで定義される. すなわち, $A=[a_{ij}]_{m\times n}$, $B=[b_{ij}]_{m\times n}$ とすると,

$$A+B=[a_{ij}+b_{ij}]_{m\times n}.$$

(2) 行列 A の **スカラー c 倍** は，A のすべての成分を c 倍することにより定義される．すなわち，$A=[a_{ij}]_{m\times n}$ とすると，

$$cA=[c\,a_{ij}]_{m\times n}.$$

Note: $A+B=C=[c_{ij}]_{m\times n}$，$c_{ij}=a_{ij}+b_{ij}$ のことを略して $A+B=[a_{ij}+b_{ij}]$ のように書くことがある．

特に $(-1)B=-B$ と表す．また，$A+(-B)=A-B$ と表す．これを行列 A,B の **差** という．定義より，明らかに $A-B=O \Longleftrightarrow A=B$ である．

さらに，これらの演算について以下の法則が成り立つ．

定理 1.1 (行列の和とスカラー倍に関する基本法則)

任意の $m\times n$ 行列 A,B,C とスカラー a,b に対して，次が成り立つ．

(1) $A+B=B+A$

(2) $(A+B)+C=A+(B+C)$

(3) $A+O=O+A=A$

(4) $A+(-A)=(-A)+A=O$

(5) $a(bA)=(ab)A$

(6) $(a+b)A=aA+bA$

(7) $a(A+B)=aA+aB$

(8) $0\,A=O$, $1\,A=A$

証明 成分を計算することで直ちに導かれる． ∎

Note: 上の定理 1.1 で述べた行列の和・スカラー倍に関する性質のうち，(1) を **交換法則**，(2) を **結合法則** という．また，(3), (4) の性質をもつことから，零行列 O はスカラーでいう 0 に相当するものだといえる．(なお，(8) の意味については，次節の定理 1.4 として述べる．)

例題 1.3

2 つの 2×2 行列 $A=\begin{bmatrix}1 & 4\\ 2 & 3\end{bmatrix}$，$E=\begin{bmatrix}1 & 0\\ 0 & 1\end{bmatrix}$ とする．

(1) $A + \frac{1}{2}B = E$ となるような 2×2 行列 B を求めよ．

(2) 2つの 2×2 行列 $C = \begin{bmatrix} c_{11} & c_{12} \\ c_{21} & c_{22} \end{bmatrix}$, $D = \begin{bmatrix} d_{11} & d_{12} \\ d_{21} & d_{22} \end{bmatrix}$ は $c_{ij} = c_{ji}$, $d_{ij} = -d_{ji}$ $(1 \leq i, j \leq 2)$ を満たすとする．このとき，$C + D = A$ となるような C, D を求めよ．

解答　(1) $\frac{1}{2}B = E - A$ である．したがって, $B = 2(E - A) = \begin{bmatrix} 0 & -8 \\ -4 & -4 \end{bmatrix}$.

(2) 条件から $c_{21} = c_{12}$, $d_{11} = d_{22} = 0$, $d_{21} = -d_{12}$ である．したがって, $C + D = A$ は成分 $c_{11}, c_{22}, c_{12}, d_{12}$ だけを用いて $\begin{bmatrix} c_{11} & c_{12} + d_{12} \\ c_{12} - d_{12} & c_{22} \end{bmatrix} = \begin{bmatrix} 1 & 4 \\ 2 & 3 \end{bmatrix}$ と表される．両辺の成分が等しいとおいて $c_{11} = 1$, $c_{12} = c_{22} = 3$, $d_{12} = 1$ を得る．すなわち，$C = \begin{bmatrix} 1 & 3 \\ 3 & 3 \end{bmatrix}$, $D = \begin{bmatrix} 0 & 1 \\ -1 & 0 \end{bmatrix}$. ∎

定理 1.1 により，行列の和・差・スカラー倍の演算は，例題 1.3(1) のように，スカラー係数の文字式と同様に計算してよい．ただし，次で述べるように，行列どうしの積が含まれる場合は注意が必要である．

● 積

2つの行列の積は，各成分どうしの単純な積では<u>ない</u>ので注意が必要である．

定義 1.6 (行列の積)

行列 A, B の **積** AB は，A の列の数と B の行の数が等しい場合にのみ，次のような形で定義される．$A = [a_{ij}]_{m \times n}$, $B = [b_{ij}]_{n \times l}$ とするとき，$AB = C$ は $m \times l$ 行列であり，$C = [c_{ij}]_{m \times l}$ は以下のように定義される．

$$c_{ij} = a_{i1}b_{1j} + \cdots + a_{in}b_{nj} = \sum_{k=1}^{n} a_{ik}b_{kj} \quad (i = 1, \cdots, m;\ j = 1, \cdots, l) \tag{1.2}$$

Note:　積の定義式 (1.2) は複雑にみえるが，実際に A, B の成分を並べてみればわかるように，A の第 i 行と B の第 j 列との間で成分どうしの積を足し上げたものである．

$$\text{第}\,i\,\text{行}\begin{bmatrix} a_{11} & \cdots & a_{1k} & \cdots & a_{1n} \\ \vdots & & \vdots & & \vdots \\ a_{i1} & \cdots & a_{ik} & \cdots & a_{in} \\ \vdots & & \vdots & & \vdots \\ a_{m1} & \cdots & a_{mk} & \cdots & a_{mn} \end{bmatrix} \overset{\text{第}\,j\,\text{列}}{\begin{bmatrix} b_{11} & \cdots & b_{1j} & \cdots & b_{1l} \\ \vdots & & \vdots & & \vdots \\ b_{k1} & \cdots & b_{kj} & \cdots & b_{kl} \\ \vdots & & \vdots & & \vdots \\ b_{n1} & \cdots & b_{nj} & \cdots & b_{nl} \end{bmatrix}}$$

いい換えれば，$m \times n$ 行列 $A = [a_{ij}]$ と $n \times l$ 行列 $B = [b_{ij}]$ を，それぞれ

$$A = \begin{bmatrix} \boldsymbol{a}_1 \\ \vdots \\ \boldsymbol{a}_m \end{bmatrix} \ (\text{行ベクトル表示}), \qquad B = \begin{bmatrix} \boldsymbol{b}_1 & \cdots & \boldsymbol{b}_l \end{bmatrix} \ (\text{列ベクトル表示})$$

と表したとき，その積 AB は (i,j) 成分が

$$\boldsymbol{a}_i\,\boldsymbol{b}_j = a_{i1}b_{1j} + \cdots + a_{in}b_{nj}$$

によって与えられる $m \times l$ 行列である．このことから，AB が次のように表されることも容易に確かめられる (1.4 節，定理 1.10).

$$AB = A\begin{bmatrix} \boldsymbol{b}_1 & \cdots & \boldsymbol{b}_l \end{bmatrix} = \begin{bmatrix} A\,\boldsymbol{b}_1 & \cdots & A\,\boldsymbol{b}_l \end{bmatrix} \ (\text{列ベクトル表示}), \tag{1.3}$$

$$AB = \begin{bmatrix} \boldsymbol{a}_1 \\ \vdots \\ \boldsymbol{a}_m \end{bmatrix} B = \begin{bmatrix} \boldsymbol{a}_1 B \\ \vdots \\ \boldsymbol{a}_m B \end{bmatrix} \ (\text{行ベクトル表示}). \tag{1.4}$$

例題 1.4

$A = \begin{bmatrix} 1 & 0 \\ 3 & 0 \end{bmatrix}$, $B = \begin{bmatrix} 0 & 0 \\ 2 & 1 \end{bmatrix}$, $C = \begin{bmatrix} 1 & 2 \\ 3 & 4 \\ 5 & 6 \end{bmatrix}$, $D = \begin{bmatrix} 0 & 1 & 0 \\ 1 & 0 & 1 \\ 0 & 1 & 0 \end{bmatrix}$ とする．

(1) 行列 AB, BA を求めて，$AB \neq BA$ であることを確かめよ．

(2) 積 AA, BB, CC, DD のなかで実際に積が定義できるものを選び，それらを求めよ．

(3) 上の 4 つから (1), (2) 以外に積が定義できる行列の組をすべて選び，それらを求めよ．

解答　(1) $AB = \begin{bmatrix} 0 & 0 \\ 0 & 0 \end{bmatrix}$, $BA = \begin{bmatrix} 0 & 0 \\ 5 & 0 \end{bmatrix}$ である．したがって，$AB \neq BA$.

(2) $AA = \begin{bmatrix} 1 & 0 \\ 3 & 0 \end{bmatrix}$, $BB = \begin{bmatrix} 0 & 0 \\ 2 & 1 \end{bmatrix}$, $DD = \begin{bmatrix} 1 & 0 & 1 \\ 0 & 2 & 0 \\ 1 & 0 & 1 \end{bmatrix}$.

(3) $CA = \begin{bmatrix} 7 & 0 \\ 15 & 0 \\ 23 & 0 \end{bmatrix}$, $CB = \begin{bmatrix} 4 & 2 \\ 8 & 4 \\ 12 & 6 \end{bmatrix}$, $DC = \begin{bmatrix} 3 & 4 \\ 6 & 8 \\ 3 & 4 \end{bmatrix}$. ∎

Note: 例題 1.4(1) の行列 A, B のように，$A \neq O$, $B \neq O$ であっても $AB = O$ となる場合もある．したがって，$AB = O$ が成り立つからといって，一般に「$A = O$ または $B = O$」が成り立つとは限らない．

わかりやすい形で行列の積が現れる例をいくつかあげておこう．

例 1.2

ある学年の各クラスの人数は，学期毎に以下の左の表 (単位：人) のように変動したとする．また，この学年では学期毎に英語と数学の教材を購入して，一人あたりの費用は中の表 (単位：円/人) のようになったとする．このとき，各クラス毎にかかった英語，数学それぞれの教材費の合計をまとめたものは右の表 (単位：円) となる．

	前期	後期
A 組	40	39
B 組	41	40

	英語	数学
前期	1200	800
後期	0	700

	英語	数学
A 組	48000	59300
B 組	49200	60800

これは，左の表の各行 (各クラスの学期毎の人数) と中の表の各列 (各科目の学期毎の教材費) に対して，学期毎に計算した (人数)×(教材費) の値を足し合わせることで与えられる．このような表計算は，左，中の表から得られる行列 $P = \begin{bmatrix} 40 & 39 \\ 41 & 40 \end{bmatrix}$, $Q = \begin{bmatrix} 1200 & 800 \\ 0 & 700 \end{bmatrix}$ に対して，積 PQ を計算することと同じである．

例 1.3

連立 1 次方程式 $\begin{cases} x + \ \ y = 10 \\ 2x + 4y = 20 \end{cases}$ は，行列を用いて $\begin{bmatrix} 1 & 1 \\ 2 & 4 \end{bmatrix} \begin{bmatrix} x \\ y \end{bmatrix} = \begin{bmatrix} 10 \\ 20 \end{bmatrix}$

と表せる (連立 1 次方程式は第 2 章で詳しく扱う)．

例 1.4

2 次元平面上の点 $\mathrm{P}(x,y)$ に対して，P を直線 $l: y=x$ 上に垂直に下ろした点を $\mathrm{Q}(x',y')$ とすると，(x,y) と (x',y') の関係は，

$$x' = \frac{1}{2}(x+y), \quad y' = \frac{1}{2}(x+y).$$

これより，点 P を点 Q にうつす操作は，以下のように行列の積を使って表せる．

$$\begin{bmatrix} x' \\ y' \end{bmatrix} = \begin{bmatrix} \frac{1}{2} & \frac{1}{2} \\ \frac{1}{2} & \frac{1}{2} \end{bmatrix} \begin{bmatrix} x \\ y \end{bmatrix}$$

なお，原点を通る一般の直線の場合も，行列の積を使って表せる (例題 5.5 で扱う)．

例 1.5

例 1.4 を一般化して，2 次元平面上の点 $\mathrm{P}(x,y)$ に対し，点 $\mathrm{Q}(x',y')$ を，

$$x' = ax+by, \quad y' = cx+dy \quad (a,b,c,d \text{ は定数})$$

により対応させる．この対応は行列を使って，

$$\begin{bmatrix} x' \\ y' \end{bmatrix} = A \begin{bmatrix} x \\ y \end{bmatrix} \quad \left(A = \begin{bmatrix} a & b \\ c & d \end{bmatrix} \right)$$

と書ける．同様に，点 $\mathrm{Q}(x',y')$ から点 $\mathrm{R}(x'',y'')$ への対応を

$$\begin{bmatrix} x'' \\ y'' \end{bmatrix} = B \begin{bmatrix} x' \\ y' \end{bmatrix} \quad \left(B = \begin{bmatrix} a' & b' \\ c' & d' \end{bmatrix} \right) \quad (a',b',c',d' \text{ は定数})$$

により定義する．このとき，点 $\mathrm{P}(x,y)$ から点 $\mathrm{R}(x'',y'')$ への対応を具体的に計算すると，ある行列 C を使って $\begin{bmatrix} x'' \\ y'' \end{bmatrix} = C \begin{bmatrix} x \\ y \end{bmatrix}$ と表せる．一方，上の 2 式から x', y' を消去してできる式 $\begin{bmatrix} x'' \\ y'' \end{bmatrix} = B \begin{bmatrix} x' \\ y' \end{bmatrix} = BA \begin{bmatrix} x \\ y \end{bmatrix}$ とも表せる．このとき行列 C は積 BA と一致する (より一般の場合は例題 5.2 で扱う)．

行列の積を含む演算に関しては以下の定理が成り立つ.

定理 1.2 (行列の積に関する結合法則・分配法則)

任意の行列 A, B, C に対して，次が成り立つ.

(1) $(AB)C = A(BC)$

(2) $A(B+C) = AB + AC$,

$(A+B)C = AC + BC$

(ただし，ここでの和や積の演算はすべて定義されているとする.)

証明 成分に分けて直接計算することで示すことができる ■

定理 1.3

行列 A, B に対して，和 $A+B$，スカラー倍 $c\,A$，積 AB が定義されるとき，それぞれ次が成り立つ.

(1) ${}^t(A+B) = {}^tA + {}^tB$

(2) ${}^t(cA) = c\,{}^tA$

(3) ${}^t(AB) = {}^tB\,{}^tA$

証明 (1), (2) は和・スカラー倍と転置行列の定義から明らかである.

(3) $A = [a_{ij}]_{m\times n}$, $B = [b_{ij}]_{n\times l}$ に対して，$AB = C = [c_{ij}]_{m\times l}$ とおく. 積の定義から $c_{ij} = \sum_{k=1}^{n} a_{ik}b_{kj}$ であるから，${}^t(AB)$ の (i,j) 成分は

$$c_{ji} = \sum_{k=1}^{n} a_{jk}b_{ki}$$

となる.

一方，${}^tB = \left[\widehat{b}_{ij}\right]_{l\times n}$, ${}^tA = [\widehat{a}_{ij}]_{n\times m}$ とおくと，$\widehat{b}_{ij} = b_{ji}$, $\widehat{a}_{ij} = a_{ji}$ である. つまり ${}^tB\,{}^tA$ の (i,j) 成分は

$$\sum_{k=1}^{n} \widehat{b}_{ik}\widehat{a}_{kj} = \sum_{k=1}^{n} a_{jk}b_{ki}$$

である. したがって，${}^t(AB) = {}^tB\,{}^tA$. ■

1.3 正方行列とその性質

● 正方行列

定義 1.7 (正方行列とその対角成分)

$n \times n$ 行列を **n 次正方行列** とよぶ．正方行列 $A = [a_{ij}]_{n \times n}$ に対し，成分 a_{ii} $(i = 1, \cdots, n)$ を，A の **対角成分** という．

正方行列の成分は正方形に並んでいる．対角成分は，その正方形における右下がりの対角線上の成分のことである．

定義 1.8 (対角行列・単位行列)

(1) 対角成分以外の成分がすべて 0 である正方行列を **対角行列** とよぶ．
(2) 対角成分がすべて 1 である対角行列を **単位行列** とよび，E と書く．型を明示したい場合，$E_n \, (= E_{n \times n})$ のように書くこともある．

対角行列は，例えば $\begin{bmatrix} a_1 & & 0 \\ & \ddots & \\ 0 & & a_n \end{bmatrix}$ のような行列のことである．大きな 0 は，示されている成分以外はすべて 0 であることを表す．この対角行列を略して $\mathrm{diag}\,(a_1, \cdots, a_n)$ と書くことがある．

例 1.6

$\begin{bmatrix} 3 & 0 \\ 0 & \frac{1}{2} \end{bmatrix}$, $\begin{bmatrix} 6 & 0 & 0 \\ 0 & 0 & 0 \\ 0 & 0 & -1 \end{bmatrix}$ は対角行列，$E_3 = \begin{bmatrix} 1 & 0 & 0 \\ 0 & 1 & 0 \\ 0 & 0 & 1 \end{bmatrix}$ は単位行列である．

定義 1.9

任意の自然数 i, j に対して，

$$\delta_{ij} = \begin{cases} 1 & (i = j), \\ 0 & (i \neq j) \end{cases}$$

で定義される記号 δ_{ij} を **クロネッカーのデルタ記号** という．

n 次単位行列 (単位行列が n 次正方行列の場合このようにいう) は，クロネッカーのデルタ記号を用いて $E = E_n = [\delta_{ij}]_{n\times n}$ と表すことができる．

また，単位行列の各行，各列に現れるベクトルは基本的な役割を担うため名前がつけられている．

定義 1.10 (基本単位ベクトル)

単位行列の列ベクトル表示 $E = E_n = \begin{bmatrix} \boldsymbol{e}_1 & \boldsymbol{e}_2 & \cdots & \boldsymbol{e}_n \end{bmatrix}$ に現れるベクトル $\boldsymbol{e}_1, \boldsymbol{e}_2, \cdots, \boldsymbol{e}_n$ を (n 次) **基本単位列ベクトル** とよぶ．すなわち，

$$\boldsymbol{e}_1 = \begin{bmatrix} 1 \\ 0 \\ \vdots \\ \vdots \\ 0 \end{bmatrix}, \quad \boldsymbol{e}_2 = \begin{bmatrix} 0 \\ 1 \\ 0 \\ \vdots \\ 0 \end{bmatrix}, \cdots, \boldsymbol{e}_n = \begin{bmatrix} 0 \\ \vdots \\ \vdots \\ 0 \\ 1 \end{bmatrix}.$$

また，これらを転置することで得られる行ベクトル ${}^t\boldsymbol{e}_1, {}^t\boldsymbol{e}_2, \cdots, {}^t\boldsymbol{e}_n$ を (n 次) **基本単位行ベクトル** とよぶ．これらをまとめて **基本単位ベクトル** という．

Note: 基本単位ベクトルのことを，単に **基本ベクトル** あるいは **単位ベクトル** とよぶこともある．

任意のスカラー c に対して，対角行列 cE を一般に **スカラー行列** とよぶ．特に，$O = 0E$, $E = 1E$ はスカラー行列である．

定理 1.4 (行列のスカラー倍とスカラー行列)

任意の $m \times n$ 行列 A に対して，以下の等式が成り立つ．

$$O_m A = A O_n = O_{m\times n}, \quad E_m A = A E_n = A$$

一般に，スカラー c に対して $(cE_m)A = A\,(cE_n) = cA$ が成り立つ．

証明　後半の主張を先に示す．$cE_m = [c\delta_{ij}]_{m\times m}$, $A = [a_{ij}]_{m\times n}$ とおくと，積の定義から，$(cE_m)A$ の (i,j) 成分は $\displaystyle\sum_{k=1}^{n}(c\delta_{ik})a_{kj} = (c\delta_{ii})a_{ij} = ca_{ij}$ である (最初の等号は，$\sum$ のなかが 0 にならないのは $i = k$ の場合に限ることによる)．よって $(cE_m)A = cA$．同様にして，$A(cE_n) = cA$ が得られる．この等式で $c = 0, 1$ を代入すると前半の等式が示される． ∎

定理 1.4 から，以下がわかる．

- 単位行列 E を任意の行列に掛けてもその行列は不変であるので，E はスカラーでいう 1 に相当する．
- 零行列 O は任意の行列との積をとると O となるので，O はスカラーでいう 0 に相当する．

さて，転置行列を用いて定義される行列の例に，次のものがある．

定義 1.11 (対称行列・交代行列)

正方行列 $A = [a_{ij}]$ に対して，
(1) ${}^tA = A$，すなわち，$a_{ij} = a_{ji}$ であるとき，A は **対称行列** であるという．
(2) ${}^tA = -A$，すなわち，$a_{ij} = -a_{ji}$ であるとき，A は **交代行列** であるという．

対角行列は対称行列である．また，交代行列の対角成分はすべて 0 である．実際，交代行列 $A = [a_{ij}]$ に対して，

$$a_{ii} = -a_{ii} \ (\Longleftrightarrow 2a_{ii} = 0) \Longleftrightarrow a_{ii} = 0$$

となる (例題 1.3 参照)．

これら以外にも，次のように特徴的な形をした正方行列がある．

定義 1.12 (三角行列)

正方行列 $A = [a_{ij}]$ に対して，
(1) $a_{ij} = 0 \ (i > j)$ であるとき，A を **上三角行列** という．
(2) $a_{ij} = 0 \ (i < j)$ であるとき，A を **下三角行列** という．
これらをまとめて **三角行列** とよぶ．

$$\begin{bmatrix} a_{11} & a_{12} & \cdots & a_{1n} \\ 0 & a_{22} & \cdots & a_{2n} \\ \vdots & \ddots & \ddots & \vdots \\ 0 & \cdots & 0 & a_{nn} \end{bmatrix} \qquad \begin{bmatrix} a_{11} & 0 & \cdots & 0 \\ a_{21} & a_{22} & \ddots & \vdots \\ \vdots & \vdots & \ddots & 0 \\ a_{n1} & a_{n2} & \cdots & a_{nn} \end{bmatrix}$$

(上三角行列)　　(下三角行列)

Note: 上三角行列の転置行列は下三角行列，下三角行列の転置行列は上三角行列である．対角行列は上三角行列かつ下三角行列である．

例題 1.5

$A = \begin{bmatrix} a & b & c \\ d & e & 0 \\ f & 0 & 0 \end{bmatrix}$ が，(1) 三角行列，(2) 対称行列，(3) 対角行列となる条件を求めよ．

解答　(1) $b = c = 0$ あるいは $d = f = 0$．(2) $b = d, c = f$．
(3) $b = c = d = f = 0$．■

同じ型の正方行列間の演算では，演算を続けて行うことができる．本節では，以後同じ型の正方行列間の演算の性質を考える．

● 行列のべき乗

$\underbrace{AA\cdots A}_{m}$ のことを A^m と書き，A の m **乗**という．特に，$A^2 = AA$，$A^3 = AAA$ である．また，$A^0 = E$ と約束する．

定理 1.3(3) から，${}^t(A^m) = ({}^tA)^m$ が成り立つので，今後，${}^t(A^m) = ({}^tA)^m = {}^tA^m$ と書く．

● 可換性

行列 A, B に関して，$AB = BA$ は一般には成り立たない．したがって $AB = BA$ が成り立つのは特別な場合であり，名前がつけられている．

定義 1.13 (行列の可換性)

正方行列 A, B に対して $AB = BA$ が成り立つとき，A と B は **可換** であるという．

任意の正方行列 A に対して，

- A と零行列 O，A と単位行列 E (一般に，A とスカラー行列 cE) は可換である (定理 1.4)．
- A^m と A は可換である．

もし行列 A, B が可換ならば，それらの和，差，スカラー倍，積を含む演算は，スカラー係数の文字式と同様に計算できる．例えば，A, B が可換ならば，

$$(A + B)(A - B) = (A + B)A - (A + B)B$$

$$= A^2 + \underline{BA - AB} - B^2 = A^2 - B^2$$

と文字式の展開に準じた計算ができる．一方，A と B が可換でない場合，下線部は O でないため，最後の等式は成立しない．

例題 1.6

正方行列 A, B に対して，次を示せ．

$$(A+B)^2 = A^2 + 2AB + B^2 \Longleftrightarrow AB = BA$$

解答　定理 1.2(2) により，与式の左辺を展開すると，

$$(A+B)^2 = A(A+B) + B(A+B) = A^2 + AB + BA + B^2$$

となることから $(A^2 + 2AB + B^2) - (A+B)^2 = AB - BA$. したがって，$(A+B)^2 = A^2 + 2AB + B^2$ と $AB = BA$ は同値である．■

さて，与えられた正方行列 A のべき乗 A^m (m は自然数) はどのように計算すればいいだろうか．

もし A が対角行列ならば，積の定義から A^m は以下のように計算できる．

$$A = \begin{bmatrix} a_{11} & & 0 \\ & \ddots & \\ 0 & & a_{nn} \end{bmatrix} \text{ ならば，} A^m = \begin{bmatrix} (a_{11})^m & & 0 \\ & \ddots & \\ 0 & & (a_{nn})^m \end{bmatrix}.$$

また，A が三角行列である場合も，比較的容易に A^m が求められる．

例題 1.7

$A = \begin{bmatrix} 1 & 1 \\ 0 & 1 \end{bmatrix}$ に対して，$A^m = \begin{bmatrix} 1 & m \\ 0 & 1 \end{bmatrix}$ (m は 0 以上の整数) となることを示せ．

解答　数学的帰納法を用いる．(i) $m = 0$ に対しては明らかである．

(ii) $m \geq 0$ に対して $A^m = \begin{bmatrix} 1 & m \\ 0 & 1 \end{bmatrix}$ であると仮定すると，

$$A^{m+1} = A^m A = \begin{bmatrix} 1 & m \\ 0 & 1 \end{bmatrix} \begin{bmatrix} 1 & 1 \\ 0 & 1 \end{bmatrix} = \begin{bmatrix} 1 & m+1 \\ 0 & 1 \end{bmatrix}$$

である．以上から，与式が 0 以上の整数 m に対して成立する．■

2 次正方行列の場合は，次の定理に注目するとよい．

定理 1.5 (2 次正方行列に対するケイリー・ハミルトンの定理)

任意の 2 次正方行列 $A = \begin{bmatrix} a & b \\ c & d \end{bmatrix}$ に対して，次の等式が成り立つ．

$$A^2 - (a+d)A + (ad - bc)E = O$$

証明　A は任意のスカラー行列と可換なので以下が成り立つ．

$$(A - aE)(A - dE) = A^2 - (a+d)A + ad\,E$$

一方，$A - aE = \begin{bmatrix} 0 & b \\ c & d-a \end{bmatrix}$，$A - dE = \begin{bmatrix} a-d & b \\ c & 0 \end{bmatrix}$ から，左辺の積を実際に計算すると $(A - aE)(A - dE) = \begin{bmatrix} bc & 0 \\ 0 & bc \end{bmatrix} = bc\,E$ である．すなわち，$A^2 - (a+d)A + ad\,E = bc\,E$．これにより与式が得られる．

(**別証明：**与式の左辺の各成分を直接計算することでも証明できる．) ■

Note:　一般の正方行列に対するケイリー・ハミルトンの定理は，定理 7.14 で取り上げる．

例題 1.8

$A = \begin{bmatrix} 2 & 8 \\ 1 & 4 \end{bmatrix}$, $B = \begin{bmatrix} 1 & -1 \\ 3 & -1 \end{bmatrix}$, $C = \begin{bmatrix} 0 & 1 \\ -1 & 2 \end{bmatrix}$ とするとき，A^m, B^m, C^m $(m \geq 1)$ を求めよ．

解答　いずれも定理 1.5 から得られる式を用いる．

(1) $A^2 = 6A$ となるから，$A^m = 6^{m-1}A$．

(2) $B^2 = -2E$ となるから，$k = 1, 2, \cdots$ として，

$$B^m = \begin{cases} (-2)^{k-1}B & (m = 2k-1), \\ (-2)^k E & (m = 2k). \end{cases}$$

(3) 定理 1.5 から，$C^2 = 2C - E$．これから $C^3, C^4, \cdots$ を具体的に計算し

て，$C^m = mC - (m-1)E \ (m \geq 1) \quad (*)$ と予想する．式 $(*)$ が正しいことを数学的帰納法で示す．(i) $m=1$ の場合，式 $(*)$ は正しい．(ii) $m=k$ の場合，式 $(*)$ が正しいとすると，$C^k = kC - (k-1)E$．$m = k+1$ のとき，

$$\begin{aligned} C^{k+1} = C^k C = \{kC - (k-1)E\} C &= kC^2 - (k-1)C \\ &= k(2C - E) - (k-1)C = (k+1)C - kE. \end{aligned}$$

よってこの場合も式 $(*)$ は正しい．以上より，すべての自然数 m に対して式 $(*)$ は正しい． ∎

定義 1.14 (べき零行列)

正方行列 A に対して，$A^m = O$ となるような自然数 m が存在するとき，A は **べき零行列** であるという．

零行列 O は明らかにべき零行列である．$A \neq O$ がべき零行列となる場合がある．例えば，$A = \begin{bmatrix} 0 & 1 \\ 0 & 0 \end{bmatrix} \neq O$ であるが，$A^2 = \begin{bmatrix} 0 & 1 \\ 0 & 0 \end{bmatrix}\begin{bmatrix} 0 & 1 \\ 0 & 0 \end{bmatrix} = \begin{bmatrix} 0 & 0 \\ 0 & 0 \end{bmatrix} = O$ である．

● 正則性と逆行列

1.2 節で行列の積を定義したが，行列の商はまだ定義していない．そのために逆数に相当する概念を行列に導入する．

定義 1.15 (行列の正則性と逆行列)

正方行列 A に対して，次のような正方行列 X が存在するとき，A は **正則** (あるいは，**可逆**) であるという．

$$AX = XA = E \tag{1.5}$$

また，このような X を A の **逆行列** といい，$X = A^{-1}$ と書く．

Note: A が正則であるとき，その逆行列 A^{-1} はただ一つ存在する．これは，もし正方行列 X_1, X_2 がともに上の等式 (1.5) を満たすとすると，定理 1.4, 1.2(1) より，$X_1 = X_1E = X_1(AX_2) = (X_1A)X_2 = EX_2 = X_2$．すなわち，$X_1 = X_2$ が成り立つからである．

これまでにでてきた行列が正則かどうか考えてみよう．

- (正方) 零行列 O_n は正則でない．実際，定理 1.4 より，任意の正方行列 X に対して $OX = XO = O \neq E$ である．
- 単位行列 E は正則であり，$E^{-1} = E$ である．一般に，スカラー行列 cE は $c \neq 0$ のとき正則であり，$(cE)^{-1} = c^{-1}E$ である．

じつは，正方行列 A が正則であるための条件はもう少しゆるくてよく，$AX = E$, $XA = E$ の一方が成り立てば他方が成り立つことが知られている．

定理 1.6

正方行列 A, X に対して，$AX = E \Longleftrightarrow XA = E$ である．

証明　この定理は，第 2 章 (定理 2.11) で証明する．■

定理 1.7

正方行列 A, B はともに正則であるとする．このとき，次が成り立つ．

(1) A^{-1} は正則であり，$(A^{-1})^{-1} = A$.

(2) ${}^tA$ は正則であり，$({}^tA)^{-1} = {}^t(A^{-1})$.

(3) AB は正則であり，$(AB)^{-1} = B^{-1}A^{-1}$.

(4) A^m は正則であり，$(A^m)^{-1} = (A^{-1})^m$ (m は任意の自然数).

証明　(1) 定義から明らかである．

(2) $AA^{-1} = E$ の両辺の転置をとると，定理 1.3(3) から，${}^t(A^{-1})\,{}^tA = {}^t(AA^{-1}) = {}^tE = E$. したがって，定理 1.6 より，$({}^tA)^{-1} = {}^t(A^{-1})$ である．

(3) 定理 1.4, 1.2(1) より，

$$AB(B^{-1}A^{-1}) = A(B^{-1}B)A^{-1} = AEA^{-1} = AA^{-1} = E.$$

同様に，$(B^{-1}A^{-1})AB = E$ も示せる．したがって，$(AB)^{-1} = B^{-1}A^{-1}$ である．

(4) 数学的帰納法を用いる．(i) $m = 1$ ならば明らか．(ii) $m = k$ のとき主張が成り立つとすると，$m = k+1$ のときは $B = A^k$ として (3) から主張が成り立つことがわかる．よって，すべての自然数 m に対して主張は成立する．■

定理 1.7(4) より，べき零行列は正則でない．これは背理法で簡単に示せる．実際，A がべき零行列で，かつ正則とすると，ある自然数について $A^m = O$.

しかし A^m は正則なので，O が正則でないことと矛盾する．

スカラーの場合とは異なり，正方行列が正則かどうかはそれほど明らかではない．例えば，2 次正方行列 $\begin{bmatrix} 1 & 2 \\ 2 & 4 \end{bmatrix}$ は正則でない．2 次正方行列が正則であるための必要十分条件を与えてくれるのが次の定理である．

定理 1.8 (2 次正方行列の正則性と逆行列)

(1) 2 次正方行列 $A = \begin{bmatrix} a & b \\ c & d \end{bmatrix}$ が正則である $\Longleftrightarrow ad - bc \neq 0$.

(2) $ad - bc \neq 0$ のとき，A の逆行列は $A^{-1} = \dfrac{1}{ad-bc}\begin{bmatrix} d & -b \\ -c & a \end{bmatrix}$ である．

証明 (1) ($\Rightarrow$) 背理法を用いる．正則行列 A に対して，もし $ad-bc=0$ であったとすると，定理 1.5 より $A^2 = (a+d)A$．この両辺に逆行列 A^{-1} を掛けることで $A = (a+d)E$ が得られる．したがって，$A-(a+d)E = \begin{bmatrix} -d & b \\ c & -a \end{bmatrix} = O$ より，$a=b=c=d=0$，すなわち，$A = O$ となる．しかしこれは，A が正則であることに矛盾する．したがって，A が正則ならば $ad-bc \neq 0$ である．

($\Leftarrow$) $ad - bd \neq 0$ として，$A^2 - (a+d)A = -(ad-bc)E$ を $-(ad-bc)^{-1}$ 倍することで，次が得られる．

$$-\frac{1}{ad-bc}(A^2 - (a+d)A) = A\left(-\frac{1}{ad-bc}(A-(a+d)E)\right) = E \tag{1.6}$$

したがって，定理 1.6 より，A は正則である．

(2) 式 (1.6) より，

$$A^{-1} = -\frac{1}{ad-bc}(A-(a+d)E) = \frac{1}{ad-bc}\begin{bmatrix} d & -b \\ -c & a \end{bmatrix}. \qquad \blacksquare$$

定理 1.8 で導入した，2 次正方行列 A の正則性を決定するスカラー $ad-bc$ を A の **行列式** (determinant) とよぶ (定義 3.1 参照)．一般の n 次正方行列に対する行列式の導入と応用は，第 3 章で詳しく取り扱う (定義自体は定義 3.10)．

正方行列の対角成分の和は重要な量であり，名前がつけられている．

定義 1.16 (行列のトレース)

正方行列 $A = [a_{ij}]_{n\times n}$ に対して,

$$\operatorname{tr} A = a_{11} + \cdots + a_{nn} = \sum_{i=1}^{n} a_{ii}$$

とおき，これを A の **トレース** (trace) とよぶ.

例題 1.9

n 次正方行列 A, B, P とスカラー c に対して，以下の等式を示せ.

(1) $\operatorname{tr}(A+B) = \operatorname{tr} A + \operatorname{tr} B, \quad \operatorname{tr}(cA) = c(\operatorname{tr} A)$

(2) $\operatorname{tr}({}^t\!A) = \operatorname{tr} A$

(3) $\operatorname{tr}(AB) = \operatorname{tr}(BA)$

(4) $\operatorname{tr}(P^{-1}AP) = \operatorname{tr} A$ (P は正則行列)

(5) A の成分が実数のとき，$\operatorname{tr}({}^t\!AA) \geq 0$.

解答　(1), (2) は定義から明らかである.

(3) $A = [a_{ij}]_{n\times n}$, $B = [b_{ij}]_{n\times n}$ とすると，行列の積の定義から,

$$\operatorname{tr}(AB) = \sum_{i=1}^{n}\sum_{k=1}^{n} a_{ik}b_{ki} = \sum_{k=1}^{n}\sum_{i=1}^{n} b_{ki}a_{ik} = \operatorname{tr}(BA).$$

(4) (3) より，
$$\begin{aligned}\operatorname{tr}(P^{-1}AP) &= \operatorname{tr}(P^{-1}(AP)) = \operatorname{tr}((AP)P^{-1}) \\ &= \operatorname{tr}(APP^{-1}) = \operatorname{tr}(AE) = \operatorname{tr} A.\end{aligned}$$

(5) $\operatorname{tr}({}^t\!AA) = \sum_{i=1}^{n}\sum_{k=1}^{n} a_{ki}^2 \geq 0$ (等号成立は a_{ki} がすべて 0，つまり $A = O$ のとき.) ∎

1.4 行列の分割

行や列の個数が多い行列の演算を考える際，行列に縦および横の仕切りを入れることで行列を分割し，仕切られた部分を別の行列として考えることで，計算の見通しがよくなることがある.

定義 1.17 (行列のブロック分割)

$m \times n$ 行列 A を $(k-1)$ 本の横線，$(l-1)$ 本の縦線を入れることで kl 個の区画に分割し，上から i 番目，左から j 番目の区画にある数を行列

とみなし A_{ij} $(i=1,\cdots,k;\ j=1,\cdots,l)$ と書く．すると行列 A は以下のように表せる．

$$A = \left[\begin{array}{c|c|c} A_{11} & \cdots & A_{1l} \\ \hline \vdots & & \vdots \\ \hline A_{k1} & \cdots & A_{kl} \end{array}\right]$$

このとき，A_{ij} が $m_i \times n_j$ 行列であるとすると，$m = m_1 + \cdots + m_k$，$n = n_1 + \cdots + n_l$ である．このような分割を行列の **ブロック分割** (あるいは，**小行列分割**) とよぶ．

なお，上で描いた縦線あるいは横線は便宜的なものであり，省略してもよい．

行列 A を定義 1.17 のように kl 個の $m_i \times n_j$ 行列 A_{ij} で分割した場合，$A = [A_{ij}]_{k\times l}$ などと書くことがある．

例 1.7

3×4 行列 $A = \begin{bmatrix} 1 & 3 & 1 & 0 \\ 2 & -1 & 0 & 1 \\ 3 & 4 & 2 & 3 \end{bmatrix}$ のブロック分割として，例えば，

$$A_{11} = \begin{bmatrix} 1 & 3 \\ 2 & -1 \end{bmatrix},\ A_{12} = \begin{bmatrix} 1 & 0 \\ 0 & 1 \end{bmatrix},\ A_{21} = \begin{bmatrix} 3 & 4 \end{bmatrix},\ A_{22} = \begin{bmatrix} 2 & 3 \end{bmatrix}$$

とおくと，$A = \left[\begin{array}{cc|cc} 1 & 3 & 1 & 0 \\ 2 & -1 & 0 & 1 \\ \hline 3 & 4 & 2 & 3 \end{array}\right] = \begin{bmatrix} A_{11} & A_{12} \\ A_{21} & A_{22} \end{bmatrix}$ と表すことができる．

適当な形でブロック分割することで，行列の演算を，より小さい行列の演算に帰着して考えることができる．例えば，次のことがいえる．

定理 1.9 (ブロック分割された行列の和・スカラー倍)

$m \times n$ 行列 A, B を $A = [A_{ij}]_{k\times l}$, $B = [B_{ij}]_{k\times l}$ とブロック分割する．ただし，各 $i = 1,\cdots,k$, $j = 1,\cdots,l$ に対して，行列 A_{ij}, B_{ij} は同じ型であるとする．このとき，和 $A+B$，スカラー倍 cA は，それぞれ次のようにブロック分割される．

$$A + B = [A_{ij} + B_{ij}]_{k\times l}, \quad cA = [c\,A_{ij}]_{k\times l}$$

証明　行列の和・スカラー倍とブロック分割の定義から明らかである. ∎

Note:　定理 1.9 のような行列の表し方は, 成分を使って行列を表すときの表し方に準じる.

定理 1.10 (ブロック分割された行列の積)

行列 A, B を積 AB が定義されるものとして, これらを $A = [A_{ij}]_{m\times n}$, $B = [B_{ij}]_{n\times l}$ と分割する. ただし, 各 $k = 1, \cdots, n$ に対して積 $A_{ik}B_{kj}$ $(i = 1, \cdots, m; j = 1, \cdots, l)$ が定義されるものとする. このとき, $AB = [C_{ij}]_{m\times l}$ とブロック分割すると,

$$C_{ij} = A_{i1}B_{1j} + \cdots + A_{in}B_{nj} = \sum_{k=1}^{n} A_{ik}B_{kj} \tag{1.7}$$

$(i = 1, \cdots, m; j = 1, \cdots, l)$ が成り立つ.

証明　ここでは省略するが, 実際に行列の積の定義をブロック分割することで証明できる. ∎

定理 1.10 は, 2 つの行列の積 AB の計算は, A と B をうまくブロック分割することで, より小さい行列の積 $A_{ik}B_{kj}$ の計算に帰着できることを表す. また, 等式 (1.7) は, A, B のブロック分割における各行列 A_{ij}, B_{ij} を形式的にスカラーとみなすと行列の積の定義式 (1.2) と同じ形なので, 覚えやすいだろう. なお, 行列の積の列ベクトル表示, 行ベクトル表示 (式 (1.3), (1.4)) は定理 1.10 の特別な場合である.

例題 1.10

m 次正方行列 A_{11}, B_{11}, n 次正方行列 A_{22}, B_{22}, $m\times n$ 行列 A_{12}, B_{12}, $O = O_{n\times m}$ に対して, $A = \begin{bmatrix} A_{11} & A_{12} \\ O & A_{22} \end{bmatrix}$, $B = \begin{bmatrix} B_{11} & B_{12} \\ O & B_{22} \end{bmatrix}$ とおく.

(1) AB を計算せよ.

(2) A_{11}, A_{22} が正則であるならば, A は正則であり, このとき,

$A^{-1} = \begin{bmatrix} A_{11}^{-1} & -A_{11}^{-1}A_{12}A_{22}^{-1} \\ O & A_{22}^{-1} \end{bmatrix}$ であることを示せ.

解答　(1) 定理 1.10 より，$AB = \begin{bmatrix} A_{11}B_{11} & A_{11}B_{12} + A_{12}B_{22} \\ O & A_{22}B_{22} \end{bmatrix}$.

(2) (1) の結果から，

$$AB = E \iff A_{11}B_{11} = E,\quad A_{22}B_{22} = E,\ A_{11}B_{12} + A_{12}B_{22} = O.$$

このとき，定理 1.6 より，

$$B_{11} = A_{11}^{-1},\quad B_{22} = A_{22}^{-1},\quad B_{12} = -A_{11}^{-1}A_{12}B_{22} = -A_{11}^{-1}A_{12}A_{22}^{-1}$$

であることから，$A^{-1} = B = \begin{bmatrix} A_{11}^{-1} & -A_{11}^{-1}A_{12}A_{22}^{-1} \\ O & A_{22}^{-1} \end{bmatrix}$ とおけば，$AA^{-1} = A^{-1}A = E$ となるので A は正則である．■

ブロック分割を用いて，実際に 3 次正方行列の逆行列を計算してみよう．

例 1.8

$$P_{12} = \begin{bmatrix} 0 & 1 & 0 \\ 1 & 0 & 0 \\ 0 & 0 & 1 \end{bmatrix},\ Q_1(c) = \begin{bmatrix} c & 0 & 0 \\ 0 & 1 & 0 \\ 0 & 0 & 1 \end{bmatrix}\ (c \neq 0),\ R_{13}(c) = \begin{bmatrix} 1 & 0 & c \\ 0 & 1 & 0 \\ 0 & 0 & 1 \end{bmatrix}$$

を，例えば，

$$P_{12} = \left[\begin{array}{cc|c} 0 & 1 & 0 \\ 1 & 0 & 0 \\ \hline 0 & 0 & 1 \end{array}\right],\ Q_1(c) = \left[\begin{array}{c|cc} c & 0 & 0 \\ \hline 0 & 1 & 0 \\ 0 & 0 & 1 \end{array}\right],\ R_{13}(c) = \left[\begin{array}{c|cc} 1 & 0 & c \\ \hline 0 & 1 & 0 \\ 0 & 0 & 1 \end{array}\right]$$

とブロック分割することで，例題 1.10(2) から，行列 P_{12}, $Q_1(c)$, $R_{13}(c)$ は正則であり，また，逆行列が次のような形で得られることがわかる．

$$P_{12}^{-1} = \left[\begin{array}{cc|c} 0 & 1 & 0 \\ 1 & 0 & 0 \\ \hline 0 & 0 & 1 \end{array}\right] \left(\text{ここで，} \begin{bmatrix} 0 & 1 \\ 1 & 0 \end{bmatrix}^{-1} \underset{(\text{定理 } 1.8)}{=} \begin{bmatrix} 0 & 1 \\ 1 & 0 \end{bmatrix} \right),$$

$$Q_1(c)^{-1} = \left[\begin{array}{c|cc} c^{-1} & 0 & 0 \\ \hline 0 & 1 & 0 \\ 0 & 0 & 1 \end{array}\right],\quad R_{13}(c)^{-1} = \left[\begin{array}{c|cc} 1 & 0 & -c \\ \hline 0 & 1 & 0 \\ 0 & 0 & 1 \end{array}\right].$$

Note:　例 1.8 で与えた P_{12}, $Q_1(c)$, $R_{13}(c)$ のような形の正則行列を **基本行列** とよぶ．これは，任意の $3 \times n$ 行列 A に対して，その左側から P_{12}, $Q_1(c)$, $R_{13}(c)$ を掛けることが，A の各行に対して **基本変形** とよばれる操作を施すことと対応しているためである．

(i) 行列 $P_{12}A$ は，A の第1行と第2行を入れ替えたものである．

(ii) 行列 $Q_1(c)A$ は，A の第1行を c 倍したものである．

(iii) 行列 $R_{13}(c)A$ は，A の第1行に第3行の c 倍を加えたものである．

これらのことは，第2章においてより一般的な形で解説する．本章の段階では，読者はその予習として，適当な $3\times n$ 行列に基本行列を掛けてみて，(i)〜(iii) が成り立つことを確認してみてほしい．

章末問題

□ **1.** $A=\begin{bmatrix}1&4&7&10\\2&5&8&11\\3&6&9&12\end{bmatrix}$ とする．

(1) A の型，(2) A の列ベクトル表示，(3) A の行ベクトル表示，をそれぞれ書け．

□ **2.** $A=\begin{bmatrix}1&0\\1&a\end{bmatrix}$, $B=\begin{bmatrix}2&b\\0&a\end{bmatrix}$, $C=\begin{bmatrix}1&-2\\4&3\\0&1\end{bmatrix}$, $D=\begin{bmatrix}2&1&0\\-1&2&1\\0&-1&2\end{bmatrix}$ とする．

(1) AB, BA, CA, CB, DC を計算せよ．

(2) A, B が可換となるように a, b を定めよ．

(3) $pA+{}^tB^2-4E=O$ となるように p, a, b を定めよ．

(4) A, B, C, D のうち，上三角行列，下三角行列を答えよ．

□ **3.** 3次正方行列 Y を列ベクトル表示で $Y=\begin{bmatrix}\boldsymbol{y}_1 & \boldsymbol{y}_2 & \boldsymbol{y}_3\end{bmatrix}$ と表す．問題2. の行列 D に対して，以下の問いに答えよ．

(1) 積 DY を計算し，D と $\boldsymbol{y}_1, \boldsymbol{y}_2, \boldsymbol{y}_3$ を用いた列ベクトル表示で表せ．

(2) $DY=E_3$ を満たす行列 Y を求めよ．

□ **4.** (1) A を n 次正方行列とする．

$$(A+E)^m = A^m + {}_m\mathrm{C}_1 A^{m-1} + \cdots + {}_m\mathrm{C}_{m-1}A + E$$

を示せ．ただし ${}_m\mathrm{C}_k = \dfrac{m!}{k!(m-k)!}$ は2項係数とする．

(2) $B=\begin{bmatrix}0&1&a\\0&0&1\\0&0&0\end{bmatrix}$ とする．B がべき零行列であることを示せ．

(3) $P=\begin{bmatrix}1&1&a\\0&1&1\\0&0&1\end{bmatrix}$ とする．P^n を求めよ．ただし，n は自然数とする．

□ **5.** $A = \begin{bmatrix} 1 & 1 & 1 & 1 & 1 & 1 \\ 0 & 1 & 1 & 0 & 1 & 1 \\ 0 & 0 & 1 & 0 & 0 & 1 \\ 0 & 0 & 0 & 1 & 1 & 1 \\ 0 & 0 & 0 & 0 & 1 & 1 \\ 0 & 0 & 0 & 0 & 0 & 1 \end{bmatrix}$, $B = \begin{bmatrix} 1 & 1 & 1 \\ 0 & 1 & 1 \\ 0 & 0 & 1 \end{bmatrix}$ とする.

(1) A を B を用いたブロック行列として表せ.

(2) A^n を B を用いたブロック行列として表せ.

(3) A^n を B を用いずに表せ.

□ **6.** 任意の正方行列は，対称行列と交代行列の和として表されることを示せ.

□ **7.** 4 次正方行列 $A = [a_{ij}]$ の成分 a_{ij} が以下の式で与えられたとき，行列を具体的に書け.

(1) $a_{ij} = i$

(2) $a_{ij} = (-1)^{i+j}$

(3) $a_{ij} = x_j^{i-1}$

(4) $a_{ij} = \begin{cases} 1 & (i = j) \\ -1 & (|i - j| = 1) \\ 0 & (\text{それ以外}) \end{cases}$

□ **8.** 3×2 行列 X，3 次正方行列 Y，2 次正方行列 Z があり，問題 2. の行列 C, D に対して $3X + 4C = O$, $Y + 5D = 10E_3$, $CZ = \begin{bmatrix} 2 & 1 \\ -3 & 4 \\ -1 & 0 \end{bmatrix}$ が成り立っているものとする. 行列 X, Y, Z を求めよ.

□ **9.** 以下の 2 次正方行列 A に対して,

(a) $A\boldsymbol{x} = \boldsymbol{0}$ となる 2 次の列ベクトル $\boldsymbol{x}$ をすべて求めよ.

(b) $A\boldsymbol{x} = \lambda\boldsymbol{x}$ となる 2 次の列ベクトルとスカラー λ を求めよ. ただし，$\boldsymbol{x}$ は零ベクトルでないとする.

(1) $A = \begin{bmatrix} 1 & 3 \\ 2 & 6 \end{bmatrix}$　　(2) $A = \begin{bmatrix} 0 & 3 \\ 2 & 5 \end{bmatrix}$

□ **10.** 2 次の正方行列 $A = \begin{bmatrix} a & b \\ c & d \end{bmatrix}$ が，$A^2 + A - 6E = O$ を満たすとする. このとき，$a + d, ad - bc$ を求めよ.

□ **11.** A を $m \times n$ 行列とする.

(1) $B = \begin{bmatrix} E_m & A \\ O & E_n \end{bmatrix}^k$ を求めよ.

(2) B の逆行列を求めよ.

2
連立 1 次方程式

第 1 章の例 1.3 ですでに述べたように，行列を使うと 2 変数の連立 1 次方程式は以下のように書ける．

$$A\boldsymbol{x} = \boldsymbol{b}, \quad \boldsymbol{x} = \begin{bmatrix} x \\ y \end{bmatrix} \tag{2.1}$$

ここで A は 2 次の正方行列，$\boldsymbol{b}$ は 2 次列ベクトル，$\boldsymbol{x}$ は変数 x, y を並べた 2 次列ベクトルである．

方程式 $A\boldsymbol{x} = \boldsymbol{b}$ は，1 次方程式 $ax = b$ と似た形をしている．1 次方程式では，$a \neq 0$ のとき a^{-1} を両辺に掛けて $x = a^{-1}b$ として解が求められたように，方程式 (2.1) については，A^{-1} が存在する場合の解は $\boldsymbol{x} = A^{-1}\boldsymbol{b}$ で与えられる．つまり，逆行列を求めることと，連立 1 次方程式を解くことの間には関係がある．

では逆行列はどうやって求めればよいのだろうか？　2 次の正方行列の場合は，定理 1.8 でその具体的な形を与えたが，一般の n 次正方行列の逆行列はどんなときに存在し，具体的にどうやって求めればよいのかはまだ学んでいない．

じつは，逆行列を求めること自体と連立 1 次方程式を解くことにも関係がある．定義 1.15 と定理 1.6 から，n 次正方行列 A の逆行列は，未知の n 次正方行列 X で，$AX = E$ を満たすものを求めればよい．ここで式 (1.3) を思い出して $X = \begin{bmatrix} \boldsymbol{x}_1 & \cdots & \boldsymbol{x}_n \end{bmatrix}$ と列ベクトル表示を用いて，$E = \begin{bmatrix} \boldsymbol{e}_1 & \cdots & \boldsymbol{e}_n \end{bmatrix}$ に注意すると，

$$AX = E \iff A\boldsymbol{x}_i = \boldsymbol{e}_i \quad (i = 1, \cdots, n)$$

となるので，X は n 個の連立 1 次方程式を解いて得られる $\boldsymbol{x}_i$ $(i = 1, \cdots, n)$ から求められる (第 1 章　章末問題 3 参照)．

このように，連立 1 次方程式を解くことは，逆行列の計算や逆行列の性質と密接な関係がある．本章では，連立 1 次方程式の解法や代数的な性質を考えて

ゆく.

2.1 連立1次方程式と基本変形

定義 2.1 (連立1次方程式)

n 個の変数 (未知数) $x_1, x_2, \cdots, x_n$ に関する m 個の1次方程式の集合

$$\begin{cases} a_{11}x_1 + a_{12}x_2 + \cdots + a_{1n}x_n = b_1 \\ a_{21}x_1 + a_{22}x_2 + \cdots + a_{2n}x_n = b_2 \\ \qquad\vdots \qquad\qquad\qquad\qquad \vdots \\ a_{m1}x_1 + a_{m2}x_2 + \cdots + a_{mn}x_n = b_m \end{cases} \tag{2.2}$$

を, **連立1次方程式** という. ただし, $a_{11}, \cdots, a_{mn}$ および $b_1, \cdots, b_m$ は, あらかじめ与えられた定数とする. また, 連立1次方程式を満たす数の組 $(x_1, \cdots, x_n)$ を, その **解** という. 連立1次方程式の解の存在を判定し, 解が存在する場合にはすべての解を求めることを, **連立1次方程式を解く** という.

本章では連立1次方程式について, 線形代数学の観点から

- 解の分類および存在条件 (定理 2.5, 定理 2.6, 定理 2.8),
- 解が存在する場合, そのすべての解を具体的に求める方法 (定理 2.5)

について学ぶ. また連立1次方程式の解法と正則行列および逆行列の関係についても議論する.

まず, 連立1次方程式の解き方をおさらいしよう.

例題 2.1

次の連立1次方程式を解け.

$$\begin{cases} 2x + 3y = 6 \\ 4x + 5y = 7 \end{cases}$$

解答 まず, **(I) 第1式と第2式の順番を入れ替えても解は変わらない**ことから,

$$\begin{cases} 2x + 3y = 6 & ① \\ 4x + 5y = 7 & ② \end{cases} \iff \begin{cases} 4x + 5y = 7 & ①'=② \\ 2x + 3y = 6 & ②'=① \end{cases}$$

である．次に x の係数を同じにするために **(Ⅱ) 第2式を2倍**することで，

$$\begin{cases} 4x+5y=7 & ① \\ 2x+3y=6 & ② \end{cases} \iff \begin{cases} 4x+5y=\ 7 & ①'=① \\ 4x+6y=12 & ②'=②\times 2 \end{cases}$$

となる．第2式の x を消去するために **(Ⅲ) 第1式を** (-1) **倍したものを第2式に加えること**で，

$$\begin{cases} 4x+5y=\ 7 & ① \\ 4x+6y=12 & ② \end{cases} \iff \begin{cases} 4x+5y=7 & ①'=① \\ y=5 & ②'=②-① \end{cases}$$

と y が求まり，さらに，第1式の y を消去するために第2式を (-5) 倍して第1式に加えることで，

$$\begin{cases} 4x+5y=7 & ① \\ y=5 & ② \end{cases} \iff \begin{cases} 4x=-18 & ①'=①-②\times 5 \\ y=\ 5 & ②'=② \end{cases}$$

となる．最後に第1式を1/4倍することで，$(x,y)=(-9/2,5)$ と解が求まった． ■

連立1次方程式を解く際の戦略は，解を変えないような変形操作を繰り返して文字を1つずつ消してゆくことであった．その変形操作は以下の3種類に集約できる．

(Ⅰ) 2つの1次方程式の順番を入れ替える．

(Ⅱ) ある1次方程式を定数 $(\neq 0)$ 倍する．

(Ⅲ) ある1次方程式に別のある1次方程式の定数倍を加える．

これらを連立1次方程式の **基本操作** とよぼう．いずれの基本操作にも，連立1次方程式を1つ前の状態に戻す基本操作が存在するので，どの段階からでももとの連立1次方程式に戻すことができる．いい換えると，連立1次方程式の解を求めることは，基本操作により連立1次方程式の変形を繰り返し，変数の値を求めることである．

定義 2.2 (係数行列・変数ベクトル・定数ベクトル)

連立 1 次方程式 (2.2) に対して,

$$A = \begin{bmatrix} a_{11} & a_{12} & \cdots & a_{1n} \\ a_{21} & a_{22} & \cdots & a_{2n} \\ \vdots & \vdots & & \vdots \\ a_{m1} & a_{m2} & \cdots & a_{mn} \end{bmatrix}, \quad \boldsymbol{x} = \begin{bmatrix} x_1 \\ x_2 \\ \vdots \\ x_n \end{bmatrix}, \quad \boldsymbol{b} = \begin{bmatrix} b_1 \\ b_2 \\ \vdots \\ b_m \end{bmatrix}$$

とおくとき, 行列 A を **係数行列**, 列ベクトル $\boldsymbol{x}$ を **変数ベクトル**, 列ベクトル $\boldsymbol{b}$ を **定数ベクトル** という.

このとき連立 1 次方程式 (2.2) は, 以下のように書き直せる.

$$A\boldsymbol{x} = \boldsymbol{b} \tag{2.3}$$

本章の冒頭で述べたように, この表現を 1 次方程式と比べると,

- 1 次方程式 $ax = b$ (“数 × 変数 = 数” の形の方程式)
- 連立 1 次方程式 $A\boldsymbol{x} = \boldsymbol{b}$
  (“行列 × (変数) ベクトル = (定数) ベクトル” の形の方程式)

と, 同じような形で表現することができる. このように, 連立 1 次方程式を行列を使って表現することで, 議論の単位を, 数からベクトルへ拡張したことになる.

さて, 先ほど述べた連立 1 次方程式の解法を, 行列を用いた議論として一般的に理解するために, 次の概念を導入する.

定義 2.3 (拡大係数行列)

連立 1 次方程式 (2.2) の, 係数行列 A と定数ベクトル $\boldsymbol{b}$ を横に並べてできる $m \times (n+1)$ 行列

$$[\,A \mid \boldsymbol{b}\,] = \left[\begin{array}{ccc|c} a_{11} & \cdots & a_{1n} & b_1 \\ \vdots & \ddots & \vdots & \vdots \\ a_{m1} & \cdots & a_{mn} & b_m \end{array}\right]$$

を (連立 1 次方程式の) **拡大係数行列** という.

Note: A と $\boldsymbol{b}$ の間の境界線は便宜的なものであり, 省略してもよい.

例 2.1

例題2.1の係数行列および拡大係数行列は，以下のとおりである．

$$\begin{bmatrix} 2 & 3 \\ 4 & 5 \end{bmatrix} \text{(係数行列)}, \qquad \left[\begin{array}{cc|c} 2 & 3 & 6 \\ 4 & 5 & 7 \end{array}\right] \text{(拡大係数行列)}$$

さて，例題2.1を解く過程を，拡大係数行列の変化として表すと以下のようになる．

$$\left[\begin{array}{cc|c} 2 & 3 & 6 \\ 4 & 5 & 7 \end{array}\right] \to \left[\begin{array}{cc|c} 4 & 5 & 7 \\ 2 & 3 & 6 \end{array}\right] \to \left[\begin{array}{cc|c} 4 & 5 & 7 \\ 4 & 6 & 12 \end{array}\right] \to \left[\begin{array}{cc|c} 4 & 5 & 7 \\ 0 & 1 & 5 \end{array}\right]$$
$$\to \left[\begin{array}{cc|c} 4 & 0 & -18 \\ 0 & 1 & 5 \end{array}\right] \to \left[\begin{array}{cc|c} 1 & 0 & -9/2 \\ 0 & 1 & 5 \end{array}\right]$$

このような連立1次方程式の3つの基本操作は，以下に定義するように，行列の行ベクトルに関する変形で表すことができる．

定義 2.4 (行列の基本変形)

行列に対する次の3種類の操作を **行に関する基本変形** (行基本変形) という．

(i) 2つの行ベクトルを入れ替える．
(ii) ある行ベクトルを定数 ($\neq 0$) 倍する．
(iii) ある行ベクトルに別のある行ベクトルの定数倍を加える．

また，この (i), (ii), (iii) における行ベクトルの役割を列ベクトルに入れ替えて考えたものを，行列の **列に関する基本変形** (列基本変形) という．

連立1次方程式の基本操作と同様，行列の基本変形それぞれにはもとに戻す基本変形が存在する．したがって，ある行列に基本変形を何回繰り返しても，基本変形だけを使ってもとの行列に戻すことができる．

基本変形による行列の変形過程は，上の例のように矢印などで表すことが一般的である．なお，一般に基本変形の前後は異なる行列であるので，等号“=”で結んではいけない．

例1.8とその後のNoteにでてきた3つの行列は，ある行列 A に左から掛けることで基本変形と同じ変化を行列 A に起こしていた．

以下で，基本変形を行う行列を一般的に定義する．

定義 2.5 (基本行列)

以下の (n 次) 正方行列 P_{ij}，$Q_i(c)$，$R_{ij}(c')$ を，(n 次) **基本行列** という．ただし，数字が書かれていない成分はすべて 0 とする．

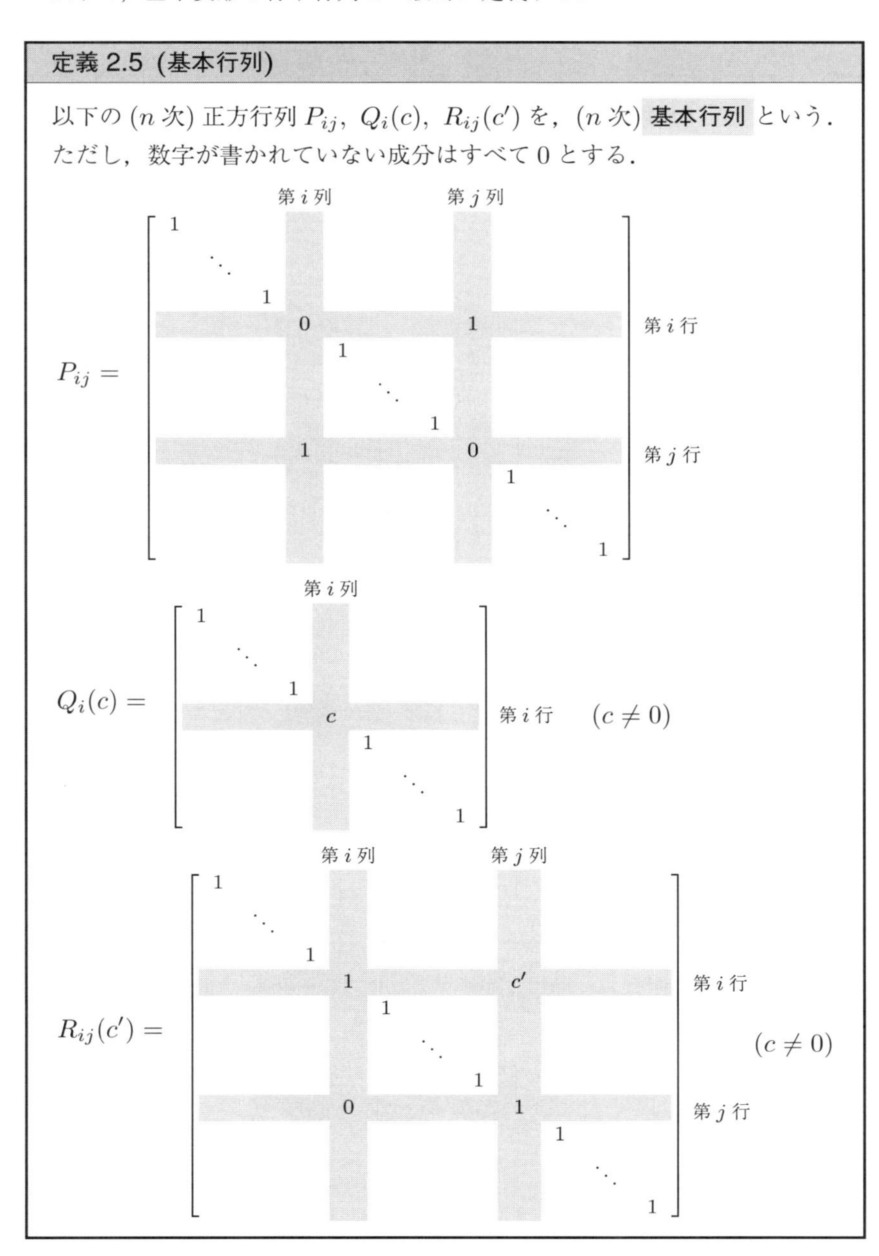

定理 2.1 (基本行列の逆行列は基本行列)

基本行列は正則行列であり，その逆行列はある基本行列である

証明　簡単な計算により，$P_{ij}P_{ij} = Q_i(c)Q_i(c^{-1}) = R_{ij}(c')R_{ij}(-c') = E$ が確かめられる．よって基本行列は正則行列である．また，これらの等式より基本行列の逆行列は，

$$P_{ij}^{-1} = P_{ij}, \quad Q_i(c)^{-1} = Q_i(c^{-1}), \quad R_{ij}(c')^{-1} = R_{ij}(-c')$$

となり，ある基本行列となっている．■

任意の $n \times l$ 行列 A に行に関する基本変形 (i), (ii), (iii) を施すことは，それぞれ A に左側から基本行列 $P_{ij}, Q_i(c), R_{ij}(c')$ を掛けることと同じである． これを矢印を使って，

(i)　$A \to P_{ij}A$　　(A の第 i 行と第 j 行を入れ替えた行列),

(ii)　$A \to Q_i(c)A$　　(A の第 i 行を c 倍した行列),

(iii)　$A \to R_{ij}(c')A$　　(A の第 i 行に，A の第 j 行の c' 倍を加えた行列)

と書こう．基本変形 (i), (ii), (iii) を行列の **左基本変形** ということもある．

例題 2.1 の連立 1 次方程式をこの観点でみなおそう．この連立 1 次方程式を解く過程は，行列の基本変形を繰り返すことで，拡大係数行列のうち係数行列の部分を単位行列にすることといい換えられる．実際，拡大係数行列は基本変形により

$$\left[\begin{array}{cc|c} 2 & 3 & 6 \\ 4 & 5 & 7 \end{array}\right] \longrightarrow \left[\begin{array}{cc|c} 1 & 0 & -9/2 \\ 0 & 1 & 5 \end{array}\right]$$

となっていた．この行列を拡大係数行列としてもつ連立 1 次方程式と考えると，

$$\begin{bmatrix} 1 & 0 \\ 0 & 1 \end{bmatrix} \begin{bmatrix} x \\ y \end{bmatrix} = \begin{bmatrix} -9/2 \\ 5 \end{bmatrix} \iff \begin{cases} x = -9/2 \\ y = \quad 5 \end{cases}$$

となり，自動的に解が求まっている．つまりただ一つの解が求まる場合は，基本変形を繰り返すことで，拡大係数行列のなかの係数行列に相当する部分が単位行列になるようにできる場合であり，その右側の定数ベクトルに相当する部分に現れる列ベクトルが解となっている．

連立 1 次方程式	$A\boldsymbol{x} = \boldsymbol{b} \overset{\text{基本操作}}{\Longrightarrow} \cdots \Longrightarrow \boldsymbol{x}\,(= E_n\,\boldsymbol{x}) = \boldsymbol{b}'$
拡大係数行列	$[\,A \mid \boldsymbol{b}\,] \underset{\text{基本変形}}{\longrightarrow} \cdots \longrightarrow [\,E_n \mid \boldsymbol{b}'\,]$

このように，与えられた連立１次方程式を解くのにその拡大係数行列に基本変形を有限回繰り返すことでより単純な形の拡大係数行列をもつ連立１次方程式へと帰着させる方法を **掃き出し法**，あるいは，**ガウス・ジョルダンの消去法** などという．

ただしこの例で扱ったような変形がつねにできるとは限らない．連立１次方程式には解がない場合や複数ある場合があり，そういった場合には拡大係数行列に基本変形を繰り返しても $\left[\, E \mid \boldsymbol{b} \,\right]$ という形には変形できない．次節では，一般の場合の連立１次方程式の解法の理論について考える．

2.2 行列の簡約化と階数

連立１次方程式の解法の理論を扱うにはいくつかの準備が必要である．

定義 2.6 (行ベクトルの主成分)

行列の各行の成分のうち，もっとも左に位置する０でない成分を，その行の **主成分** という．ある行の成分がすべて０のとき，その行は **主成分なし** であるという．

例 2.2

$$\begin{bmatrix} 1 & 2 \\ 0 & 3 \end{bmatrix} \begin{matrix} \cdots\ (\text{主成分}) = 1 \\ \cdots\ (\text{主成分}) = 3 \end{matrix}, \quad \begin{bmatrix} 0 & 4 & 0 & 5 \\ 6 & 0 & 7 & 8 \\ 0 & 0 & 0 & 0 \end{bmatrix} \begin{matrix} \cdots\ (\text{主成分}) = 4 \\ \cdots\ (\text{主成分}) = 6 \\ \cdots\ (\text{主成分なし}) \end{matrix}$$

定義 2.7 (簡約行列)

以下の４条件を満たす行列を **簡約行列** という．

(1) 成分がすべて０となる行はすべて，そうでない行より下にある．
(2) 各行の主成分は，下の行にいくほど右にある．
(3) 各行の主成分は，もしあるならばすべて１である．
(4) ある行の主成分を含む列の成分は，主成分以外すべて０である．

簡約行列の例を以下に示す．簡約行列の特徴は，主成分より右の部分が階段状になっていることである．

$$\begin{bmatrix} 0 \cdots 0 & 1 & * \cdots * & 0 & * \cdots * & & 0 & * \cdots * \\ & & 0 \ \ 0 \cdots 0 & 1 & * \cdots * & & \vdots & \vdots \quad \vdots \\ & & & & 0 \ \ 0 \cdots 0 & \ddots & 0 & * \cdots * \\ & & & & & & 1 & * \cdots * \\ & & & & & & 0 & 0 \cdots 0 \\ & & & & & & \vdots & \vdots \quad \vdots \\ & & & & & & 0 & 0 \cdots 0 \end{bmatrix}$$

(ただし，$*$ 印として表された成分はどのような数でもよく，数字が書かれていない場所にはすべて0が入っているとする．)

定義 2.8 (簡約行列の階数)

簡約行列に対して，主成分の総数を **階数** (rank) という．

直観的には，上の例の点線を階段とみたとき，階段の段数がその行列の階数である．

例 2.3

(1) n 次単位行列 E_n は階数 n の簡約行列である．

(2) 任意の n 次列ベクトルを $\boldsymbol{b}$, $n \times l$ 行列を B とするとき，行列 $\left[\, E_n \mid \boldsymbol{b} \,\right]$, $\left[\, E_n \mid B \,\right]$ は階数 n の簡約行列である．

(3) 正方行列の簡約行列は，単位行列でなければ対角成分に必ず0が含まれる．

例題 2.2

次の行列は簡約行列か．簡約行列の場合は主成分の位置と行列の階数を答えよ．

(1) $\begin{bmatrix} 1 & 0 \\ 0 & 0 \end{bmatrix}$　(2) $\begin{bmatrix} 1 & -1 & 0 \\ 0 & 0 & 1 \end{bmatrix}$　(3) $\begin{bmatrix} 1 & 2 & 3 \\ 0 & 1 & 2 \\ 0 & 0 & 1 \end{bmatrix}$

解答　(1) 簡約行列である．主成分は $(1,1)$ 成分．階数は1．

(2) 簡約行列である．主成分は $(1,1)$ 成分と $(2,3)$ 成分．階数は 2.

(3) 簡約行列でない．理由は第 2, 3 列が定義の条件 (4) を満たさないからである． ■

この例題 2.2(3) の行列は，以下のように行に関する基本変形 (iii) を施すことで，簡約行列 E_3 へと変形することができる．

$$\begin{bmatrix} 1 & 2 & 3 \\ 0 & 1 & 2 \\ 0 & 0 & 1 \end{bmatrix} \begin{matrix} ① \\ ② \\ ③ \end{matrix} \xrightarrow[①-②\times 2]{\text{(iii)}} \begin{bmatrix} 1 & 0 & -1 \\ 0 & 1 & 2 \\ 0 & 0 & 1 \end{bmatrix} \begin{matrix} ① \\ ② \\ ③ \end{matrix}$$

$$\xrightarrow[\substack{①+③ \\ ②-③\times 2}]{\text{(iii)}} \begin{bmatrix} 1 & 0 & 0 \\ 0 & 1 & 0 \\ 0 & 0 & 1 \end{bmatrix}$$

定理 2.2 (行列の簡約化可能性)

任意の行列 A は，(行に関する) 基本変形 (i), (ii), (iii) を有限回繰り返し施すことで，必ずある簡約行列 B へと変形することができる．

証明 与えられた行列 A から簡約行列 B を得る具体的な手順を示す．

(a) A に基本変形 (i) を繰り返し施すことにより，成分がすべて 0 の行を動かし，定義 2.7(1) を満たす行列をつくる．

(b) 第 1 行の主成分に基本変形 (ii) を施して主成分を 1 とする．

(c) 第 1 行と第 2 行以降の行の間でそれぞれ基本変形 (iii) を施し，第 1 行の主成分がある列は主成分以外 0 になるようにする．

(d) 次に，第 2 行とそれ以降の行に対して (b), (c) と同様の手順を施し，定義 2.7(3), (4) を満たす行列をつくる．

(e) 0 以外の成分を含む行に基本変形 (i) を施し，定義 2.7(2) を満たす行列をつくる．

こうやってできた行列は定義 2.7 を満たすので簡約行列である． ■

定理 2.2 の証明で用いた行列の変形操作を **簡約化** という．また，行列 A を簡約化することで得られる簡約行列 B のことを，A の **簡約形** という．

例題 2.3

行列 $A=\begin{bmatrix}0&0&0\\7&8&9\\4&5&6\\1&2&3\end{bmatrix}$ の簡約形を求めよ.

解答　実際に，A に対して，定理 2.1 の証明にならって変形してゆく.

$$\begin{bmatrix}0&0&0\\7&8&9\\4&5&6\\1&2&3\end{bmatrix}\begin{matrix}①\\②\\③\\④\end{matrix}\xrightarrow[\substack{①\longleftrightarrow④\\②\longleftrightarrow③}]{\text{方針 (a)}}\begin{bmatrix}1&2&3\\4&5&6\\7&8&9\\0&0&0\end{bmatrix}\begin{matrix}①\\②\\③\\④\end{matrix}\xrightarrow[\substack{②-①\times4\\③-①\times7}]{\text{方針 (b)(c)}}\begin{bmatrix}1&2&3\\0&-3&-6\\0&-6&-12\\0&0&0\end{bmatrix}\begin{matrix}①\\②\\③\\④\end{matrix}$$

$$\xrightarrow[②\times(-\frac{1}{3})]{\text{方針 (b)}}\begin{bmatrix}1&2&3\\0&1&2\\0&-6&-12\\0&0&0\end{bmatrix}\begin{matrix}①\\②\\③\\④\end{matrix}\xrightarrow[\substack{①-②\times2\\③-②\times(-6)}]{\text{方針 (c)}}\begin{bmatrix}1&0&-1\\0&1&2\\0&0&0\\0&0&0\end{bmatrix}(=B)$$

となる. したがって，行列 A の簡約形は B である. ∎

定理 2.3 (簡約形の一意性)

$m\times n$ 行列 A の簡約行列 B は，簡約化の手続きによらず一意的に定まる.

証明　章末問題 11 の解答を参照のこと. ∎

定義 2.9 (行列の階数)

任意の行列 A に対して，その簡約形 B の階数のことを，A の **階数** (rank) といい，$\operatorname{rank} A$ と書く.

定理 2.3 より簡約行列は一意的に定まるので，行列の階数も一意的に定まる.

例題 2.4

行列 $A=\begin{bmatrix}-1&0&2\\0&-3&0\\0&0&-5\end{bmatrix}$ の階数を求めよ.

解答 A は次のように簡約化されることから，$\mathrm{rank}\,A = 3$ である．

$$\begin{bmatrix} -1 & 0 & 2 \\ 0 & -3 & 0 \\ 0 & 0 & -5 \end{bmatrix} \longrightarrow \begin{bmatrix} 1 & 0 & 0 \\ 0 & 1 & 0 \\ 0 & 0 & 1 \end{bmatrix}$$ ■

例題2.4では，最初から各行ベクトルの主成分は階段形に並んでいる．このような行列は一般に **階段行列** とよばれる．階段行列に簡約化を行っても階段の形は変わらないので，階数を求めるだけならば階段行列をつくるだけでよい．ただし，次節で述べるように，連立1次方程式を解く場合には簡約形まで求めておく必要がある．

行列の階数には，以下のような上限がある．

定理 2.4 (階数の上限)

任意の $m \times n$ 行列 A に対して，$\mathrm{rank}\,A \leq m$ かつ $\mathrm{rank}\,A \leq n$ である．

証明 $m \times n$ 行列 A の簡約形 B もまた $m \times n$ 行列である．ここで，階数 $\mathrm{rank}\,A = \mathrm{rank}\,B$ は，B の行ベクトルの主成分の総数であることから，それは行数以下である．すなわち，$\mathrm{rank}\,A \leq m$ である．また，B の行ベクトルの主成分を含むような列ベクトルの個数 $\mathrm{rank}\,B$ は明らかに列数以下であることから，$\mathrm{rank}\,A \leq n$ である． ■

2.3 連立1次方程式の解法

本節では，連立1次方程式 (2.3) の，拡大係数行列 (定義2.3) の掃き出し法による解法を詳しく説明する．

定理 2.5 (連立1次方程式の解の存在条件)

任意の $m \times n$ 行列 A，および，m 次列ベクトル $\boldsymbol{b}$ に対して，連立1次方程式 $A\boldsymbol{x} = \boldsymbol{b}$ が解をもつことと，次の式が成り立つことは同値である．

$$\mathrm{rank}\left[\, A \mid \boldsymbol{b} \,\right] = \mathrm{rank}\,A \tag{2.4}$$

証明 係数行列 A と拡大係数行列 $\left[\, A \mid \boldsymbol{b} \,\right]$ の第1列から第 n 列までその列ベクトルはすべて同じであることから，$\left[\, A \mid \boldsymbol{b} \,\right]$ の簡約化を行っていくと

$$
\begin{array}{c}
\quad\quad j_1\text{列} \quad\quad\quad j_2\text{列} \quad\quad \cdots \quad j_r\text{列} \\
\left[\begin{array}{cccccccccccc|c}
0 \cdots 0 & 1 & * \cdots * & 0 & * \cdots * & & 0 & * \cdots * & * \\
 & 0 & 0 \cdots 0 & 1 & * \cdots * & & \vdots & \vdots \quad \vdots & \vdots \\
 & & & 0 & 0 \cdots 0 & \ddots & 0 & * \cdots * & * \\
 & & & & & & 1 & * \cdots * & * \\
 & & & & & & 0 & 0 \cdots 0 & c \\
 & & & & & & 0 & 0 \cdots 0 & 0 \\
 & & & & & & \vdots & \vdots \quad \vdots & \vdots \\
 & & & & & & 0 & 0 \cdots 0 & 0
\end{array}\right]
\end{array}
$$

のような形を得る．ここで c は 0 または 1 である．c は 0 または 1 の場合それぞれに簡約化を完了し，定義 2.8 から以下の等式を得る．

$$
\operatorname{rank}\left[\, A \mid \boldsymbol{b} \,\right] = \begin{cases} \operatorname{rank} A & (c = 0), \\ \operatorname{rank} A + 1 & (c = 1) \end{cases}
$$

次に $\operatorname{rank} A = r$ として，上の簡約行列を拡大係数行列にもつような連立1次方程式を考える．主成分は r 個あるので，主成分を係数にもつ変数を以下のようにおく．

$$
x_{j_1},\ x_{j_2},\ \cdots,\ x_{j_r} \quad (1 \leq j_1 < j_2 < \cdots < j_r \leq n)
$$

(1) $\operatorname{rank}\left[\, A \mid \boldsymbol{b} \,\right] = r$ の場合，連立方程式の解を求めるには上から r 行のみを考えればよい．第 k 行 $(1 \leq k \leq r)$ の主成分を係数とする変数は1つで，x_{j_k} である．この行を解くと x_{j_k} は主成分以外の成分を係数とする変数の1次式で表される．したがって，主成分以外の成分を係数とする変数 (最大 $(n-r)$ 個) に任意の値を与えると $x_{j_1}, x_{j_2}, \cdots, x_{j_r}$ の値が定まる．これらの値と $(n-r)$ 個の任意定数が連立1次方程式 $A\boldsymbol{x} = \boldsymbol{b}$ の解を与える．

(2) $\operatorname{rank}\left[\, A \mid \boldsymbol{b} \,\right] = r + 1$ の場合，上の簡約行列の第 $(r+1)$ 行は，$0 = 1$ という式を与える．この式は $\boldsymbol{x}$ をどう選んでも成立しないので $A\boldsymbol{x} = \boldsymbol{b}$ は解をもたない． ■

定理 2.5 の証明は一般的な場合を取り扱っているので抽象的だと感じる読者がいるかもしれない．そのときは，まず例題 2.5 まで読み進めて具体例にふれてから，再度証明を読むとよい．

定義 2.10 (連立1次方程式の解の自由度)

解をもつ連立1次方程式に対して，すべての解を表すために必要となる任意定数の個数を，その **解の自由度** という.

定理 2.5 の証明でみたように，連立1次方程式の解の自由度は $(n - \mathrm{rank}\, A)$ である.

解をただ一つしかもたないのは任意定数の個数が 0 (解の自由度が 0) の場合であるから，次の定理が成立する.

定理 2.6 (連立1次方程式がただ一つの解をもつ条件)

任意の $m \times n$ 行列 A，および，m 次列ベクトル $\boldsymbol{b}$ に対して，連立1次方程式 $A\boldsymbol{x} = \boldsymbol{b}$ がただ一つの解をもつことと，以下の条件は同値である.

$$\mathrm{rank}\left[\, A \mid \boldsymbol{b} \,\right] = \mathrm{rank}\, A = n$$

証明 $(\Rightarrow)$ 連立1次方程式 $A\boldsymbol{x} = \boldsymbol{b}$ が解をもつならば定理 2.5 の条件式 (2.4) が成り立つので $\mathrm{rank}\left[\, A \mid \boldsymbol{b} \,\right] = \mathrm{rank}\, A$ $(= r$ とおく$)$ が成り立つ. その解がただ一つであるならば任意定数は 0 個であるので，定理 2.5 の証明から，$n - r = 0$ つまり $r = n$. したがって，$\mathrm{rank}\, A = n$ となる.

$(\Leftarrow)$ $\mathrm{rank}\left[\, A \mid \boldsymbol{b} \,\right] = \mathrm{rank}\, A = n$ が成り立つとき，定理 2.5 からこの連立1次方程式は解をもつ. また，その解の任意定数は $n - n = 0$ 個なので，連立方程式 $A\boldsymbol{x} = \boldsymbol{b}$ の解はただ一つである. ∎

以上の議論から，連立1次方程式 $A\boldsymbol{x} = \boldsymbol{b}$ が与えられたときの解法は以下で与えられる.

(1) 拡大係数行列 $\left[\, A \mid \boldsymbol{b} \,\right]$ を求め，さらに，その簡約形 $\left[\, A_0 \mid \boldsymbol{b}_0 \,\right]$ を求める.
(2) $\mathrm{rank}\left[\, A \mid \boldsymbol{b} \,\right] = \mathrm{rank}\, A$ が成り立つかどうかを調べ，定理 2.5 により解の存在の有無を判定する. その解の自由度は，変数の個数 n と $\mathrm{rank}\, A$ の差で与えられる.
(3) (2) において解をもつことがわかった場合，連立1次方程式 $A_0\boldsymbol{x} = \boldsymbol{b}_0$ を解くことで，$A\boldsymbol{x} = \boldsymbol{b}$ のすべての解が求められる.

これが，2.1 節において述べた **掃き出し法** の一般的な手順である.

例題 2.5

次の連立1次方程式を解け.

(1) $\begin{cases} x+2y=3 \\ 4x+5y=6 \end{cases}$ (2) $\begin{cases} x+2y+3z=4 \\ 5x+6y+7z=8 \end{cases}$

(3) $\begin{cases} x+2y+3z=2 \\ 4x+5y+6z=2 \\ 7x+8y+9z=5 \end{cases}$

解答 (1) 問題の連立1次方程式は $\begin{bmatrix} 1 & 2 \\ 4 & 5 \end{bmatrix} \begin{bmatrix} x \\ y \end{bmatrix} = \begin{bmatrix} 3 \\ 6 \end{bmatrix}$ と表されるので,

その拡大係数行列は $\left[\begin{array}{cc|c} 1 & 2 & 3 \\ 4 & 5 & 6 \end{array}\right]$ である. これは

$$\left[\begin{array}{cc|c} 1 & 2 & 3 \\ 4 & 5 & 6 \end{array}\right] \longrightarrow \left[\begin{array}{cc|c} 1 & 2 & 3 \\ 0 & -3 & -6 \end{array}\right] \longrightarrow \left[\begin{array}{cc|c} 1 & 0 & -1 \\ 0 & 1 & 2 \end{array}\right]$$

のように簡約化することができる. 変数の個数は2であり,

$$\mathrm{rank} \left[\begin{array}{cc|c} 1 & 2 & 3 \\ 4 & 5 & 6 \end{array}\right] = \mathrm{rank} \begin{bmatrix} 1 & 2 \\ 4 & 5 \end{bmatrix} = 2$$

である. したがって定理2.6から, この連立1次方程式の解はただ一つである. また, その解は以下で与えられる.

$$\begin{bmatrix} 1 & 0 \\ 0 & 1 \end{bmatrix} \begin{bmatrix} x \\ y \end{bmatrix} = \begin{bmatrix} -1 \\ 2 \end{bmatrix} \iff \begin{bmatrix} x \\ y \end{bmatrix} = \begin{bmatrix} -1 \\ 2 \end{bmatrix}$$

(2) 問題の連立1次方程式は $\begin{bmatrix} 1 & 2 & 3 \\ 5 & 6 & 7 \end{bmatrix} \begin{bmatrix} x \\ y \\ z \end{bmatrix} = \begin{bmatrix} 4 \\ 8 \end{bmatrix}$ であり, その拡大係

数行列は $\left[\begin{array}{ccc|c} 1 & 2 & 3 & 4 \\ 5 & 6 & 7 & 8 \end{array}\right]$ である. これを簡約化すると以下のようになる.

$$\left[\begin{array}{ccc|c} 1 & 2 & 3 & 4 \\ 5 & 6 & 7 & 8 \end{array}\right] \longrightarrow \left[\begin{array}{ccc|c} 1 & 2 & 3 & 4 \\ 0 & -4 & -8 & -12 \end{array}\right] \longrightarrow \left[\begin{array}{ccc|c} 1 & 0 & -1 & -2 \\ 0 & 1 & 2 & 3 \end{array}\right]$$

今度は, 変数の個数は3であり,

$$\operatorname{rank}\left[\begin{array}{ccc|c} 1 & 2 & 3 & 4 \\ 5 & 6 & 7 & 8 \end{array}\right] = \operatorname{rank}\begin{bmatrix} 1 & 2 & 3 \\ 5 & 6 & 7 \end{bmatrix} = 2$$

であることから，定理2.5より，この連立1次方程式は(自由度1の)解をもつ．その解は，連立1次方程式

$$\begin{bmatrix} 1 & 0 & -1 \\ 0 & 1 & 2 \end{bmatrix}\begin{bmatrix} x \\ y \\ z \end{bmatrix} = \begin{bmatrix} -2 \\ 3 \end{bmatrix} \iff \begin{cases} x \quad - \ z = -2 \\ \quad y + 2z = \ 3 \end{cases}$$

を解くことで与えられる．いま，主成分を係数とする変数は x, y の2つ，主成分以外の成分を係数とする変数は z のみであるから，z に任意の数を与えることで x, y の値が定まる．すなわち，

$$\begin{bmatrix} x \\ y \\ z \end{bmatrix} = c\begin{bmatrix} 1 \\ -2 \\ 1 \end{bmatrix} + \begin{bmatrix} -2 \\ 3 \\ 0 \end{bmatrix} \qquad (c \text{ は任意定数})$$

(3) 問題の連立1次方程式 $\begin{bmatrix} 1 & 2 & 3 \\ 4 & 5 & 6 \\ 7 & 8 & 9 \end{bmatrix}\begin{bmatrix} x \\ y \\ z \end{bmatrix} = \begin{bmatrix} 2 \\ 2 \\ 5 \end{bmatrix}$ の拡大係数行列の簡約化の手続きを行うと，

$$\left[\begin{array}{ccc|c} 1 & 2 & 3 & 2 \\ 4 & 5 & 6 & 2 \\ 7 & 8 & 9 & 5 \end{array}\right] \longrightarrow \left[\begin{array}{ccc|c} 1 & 2 & 3 & 2 \\ 0 & -3 & -6 & -6 \\ 0 & -6 & -12 & -9 \end{array}\right] \longrightarrow \left[\begin{array}{ccc|c} 1 & 0 & -1 & 0 \\ 0 & 1 & 2 & 0 \\ 0 & 0 & 0 & 1 \end{array}\right]$$

となる．したがって，

$$\operatorname{rank}\left[\begin{array}{ccc|c} 1 & 0 & -1 & 0 \\ 0 & 1 & 2 & 0 \\ 0 & 0 & 0 & 1 \end{array}\right] = 3, \quad \operatorname{rank}\begin{bmatrix} 1 & 0 & -1 \\ 0 & 1 & 2 \\ 0 & 0 & 0 \end{bmatrix} = 2$$

であることから，定理2.5より，この連立1次方程式は解をもたない． ∎

定義 2.11 (同次連立1次方程式)

$m \times n$ 行列 A に対して，連立1次方程式

$$A\boldsymbol{x} = \boldsymbol{0}$$

を **同次連立1次方程式** という．この連立1次方程式の解 $\boldsymbol{x}=\boldsymbol{0}$ を **自明な解** といい，それ以外の解を **非自明な解** という．

Note: 同次連立1次方程式は必ず $\boldsymbol{x}=\boldsymbol{0}$ (n 次零ベクトル) を解にもつ．

定理 2.7 (同次連立1次方程式が自明な解のみをもつ条件)

$m \times n$ 行列を A とするとき，同次連立1次方程式 $A\boldsymbol{x}=\boldsymbol{0}$ が自明な解のみをもつことと，$\operatorname{rank} A=n$ であることは同値である．

証明 同次連立1次方程式 $A\boldsymbol{x}=\boldsymbol{0}$ の拡大係数行列は $\left[\, A \mid \boldsymbol{0} \,\right]$．したがって，$\operatorname{rank}\left[\, A \mid \boldsymbol{0} \,\right]=\operatorname{rank} A$．よって，定理2.6からこれらは同値である． ∎

定理 2.8 (同次連立1次方程式が非自明な解をもつ条件)

$m \times n$ 行列を A とする．$m<n$ のとき，同次連立1次方程式 $A\boldsymbol{x}=\boldsymbol{0}$ は非自明な解をもつ．

証明 定理2.4より $\operatorname{rank} A \leq m<n$．よって定理2.7から，$A\boldsymbol{x}=\boldsymbol{0}$ は (自明な解以外の) 非自明な解をもつ． ∎

例題 2.6

次の同次連立1次方程式を解け．

(1) $\begin{cases} 2x+3y=0 \\ 4x+5y=0 \end{cases}$ (2) $\begin{cases} 2x+3y+4z=0 \\ 4x+5y+6z=0 \end{cases}$

解答 (1) 問題の同次連立1次方程式 $\begin{bmatrix} 2 & 3 \\ 4 & 5 \end{bmatrix}\begin{bmatrix} x \\ y \end{bmatrix}=\begin{bmatrix} 0 \\ 0 \end{bmatrix}$ の係数行列を簡約化すると，

$$\begin{bmatrix} 2 & 3 \\ 4 & 5 \end{bmatrix} \longrightarrow \begin{bmatrix} 1 & \frac{3}{2} \\ 0 & 1 \end{bmatrix} \longrightarrow \begin{bmatrix} 1 & 0 \\ 0 & 1 \end{bmatrix}$$

となる．したがって，$\operatorname{rank}\begin{bmatrix} 2 & 3 \\ 4 & 5 \end{bmatrix}=\operatorname{rank}\begin{bmatrix} 1 & 0 \\ 0 & 1 \end{bmatrix}=2$．定理2.7より，この同次連立1次方程式は自明な解 $\begin{bmatrix} x \\ y \end{bmatrix}=\begin{bmatrix} 0 \\ 0 \end{bmatrix}$ のみをもつ．

(2)　問題の同次連立 1 次方程式 $\begin{bmatrix} 2 & 3 & 4 \\ 4 & 5 & 6 \end{bmatrix}\begin{bmatrix} x \\ y \\ z \end{bmatrix} = \begin{bmatrix} 0 \\ 0 \end{bmatrix}$ の係数行列は 2×3 行列の $\begin{bmatrix} 2 & 3 & 4 \\ 4 & 5 & 6 \end{bmatrix}$ である．したがって，定理 2.8 より，非自明な解をもつ．実際，拡大係数行列を簡約化すると以下のようになる．

$$\begin{bmatrix} 2 & 3 & 4 & 0 \\ 4 & 5 & 6 & 0 \end{bmatrix} \longrightarrow \begin{bmatrix} 1 & \frac{3}{2} & 2 & 0 \\ 0 & 1 & 2 & 0 \end{bmatrix} \longrightarrow \begin{bmatrix} 1 & 0 & -1 & 0 \\ 0 & 1 & 2 & 0 \end{bmatrix}$$

よって，同次連立 1 次方程式

$$\begin{bmatrix} 1 & 0 & -1 \\ 0 & 1 & 2 \end{bmatrix}\begin{bmatrix} x \\ y \\ z \end{bmatrix} = \begin{bmatrix} 0 \\ 0 \end{bmatrix} \Longleftrightarrow \begin{cases} x \qquad - \ z = 0 \\ \qquad y + 2z = 0 \end{cases}$$

を解いて，もとの同次連立 1 次方程式の解

$$\begin{bmatrix} x \\ y \\ z \end{bmatrix} = c \begin{bmatrix} 1 \\ -2 \\ 1 \end{bmatrix} \quad (c \text{ は任意定数})$$

が得られる．　■

2.4　正方行列の正則性と逆行列

1.3 節では，定義 1.15 で正方行列の正則性と逆行列の定義を述べたが，詳しい存在条件は議論していなかった．本節では，これまで学んだ概念を用いて正則性と逆行列についてより深く学ぶ．

定理 2.9 (正則性の必要十分条件)

n 次正方行列 A に対して，以下は互いに同値である．

(1) A は正則である．

(2) $\operatorname{rank} A = n$

(3) A の簡約形は E_n である．

証明 (1) ⇒ (2) A が正則ならば，同次連立1次方程式 $A\boldsymbol{x}=\boldsymbol{0}$ の両辺に左側から逆行列 A^{-1} を掛けると $\boldsymbol{x}=\boldsymbol{0}$ が得られる．つまり $A\boldsymbol{x}=\boldsymbol{0}$ は自明な解のみしかもたない．定理2.7より，$\operatorname{rank} A = n$ である．

(2) ⇒ (3) 階数の定義から明らかである．

(3) ⇒ (1) A の簡約形は E_n であるとする．基本変形は A に左から基本行列を掛けたものに等しい (定理 2.1 の後の太字部分) ので，簡約化は $P_1P_2\cdots P_mA=E_n$ ($P_1,\cdots P_m$ はそれぞれ基本行列のひとつで，m はある自然数) と表せる．基本行列は逆行列をもつので $A=P_m^{-1}P_{m-1}^{-1}\cdots P_1^{-1}$ と表せる．そこで $X=P_1P_2\cdots P_m$ とおくと，$AX=XA=E$ を満たすので A は正則である． ∎

定理2.9より，正則行列の簡約形は単位行列であることがわかった．また，定理2.9の (3) ⇒ (1) を示す部分と，基本行列の逆行列もまた基本行列であることから，以下の定理が示される．

定理 2.10 (正則行列は基本行列の積で表せる)

すべての正則行列は基本行列の積により表せる．

定理 2.11 (定理 1.6 の再掲)

正方行列 A,X に対して，$AX=E \Longleftrightarrow XA=E$ である．

証明 (⇒) A の簡約形を B とすると，$P_1\cdots P_mA=B$ ($P_1,\cdots,P_m$ はある基本行列) と書ける．$AX=E$ とすると，$BX=P_1\cdots P_mAX=P_1\cdots P_m \Leftrightarrow BXP_m^{-1}\cdots P_1^{-1}=E \quad (*)$. ここで A が正則でないとすると B は零行ベクトルを含むので，$(*)$ の左辺を計算した行列には零行ベクトルが含まれる．一方，$(*)$ の右辺は零行ベクトルを含まないので矛盾する．よって A は正則であり，$B=E$ となる．このとき，$A=P_m^{-1}\cdots P_1^{-1}$ と表せるので，$X=P_1\cdots P_m$ とおけば $XA=E$ が成り立つ．

(⇐) 同様に示すことができる． ∎

ここで，定理1.8(1) を本章の視点に基づいて示してみよう．

2 次正方行列 $A = \begin{bmatrix} a & b \\ c & d \end{bmatrix}$ が，$ad - bc = 0$ を満たす場合，$a : b = c : d$ であるから，$k\begin{bmatrix} a & b \end{bmatrix} = \begin{bmatrix} c & d \end{bmatrix}$ (または $\begin{bmatrix} a & b \end{bmatrix} = k\begin{bmatrix} c & d \end{bmatrix}$) を満たすスカラー k が存在する．すると，定理 1.8 の行列の基本変形 (iii) として，第 2 行に第 1 行の (第 1 行に第 2 行の) $(-k)$ 倍を加えると，第 2 行 (第 1 行) は 0 となる．これより，$\operatorname{rank} A < 2$ となるから，定理 2.9 より A は正則でないことがわかる．

また，$ad - bc \neq 0$ を満たす場合，このとき $k\begin{bmatrix} a & b \end{bmatrix} = \begin{bmatrix} c & d \end{bmatrix}$ を満たすスカラー k は存在しないので，行列の基本変形を施しても第 2 行を零行ベクトルにできない．したがって A を簡約化すると E_2 となり，定理 2.9 から A は正則となる．

定理 2.12

n 次正方行列 A が正則ならば，$n \times 2n$ 行列 $\left[\, A \mid E_n \,\right]$ の簡約形は $\left[\, E_n \mid A^{-1} \,\right]$ である．

証明　A は正則なので，定理 2.9 よりその簡約形は E_n である．つまり $P_1, \cdots, P_m$ をある基本行列として $P_1 \cdots P_m A = E_n$ と書くことができ，$P_1 \cdots P_m = A^{-1}$ である．これをふまえて $\left[\, A \mid E_n \,\right]$ を簡約化すると

$$\left[\, A \mid E_n \,\right] \to \left[\, P_1 \cdots P_m A \mid P_1 \cdots P_m \,\right] = \left[\, E_n \mid A^{-1} \,\right]$$

となる．∎

定理 2.12 は，一般の正則行列の逆行列を具体的に求める方法の一つを与えている．

例題 2.7

行列 $A = \begin{bmatrix} 2 & 1 & 1 \\ 1 & 2 & 1 \\ 1 & 1 & 2 \end{bmatrix}$ の正則性を確かめ，また，その逆行列を求めよ．

解答　行列 $\left[\, A \mid E_3 \,\right]$ の簡約化を行うと，

$$\left[\, A \mid E_3 \,\right] = \left[\begin{array}{ccc|ccc} 2 & 1 & 1 & 1 & 0 & 0 \\ 1 & 2 & 1 & 0 & 1 & 0 \\ 1 & 1 & 2 & 0 & 0 & 1 \end{array}\right] \longrightarrow \left[\begin{array}{ccc|ccc} 1 & 0 & 0 & \frac{3}{4} & -\frac{1}{4} & -\frac{1}{4} \\ 0 & 1 & 0 & -\frac{1}{4} & \frac{3}{4} & -\frac{1}{4} \\ 0 & 0 & 1 & -\frac{1}{4} & -\frac{1}{4} & \frac{3}{4} \end{array}\right]$$

である．したがって，$\operatorname{rank} A = 3$ であることから，定理2.9より，A は正則である．また，定理2.12より，その逆行列は

$$A^{-1} = \begin{bmatrix} \frac{3}{4} & -\frac{1}{4} & -\frac{1}{4} \\ -\frac{1}{4} & \frac{3}{4} & -\frac{1}{4} \\ -\frac{1}{4} & -\frac{1}{4} & \frac{3}{4} \end{bmatrix} = \frac{1}{4} \begin{bmatrix} 3 & -1 & -1 \\ -1 & 3 & -1 \\ -1 & -1 & 3 \end{bmatrix}.$$

■

章末問題

□ **1.** 次の連立1次方程式を掃き出し法で解け．

(1) $\begin{cases} x_1 + \ \ x_2 = 4 \\ x_1 + 3x_2 = 2 \end{cases}$　(2) $\begin{cases} 2x_1 - 2x_2 = 4 \\ \ \ x_1 - 3x_2 = 2 \end{cases}$　(3) $\begin{cases} 2x_1 - 2x_2 = 5 \\ \ \ x_1 - 3x_2 = 1 \end{cases}$

(4) $\begin{cases} x_1 + \ \ x_2 + \ \ x_3 = 1 \\ x_1 + 2x_2 + 3x_3 = 2 \\ 2x_1 + \ \ x_2 + 2x_3 = 2 \end{cases}$　(5) $\begin{cases} x_1 - \ \ x_2 + \ \ x_3 = -3 \\ -x_1 + 2x_2 - 3x_3 = 3 \\ 2x_1 + \ \ x_2 + 2x_3 = 6 \end{cases}$

□ **2.** 次の連立1次方程式を拡大係数行列の基本変形を用いて解け．

(1) $\begin{bmatrix} 3 & 1 \\ 1 & 2 \end{bmatrix} \begin{bmatrix} x_1 \\ x_2 \end{bmatrix} = \begin{bmatrix} 5 \\ -5 \end{bmatrix}$　(2) $\begin{bmatrix} 2 & 1 & 3 \\ 0 & -1 & 2 \\ -1 & 0 & 1 \end{bmatrix} \begin{bmatrix} x_1 \\ x_2 \\ x_3 \end{bmatrix} = \begin{bmatrix} 2 \\ -1 \\ 3 \end{bmatrix}$

□ **3.** 次の行列を簡約化し，階数を求めよ．

(1) $\begin{bmatrix} 0 & 1 \\ 1 & 2 \end{bmatrix}$　(2) $\begin{bmatrix} 1 & 1 & 3 \\ 2 & 1 & 0 \\ -3 & -1 & 3 \end{bmatrix}$　(3) $\begin{bmatrix} 0 & 1 & -2 & 1 \\ 1 & 0 & 1 & -3 \\ 1 & 2 & -3 & -1 \end{bmatrix}$

□ **4.** 次の連立1次方程式を解け．

(1) $\begin{cases} x_1 - \ \ x_2 + x_3 + 2x_4 = 1 \\ x_1 - 2x_2 \qquad\quad + 3x_4 = 2 \end{cases}$　(2) $\begin{cases} \qquad\quad 2x_2 - 2x_3 = -2 \\ x_1 - \ \ x_2 + 3x_3 = 2 \\ 2x_1 \qquad\quad + 4x_3 = 2 \end{cases}$

(3) $\begin{cases} \qquad\quad x_2 + 3x_3 - 2x_4 = 1 \\ x_1 - 3x_2 - 2x_3 + \ \ x_4 = 2 \\ x_1 - \ \ x_2 + 4x_3 - 3x_4 = 4 \\ 2x_1 - 3x_2 + 5x_3 - 4x_4 = 7 \end{cases}$　(4) $\begin{cases} x_1 + 2x_2 + 3x_3 = -2 \\ 2x_1 - \ \ x_2 + 3x_3 = 2 \\ -3x_1 + 4x_2 - 3x_3 = -2 \end{cases}$

□ **5.** 次の行列の逆行列を求めよ．

(1) $\begin{bmatrix} 1 & -1 & 0 \\ 1 & -1 & -1 \\ 1 & 0 & -1 \end{bmatrix}$ (2) $\begin{bmatrix} 2 & -1 & 1 \\ 2 & 1 & 1 \\ 3 & 2 & 1 \end{bmatrix}$ (3) $\begin{bmatrix} 1 & 2 & 3 \\ 2 & 2 & 2 \\ 4 & 6 & 8 \end{bmatrix}$

(4) $\begin{bmatrix} 1 & -1 & 0 & 0 \\ 0 & 1 & -1 & 0 \\ 0 & 0 & 1 & -1 \\ 0 & 0 & 0 & 1 \end{bmatrix}$ (5) $\begin{bmatrix} 1 & 0 & 1 & 0 \\ 1 & 0 & 2 & 0 \\ 0 & 1 & -1 & 1 \\ 0 & -1 & 1 & 0 \end{bmatrix}$

□ **6.** a, b, c を実数とする．次の連立 1 次方程式を解け．

(1) $\begin{cases} x_1 - 2x_2 - 2x_3 = a \\ 2x_1 - 5x_2 - 4x_3 = b \\ 4x_1 - 9x_2 - 8x_3 = c \end{cases}$ (2) $\begin{cases} ax_1 + bx_2 + bx_3 = 0 \\ ax_1 + ax_2 + bx_3 = 0 \\ ax_1 + ax_2 + ax_3 = 0 \end{cases}$

(3) $\begin{cases} x_1 - 2x_2 + x_3 = a \\ 2x_1 - 3x_2 - x_3 = b \\ 3x_1 - 4x_2 - 3x_3 = -b \end{cases}$

□ **7.** $\boldsymbol{x}_1$ と $\boldsymbol{x}_2$ を同次連立 1 次方程式 $A\boldsymbol{x} = \boldsymbol{0}$ の解とする．このとき，任意のスカラー α, β に対して，$\alpha\boldsymbol{x}_1 + \beta\boldsymbol{x}_2$ も $A\boldsymbol{x} = \boldsymbol{0}$ の解となることを示せ．

□ **8.** 同次連立 1 次方程式 $A\boldsymbol{x} = \boldsymbol{0}$ の解を $\boldsymbol{x}_0$ とする．連立 1 次方程式 $A\boldsymbol{x} = \boldsymbol{b}$ の 1 つの解を $\boldsymbol{x}_b$ とする．このとき，$\boldsymbol{x}_0 + \boldsymbol{x}_b$ は連立 1 次方程式 $A\boldsymbol{x} = \boldsymbol{b}$ の解であることを示せ．また，連立 1 次方程式 $A\boldsymbol{x} = \boldsymbol{b}$ の解は，すべて $\boldsymbol{x}_0 + \boldsymbol{x}_b$ の形に書けることを示せ．

□ **9.** A がべき零行列で $A^r = O$ を満たすとする．このとき，$E - A$ は正則行列となることを示せ．また，その逆行列が $(E - A)^{-1} = E + A + A^2 + \cdots + A^{r-1}$ となることを示せ．

□ **10.** $A = \begin{bmatrix} A_1 & O \\ O & A_2 \end{bmatrix}$ のとき，$\operatorname{rank} A = \operatorname{rank} A_1 + \operatorname{rank} A_2$ となることを示せ．

□ **11.** (1) $m \times 1$ 行列 (列ベクトル) A の簡約行列 B は，簡約化の手続きによらず一意的に定まることを示せ．

(2) $m \times n$ 行列 A の簡約行列 B は，簡約化の手続きによらず一意的に定まることを数学的帰納法により示せ．

3 置換と行列式

定理 1.8(1) によれば，2 次正方行列 $A = \begin{bmatrix} a_{11} & a_{12} \\ a_{21} & a_{22} \end{bmatrix}$ に対し，$a_{11}a_{22} - a_{12}a_{21} \neq 0$ ならば逆行列が存在する．p.19 で，この量を 2 次正方行列の行列式と定義していた．本章の議論は，ここからはじめよう．

定義 3.1 (2 次正方行列の行列式；再掲)

2 次正方行列 $A = \begin{bmatrix} a_{11} & a_{12} \\ a_{21} & a_{22} \end{bmatrix}$ に対して，

$$\det A = a_{11}a_{22} - a_{12}a_{21}$$

で定義される量を 2 次正方行列 A の **行列式** という．$\det A$ は，$\begin{vmatrix} a_{11} & a_{12} \\ a_{21} & a_{22} \end{vmatrix}$ とも書く．

行列式を使うと，定理 1.8(1) は，「2 次正方行列 A が逆行列をもつ $\Longleftrightarrow$ $\det A \neq 0$」といい換えることができる．この場合，逆行列が存在し，定理 1.8(2) から，

$$A^{-1} = \frac{1}{\det A} \begin{bmatrix} a_{22} & -a_{12} \\ -a_{21} & a_{11} \end{bmatrix} \tag{3.1}$$

のように表せる．このことを用いると，2 変数の連立 1 次方程式

$$\begin{cases} a_{11}x + a_{12}y = b_1 \\ a_{21}x + a_{22}y = b_2 \end{cases} \Longleftrightarrow A\boldsymbol{x} = \boldsymbol{b} \quad \left(\boldsymbol{x} = \begin{bmatrix} x \\ y \end{bmatrix},\ \boldsymbol{b} = \begin{bmatrix} b_1 \\ b_2 \end{bmatrix} \right) \tag{3.2}$$

の解 $\boldsymbol{x} = A^{-1}\boldsymbol{b}$ は，行列式を使って以下のように表せる．

$$x = \frac{\begin{vmatrix} b_1 & a_{12} \\ b_2 & a_{22} \end{vmatrix}}{\begin{vmatrix} a_{11} & a_{12} \\ a_{21} & a_{22} \end{vmatrix}}, \quad y = \frac{\begin{vmatrix} a_{11} & b_1 \\ a_{21} & b_2 \end{vmatrix}}{\begin{vmatrix} a_{11} & a_{12} \\ a_{21} & a_{22} \end{vmatrix}} \tag{3.3}$$

一般の n 次正方行列の場合にも行列式は定義でき，$n=2$ のときと同じようなことがいえるが，その定義は ($n \geq 4$ の場合は特に) 少々複雑である．そこで，以下，順を追って行列式の定義と性質を学び，連立 1 次方程式に適用してゆく．

3.1 置　換

2 次正方行列の行列式 (3.1) には $a_{11}a_{22}$ や $a_{12}a_{21}$ のように行列の 2 つの成分の積が $2! = 2$ 個 現れている．また，積の各成分の 1 番目の添字を $1, 2$ と揃えると，2 番目の添字は $1, 2$ あるいは $2, 1$ のように，“1”,“2” の並べ替えになっている．一般の行列式を定義するためには，このような文字の並べ替え (**置換**) を理解する必要がある．

定義 3.2 (置換)

n 個の文字 $\{1, 2, \cdots, n\}$ から $\{1, 2, \cdots, n\}$ への 1 対 1 の対応を n 文字の **置換** という．n 文字の置換 σ が $1, \cdots, n$ をそれぞれ $k_1, \cdots, k_n$ ($k_1, \cdots, k_n$ は $1, \cdots, n$ を並べ替えたもの) に対応させることを

$$\sigma(1) = k_1, \quad \sigma(2) = k_2, \quad \cdots, \quad \sigma(n) = k_n$$

と書き，このとき σ を以下のように表す．

$$\sigma = \begin{pmatrix} 1 & 2 & \cdots & n \\ k_1 & k_2 & \cdots & k_n \end{pmatrix} \tag{3.4}$$

置換は文字の入れ替えを表す 1 対 1 の対応関係であるから，その対応関係がわかれば列の順序は入れ替えてもよい．また，変化しない文字は省略してもよい．

例 3.1

$\sigma(1)=3,\ \sigma(2)=2,\ \sigma(3)=4,\ \sigma(4)=1$ のとき,

$$\sigma=\begin{pmatrix}1&2&3&4\\3&2&4&1\end{pmatrix}=\begin{pmatrix}2&4&3&1\\2&1&4&3\end{pmatrix}=\begin{pmatrix}4&3&1\\1&4&3\end{pmatrix}.$$

定義 3.3 (置換の積)

2 つの n 文字の置換 σ と τ に対して, **積** $\sigma\tau$ を

$$\sigma\tau(i)=\sigma(\tau(i))\quad(i=1,\cdots,n)$$

で定義する.

例 3.2

2 つの置換

$$\sigma=\begin{pmatrix}1&2&3\\2&3&1\end{pmatrix},\quad \tau=\begin{pmatrix}1&2&3\\3&2&1\end{pmatrix}$$

の積 $\sigma\tau$ と $\tau\sigma$ を考えると,

$$\sigma\tau(1)=\sigma(\tau(1))=\sigma(3)=1,\quad \tau\sigma(1)=2$$
$$\sigma\tau(2)=\sigma(\tau(2))=\sigma(2)=3,\quad \tau\sigma(2)=1$$
$$\sigma\tau(3)=\sigma(\tau(3))=\sigma(1)=2,\quad \tau\sigma(3)=3$$

であるから,

$$\sigma\tau=\begin{pmatrix}1&2&3\\1&3&2\end{pmatrix},\quad \tau\sigma=\begin{pmatrix}1&2&3\\2&1&3\end{pmatrix}$$

となる. 特に, $\sigma\tau\neq\tau\sigma$ である.

- この例でみたように, 一般に置換の積は交換できないが, 移動する文字を共有しない 2 つの置換は交換可能である. 例えば, $\sigma=\begin{pmatrix}1&3&5\\3&5&1\end{pmatrix}$, $\tau=\begin{pmatrix}2&4\\4&2\end{pmatrix}$ の場合, $\sigma\tau=\tau\sigma$ である.
- 置換の積には結合法則が成り立つ. つまり, $\sigma_1(\sigma_2\sigma_3)=(\sigma_1\sigma_2)\sigma_3$.
- k 個の σ の積を σ^k と書く.

定義 3.4 (恒等置換・逆置換)

すべての文字を動かさない置換 $\begin{pmatrix} 1 & 2 & \cdots & n \\ 1 & 2 & \cdots & n \end{pmatrix}$ を **恒等置換** といい，ε で表す．また，置換 $\sigma = \begin{pmatrix} 1 & 2 & \cdots & n \\ k_1 & k_2 & \cdots & k_n \end{pmatrix}$ の **逆置換** を

$$\sigma^{-1} = \begin{pmatrix} k_1 & k_2 & \cdots & k_n \\ 1 & 2 & \cdots & n \end{pmatrix}$$

で定義する．

逆置換は文字の移動をもとに戻す置換であるから，$\sigma^{-1}\sigma = \sigma\sigma^{-1} = \varepsilon$ が成り立つ．

例 3.3

置換 $\sigma = \begin{pmatrix} 1 & 2 & 3 & 4 \\ 4 & 2 & 1 & 3 \end{pmatrix}$ の逆置換は，

$$\sigma^{-1} = \begin{pmatrix} 4 & 2 & 1 & 3 \\ 1 & 2 & 3 & 4 \end{pmatrix} = \begin{pmatrix} 1 & 2 & 3 & 4 \\ 3 & 2 & 4 & 1 \end{pmatrix}$$

となる．

定義 3.5 (巡回置換)

n 文字 $\{1, 2, \cdots, n\}$ から取り出した互いに異なる r $(\leq n)$ 個の文字列 $k_1, k_2, \cdots, k_r$ に対し，1 つ右の文字を対応させる置換 (ただし，k_r は k_1 に対応させる)

$$\sigma = \begin{pmatrix} k_1 & k_2 & \cdots & k_{r-1} & k_r \\ k_2 & k_3 & \cdots & k_r & k_1 \end{pmatrix}$$

を (r 次の) **巡回置換** という．これを簡単のため $\sigma = \begin{pmatrix} k_1 & k_2 & \cdots & k_r \end{pmatrix}$ と書く．

例 3.4

$\sigma(2) = 5$, $\sigma(5) = 3$, $\sigma(3) = 2$ で他の文字を動かさない巡回置換は，$\sigma = \begin{pmatrix} 2 & 5 & 3 \end{pmatrix}$ と書ける．これは，$\sigma = \begin{pmatrix} 5 & 3 & 2 \end{pmatrix} = \begin{pmatrix} 3 & 2 & 5 \end{pmatrix}$ とも書ける．

例 3.5 (カードを混ぜる)

n 枚のカードの混ぜ方を，上から i 枚目のカードが $\sigma(i)$ 枚目に移動するという形で定める．この混ぜ方は n 文字の置換 σ を定める．一番下のカードを一番上に動かす混ぜ方が定める置換は，巡回置換 $\begin{pmatrix}1\ 2\ \cdots\ n\end{pmatrix}$ である．

巡回置換は，置換を分解する有効な手段の一つである．

例題 3.1

(1) 置換 $\sigma = \begin{pmatrix} 1 & 2 & 3 & 4 & 5 & 6 & 7 & 8 \\ 1 & 3 & 5 & 7 & 2 & 4 & 6 & 8 \end{pmatrix}$ を巡回置換の積で表せ．

(2) $\sigma^k = \varepsilon$ となる最小の k を求めよ．

解答 (1) 左の文字から考えていく．1 は変わらない．2 から順番にたどると $\sigma(2) = 3$, $\sigma(3) = 5$, $\sigma(5) = 2$. これらに現れない文字 4 から順番にたどると $\sigma(4) = 7$, $\sigma(7) = 6$, $\sigma(6) = 4$. 残った文字 8 は変わらない．したがって，

$$\sigma = \begin{pmatrix}2\ 3\ 5\end{pmatrix}\begin{pmatrix}4\ 7\ 6\end{pmatrix}\ \left(= \begin{pmatrix}4\ 7\ 6\end{pmatrix}\begin{pmatrix}2\ 3\ 5\end{pmatrix}\right).$$

(2) m 次の巡回置換は m 回掛けるとはじめて恒等置換 ε になる．σ は互いに文字を共有しない 3 次の巡回置換の積で書かれているので $k = 3$. ∎

Note: $\sigma^k = \varepsilon$ となる最小の k を置換 σ の**位数**とよぶ．

Note: 例題 3.1 の σ を例 3.5 のようなカードの混ぜ方に対応させると，8 枚のカードを 4 枚ずつ二組に分け，一方のカードの間に他方のカードを順に入れるカードの混ぜ方となる (リフル・シャッフル)．$\sigma^3 = \varepsilon$ であることは，この混ぜ方を 3 回繰り返すともとの配置に戻ることを意味する．

定義 3.6 (互換)

2 文字の巡回置換，つまり，2 文字を入れ替え他を動かさない置換を **互換** という．文字 i と j の互換は $\begin{pmatrix}i\ j\end{pmatrix}$ である．

Note: $\begin{pmatrix}i\ j\end{pmatrix} = \begin{pmatrix}j\ i\end{pmatrix}$ である．

例 3.6

互換の積で置換を定めるとき，その表し方は 1 通りではない．例えば a, b, c, d をすべて異なる文字とするとき，以下が成り立つ．

(1) $(c\ d)(a\ b) = (a\ b)(c\ d)$, $(b\ c)(a\ b) = (a\ c)(b\ c)$
(2) $(a\ b)(a\ c) = (a\ c)(b\ c)$

例 3.7

(1) 互換 τ の逆置換は τ 自身である.
(2) n 文字の置換 σ に対して，$\sigma' = \big(n\ \sigma(n)\big)\sigma$ は，$\sigma'(n) = n$ となるので $(n-1)$ 文字の置換と考えることができる.
(3) 巡回置換 $\sigma = \big(k_1\ k_2\ \cdots\ k_r\big)$ は,

$$\sigma = \big(k_1\ k_r\big)\big(k_1\ k_2\ \cdots\ k_{r-1}\big) = \cdots = \big(k_1\ k_r\big)\big(k_1\ k_{r-1}\big)\cdots\big(k_1\ k_2\big)$$

のように互換の積で表すことができる.

定理 3.1 (置換の分解)

(1) 任意の置換は巡回置換の積で表すことができる.
(2) 任意の置換は互換の積で表すことができる.

証明　(1) 例題 3.1(1) と同様に考えれば明らかである.
(2) (1) と，例 3.7(3) から明らかである.　■

Note:　(2) は，例 3.7(1), (2) を使って数学的帰納法を用いても証明できる.

Note:　n 文字の置換において，互換 $\big(i\ i+1\big)$ $(1 \leq i \leq n-1)$ を**隣接互換**という. 任意の互換 $\big(i\ j\big)$ $(i < j)$ は隣接互換を使って表せる. 例えば,

$$(1\ 3) = (1\ 2)(2\ 3)(1\ 2), \quad (1\ 4) = (1\ 2)(3\ 4)(2\ 3)(3\ 4)(1\ 2)$$

など. いわゆる「あみだくじ」は置換の一種と考えることができ，隣接互換はあみだくじの横棒に対応する. 上の恒等式は，あみだくじが互換，さらに定理 3.1(2) を用いると任意の置換を表せることを示している.

定義 3.7 (置換の符号)

置換 σ が m 個の互換の積で表されるとき，**置換の符号** を

$$\mathrm{sgn}(\sigma) = (-1)^m$$

で定義する. ただし，恒等置換 ε の符号は $\mathrm{sgn}(\varepsilon) = 1$ と定義する.

定理 3.2 (置換の符号の一意性)

置換 σ を互換の積で $\sigma = \tau_1 \cdots \tau_k$ と表した場合，k の偶奇は表し方によらず一定になる．つまり，置換の符号は一意に定まる．

証明 σ を互換の積で，$\sigma = \tau_1 \cdots \tau_k = \tau'_1 \cdots \tau'_{k'}$ と2通りに表したとする．このとき両辺に $\tau_k \cdots \tau_1$ を左から掛けると $\varepsilon = \tau_k \cdots \tau_1 \tau'_1 \cdots \tau'_{k'}$ を得る．右辺は $(k + k')$ 個の互換の積であり，これが偶数になるのは k, k' の偶奇が一致する場合に限るから，「ε を互換の積で表したとき，その互換の数は偶数個である」ことが示せれば十分である．そこでこれを示す．

ε を m 個の互換の積で，

$$\varepsilon = \bigl(a_1\ b_1\bigr)\bigl(a_2\ b_2\bigr) \cdots \bigl(a_m\ b_m\bigr) \quad (a_i \neq b_i) \qquad (*)$$

と表し a_1 に注目する．a_1 と同じ文字が2番目以降の互換に含まれなければ a_1 は b_1 に移され，恒等置換にならない．したがって，2番目以降の互換のなかに a_1 は必ず含まれる．

(i) a_1 が左から2番目の互換に含まれる場合．このとき $(*)$ の右辺の互換を左から2番目まで書くと $\bigl(a_1\ b_1\bigr)\bigl(a_1\ b_2\bigr)$ となる．もし，$b_1 = b_2$ ならば，最初の2つの互換の積は恒等置換となり，$(*)$ の右辺の互換の個数は $(m-2)$ 個に減る．もし，$b_1 \neq b_2$ ならば，最初の2つの互換の積に例 3.6(2) で $b = b_1, c = b_2$ とした恒等式を用いて2番目の互換が a_1 を含まない形に変形できる．

(ii) a_1 が左から3番目以降の互換に初めて現れる場合．その互換と1つ左の互換に例 3.6(1) の恒等式で $a = a_1$ とおいたものを適用して，a_1 を含む互換を1つ左に移せる．この操作を繰り返すと，(i) の状態にできる．

以上の手続きを繰り返すと，最初の2つの互換は必ずキャンセルされ，互換の数は $(m-2)$ 個に減る．以後同様にすると互換は2つずつ減り，最終的に恒等置換 (互換の数は0個) になる．つまり m は偶数でなければならない． ∎

Note: 章末問題3では定理 3.2 の別証明を取り扱っているので参考にしてほしい．

置換 σ が k 個の互換の積で表され，置換 τ が l 個の互換の積で表されるならば，置換の積 $\sigma\tau$ は $(k+l)$ 個の互換の積で表される．つまり，

$$\operatorname{sgn}(\sigma\tau) = (-1)^{k+l} = (-1)^k(-1)^l = \operatorname{sgn}(\sigma)\operatorname{sgn}(\tau)$$

が成り立つ．また，置換 σ とその逆置換の積は恒等置換であり，$\sigma\sigma^{-1} = \varepsilon$ とな

る．つまり，$\mathrm{sgn}(\sigma\sigma^{-1}) = \mathrm{sgn}(\varepsilon) = 1$ となる．この左辺は，$\mathrm{sgn}(\sigma)\,\mathrm{sgn}(\sigma^{-1})$ であるから，$\mathrm{sgn}(\sigma^{-1}) = \dfrac{1}{\mathrm{sgn}(\sigma)} = \mathrm{sgn}(\sigma)$ となり，逆置換の符号はもとの置換の符号と等しい．

定義 3.8 (偶置換・奇置換)

置換 σ が $\mathrm{sgn}(\sigma) = 1$ を満たすとき，σ を **偶置換** という．
また，$\mathrm{sgn}(\sigma) = -1$ を満たすとき，σ を **奇置換** という．

例題 3.2

置換 $\sigma = \begin{pmatrix} 1 & 2 & 3 & 4 & 5 & 6 & 7 \\ 4 & 6 & 7 & 3 & 2 & 5 & 1 \end{pmatrix}$ を互換の積に分解し，符号を求めよ．

解答　例題 3.1 と同様にして，置換 σ は $\sigma = \begin{pmatrix} 1 & 4 & 3 & 7 \end{pmatrix}\begin{pmatrix} 2 & 6 & 5 \end{pmatrix}$ のように巡回置換の積に分解できる．それぞれの巡回置換を互換の積に分解すると

$$\sigma = \begin{pmatrix} 1 & 7 \end{pmatrix}\begin{pmatrix} 1 & 3 \end{pmatrix}\begin{pmatrix} 1 & 4 \end{pmatrix}\begin{pmatrix} 2 & 5 \end{pmatrix}\begin{pmatrix} 2 & 6 \end{pmatrix}$$

となる．この結果から，置換 σ の符号は $\mathrm{sgn}(\sigma) = (-1)^5 = -1$ となる．つまり，置換 σ は奇置換である．∎

定義 3.9 (置換全体の集合)

n 文字の置換全体の集合を S_n と書く．

Note:　n 文字の置換は，$\sigma = \begin{pmatrix} 1 & 2 & \cdots & n \\ k_1 & k_2 & \cdots & k_n \end{pmatrix}$ と書け，n 文字の並べ替え $k_1, k_2, \cdots, k_n$ が決まれば一意に定まる．n 文字の並べ替え方は $n!$ 個あるので，S_n の元の個数は $n!$ 個である．

例 3.8

3 文字の置換は $3! = 6$ 個ある．具体的に書くと以下のようになる．

$$\begin{pmatrix} 1 & 2 & 3 \\ 1 & 2 & 3 \end{pmatrix}, \begin{pmatrix} 1 & 2 & 3 \\ 2 & 3 & 1 \end{pmatrix}, \begin{pmatrix} 1 & 2 & 3 \\ 3 & 1 & 2 \end{pmatrix},$$

$$\begin{pmatrix} 1 & 2 & 3 \\ 3 & 2 & 1 \end{pmatrix}, \begin{pmatrix} 1 & 2 & 3 \\ 2 & 1 & 3 \end{pmatrix}, \begin{pmatrix} 1 & 2 & 3 \\ 1 & 3 & 2 \end{pmatrix}$$

これらは S_3 の元であり，前 3 つは偶置換，後 3 つは奇置換である．

3.2 行列式とその基本的性質

● n 次正方行列の行列式

定義 3.10 (n 次正方行列の行列式)

n 次正方行列 $A = \left[a_{ij}\right]$ に対して以下で定まる量を A の **行列式** といい，$\det A$ で表す．

$$\det A = \sum_{\sigma \in S_n} \mathrm{sgn}(\sigma) a_{1\sigma(1)} a_{2\sigma(2)} \cdots a_{n\sigma(n)}$$

と定義する．

Note: A を集合とするとき，$\sum_{p \in A} f(p)$ は，集合 A のすべての要素 p に対して $f(p)$ を計算し，和をとる操作を意味する．例えば $A = \{2, 3, 5\}, f(p) = \log p$ の場合，$\sum_{p \in A} f(p) = \log 2 + \log 3 + \log 5$ である．考える集合が明らかな場合は $\sum_{p} f(p)$ のように書く場合もある．

行列式は他に

$$|A|, \begin{vmatrix} a & b & c \\ d & e & f \\ g & h & i \end{vmatrix}, \quad \det \begin{bmatrix} a_{11} & a_{12} \\ a_{21} & a_{22} \end{bmatrix},$$

$$\det \begin{bmatrix} \boldsymbol{b}_1 \\ \vdots \\ \boldsymbol{b}_m \end{bmatrix} \quad (\boldsymbol{b}_1, \cdots, \boldsymbol{b}_m \text{ は } m \text{ 次行ベクトル}),$$

$$\begin{vmatrix} \boldsymbol{a}_1 & \cdots & \boldsymbol{a}_n \end{vmatrix} \quad (\boldsymbol{a}_1, \cdots, \boldsymbol{a}_n \text{ は } n \text{ 次列ベクトル})$$

のように表す場合もある．

例 3.9

$S_2 = \{\varepsilon, (1\ 2)\}$ である．これより 2 次正方行列 $A = [a_{ij}]$ の行列式を書き下すと以下のようになり，定義 3.1 と一致する．

$$\det A = a_{11}a_{22} - a_{12}a_{21}$$

S_3 の元は例 3.8 にあげられている．これより 3 次正方行列 A の行列式を書き下すと以下のようになる．

$$\begin{aligned}\det A = a_{11}a_{22}a_{33} + a_{12}a_{23}a_{31} + a_{13}a_{21}a_{32} \\ - a_{13}a_{22}a_{31} - a_{12}a_{21}a_{33} - a_{11}a_{23}a_{32}\end{aligned}$$

2 次および 3 次の正方行列の行列式は，以下の図のように，左上から右下への成分の積は + で，右上から左下への成分の積は − として和をとる，と記憶すると便利である．この覚え方を **サラスの方法** という．ただしこの覚え方は 4 次以上の正方行列には適用できない．

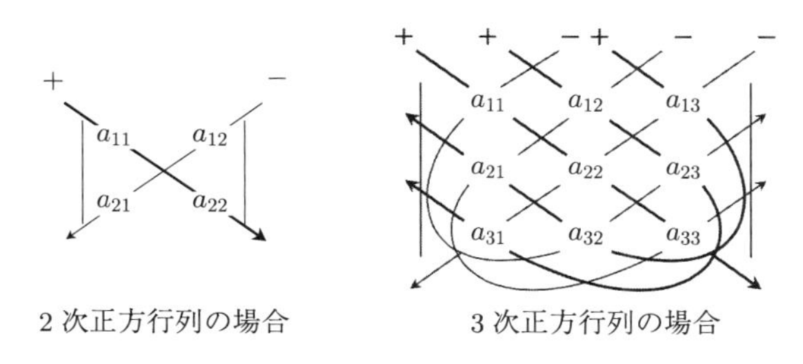

図 3.1　サラスの方法

例 3.10

2 次および 3 次の正方行列の行列式はサラスの方法で求めることができる．

$$\begin{vmatrix} 3 & 4 \\ 9 & -2 \end{vmatrix} = 3 \times (-2) - 9 \times 4 = -42,$$

$$\begin{aligned}\begin{vmatrix} 1 & 3 & -5 \\ -4 & -1 & 2 \\ 2 & 0 & 3 \end{vmatrix} &= 1 \times (-1) \times 3 + (-5) \times 0 \times (-4) + 3 \times 2 \times 2 \\ &\quad - (-5) \times (-1) \times 2 - 1 \times 0 \times 2 - 3 \times (-4) \times 3 \\ &= 35.\end{aligned}$$

定理 3.3

行列に関して，以下が成り立つ．

(1)
$$\begin{vmatrix} a_{11} & a_{12} & \cdots & a_{1n} \\ 0 & a_{22} & \cdots & a_{2n} \\ \vdots & \vdots & \ddots & \vdots \\ 0 & a_{n2} & \cdots & a_{nn} \end{vmatrix} = a_{11} \begin{vmatrix} a_{22} & \cdots & a_{2n} \\ \vdots & \ddots & \vdots \\ a_{n2} & \cdots & a_{nn} \end{vmatrix}$$

(2)
$$\begin{vmatrix} a_{11} & \cdots & a_{1\,n-1} & 0 \\ \vdots & \ddots & \vdots & \vdots \\ a_{n-1\,1} & \cdots & a_{n-1\,n-1} & 0 \\ a_{n1} & \cdots & a_{n\,n-1} & a_{nn} \end{vmatrix} = a_{nn} \begin{vmatrix} a_{11} & \cdots & a_{1\,n-1} \\ \vdots & \ddots & \vdots \\ a_{n-1\,1} & \cdots & a_{n-1\,n-1} \end{vmatrix}$$

証明 (1) 第 1 列に注目すると $a_{21} = \cdots = a_{n1} = 0$ である．任意の置換 $\sigma \in S_n$ に対して，$\sigma(1) \neq 1$ ならば $\sigma(k) = 1$ となる $k \neq 1$ が存在する．このとき，$a_{k\sigma(k)} = a_{k1} = 0$ であるから，$a_{1\sigma(1)}a_{2\sigma(2)} \cdots a_{n\sigma(n)} = 0$ となる．つまり，$\sigma(1) \neq 1$ となる項に関する和は 0 になる．行列式の定義にこれを代入すると

$$\begin{aligned} \det A &= \sum_{\sigma} \mathrm{sgn}(\sigma) a_{1\sigma(1)} a_{2\sigma(2)} \cdots a_{n\sigma(n)} \\ &= \sum_{\sigma(1)=1} \mathrm{sgn}(\sigma) a_{11} a_{2\sigma(2)} \cdots a_{n\sigma(n)} \\ &= a_{11} \sum_{\sigma(1)=1} \mathrm{sgn}(\sigma) a_{2\sigma(2)} \cdots a_{n\sigma(n)} \end{aligned}$$

となる (ここで $\displaystyle\sum_{\sigma(1)=1}$ は，「$\sigma \in S_n$ かつ $\sigma(1) = 1$ を満たす σ に関する和をとる」という意味である)．$\sigma(1) = 1$ の条件での置換は，文字 $\{2, 3, \cdots, n\}$ に関する $(n-1)$ 文字の置換であるから，以下を得る．

$$\det A = a_{11} \begin{vmatrix} a_{22} & \cdots & a_{2n} \\ \vdots & \ddots & \vdots \\ a_{n2} & \cdots & a_{nn} \end{vmatrix}$$

(2) 第 n 列に着目すると，(1) と同様にして示すことができる． ∎

例 3.11

$$\begin{vmatrix} 3 & 2 & 1 \\ 0 & 2 & 2 \\ 0 & 2 & 3 \end{vmatrix} = 3\begin{vmatrix} 2 & 2 \\ 2 & 3 \end{vmatrix} = 3 \times (2 \times 3 - 2 \times 2) = 6$$

例 3.12

定理 3.3 を繰り返し適用すると，上三角行列の行列式は

$$\begin{vmatrix} a_{11} & a_{12} & \cdots & a_{1n} \\ 0 & a_{22} & \cdots & a_{2n} \\ \vdots & \vdots & \ddots & \vdots \\ 0 & 0 & \cdots & a_{nn} \end{vmatrix} = a_{11}a_{22}\cdots a_{nn}$$

のように対角成分の積となる．特に，単位行列 E の行列式は 1 である．

● 行列式の基本的性質

行列式は，行と列の対称性，多重線形性，交代性という性質をもつ．

定理 3.4 (行と列の対称性)

n 次正方行列 A の行列式とその転置行列 ${}^tA$ の行列式は等しい．つまり，次が成り立つ．

$$\det({}^tA) = \det A$$

証明　$A = [a_{ij}]$, ${}^tA = [b_{ij}]$ とすると，転置行列の定義から $b_{ij} = a_{ji}$ である．したがって，

$$\begin{aligned} \det({}^tA) &= \sum_{\sigma} \mathrm{sgn}(\sigma) b_{1\sigma(1)} b_{2\sigma(2)} \cdots b_{n\sigma(n)} \\ &= \sum_{\sigma} \mathrm{sgn}(\sigma) a_{\sigma(1)1} a_{\sigma(2)2} \cdots a_{\sigma(n)n} \end{aligned}$$

となる．ここで，この置換は，逆置換 σ^{-1} を用いて

$$\begin{pmatrix} \sigma(1) & \sigma(2) & \cdots & \sigma(n) \\ 1 & 2 & \cdots & n \end{pmatrix} = \begin{pmatrix} 1 & 2 & \cdots & n \\ \sigma^{-1}(1) & \sigma^{-1}(2) & \cdots & \sigma^{-1}(n) \end{pmatrix}$$

のように書ける．つまり，

$$\sum_{\sigma} \mathrm{sgn}(\sigma) a_{\sigma(1)1} a_{\sigma(2)2} \cdots a_{\sigma(n)n} = \sum_{\sigma} \mathrm{sgn}(\sigma) a_{1\sigma^{-1}(1)} a_{2\sigma^{-1}(2)} \cdots a_{n\sigma^{-1}(n)}$$

が成り立つ．また，逆置換の符号はもとの置換の符号と等しいから，$\mathrm{sgn}(\sigma) = \mathrm{sgn}(\sigma^{-1})$ である．さらに，σ が S_n のすべての元を 1 つずつ動くとき，その逆置換 σ^{-1} も S_n のすべての元を 1 つずつ動く．これらをふまえて $\tau = \sigma^{-1}$ と書き換えると，

$$\begin{aligned} \det({}^t A) &= \sum_{\tau} \mathrm{sgn}(\tau) a_{1\tau(1)} a_{2\tau(2)} \cdots a_{n\tau(n)} \\ &= \det A \end{aligned}$$

となる． ∎

この定理から，行列式の行に関して成り立つ性質は，列に関しても成り立ち，逆に，列に関して成り立つ性質は，行に関しても成り立つ．

例 3.13

(1) 定理 3.3 の転置を考えると，以下の等式が成り立つ．

$$\begin{vmatrix} a_{11} & 0 & \cdots & 0 \\ a_{21} & a_{22} & \cdots & a_{2n} \\ \vdots & \vdots & \ddots & \vdots \\ a_{n1} & a_{n2} & \cdots & a_{nn} \end{vmatrix} = a_{11} \begin{vmatrix} a_{22} & \cdots & a_{2n} \\ \vdots & \ddots & \vdots \\ a_{n2} & \cdots & a_{nn} \end{vmatrix}$$

(2) 上三角行列の行列式が対角成分の積であるから，その転置を考えると，下三角行列の行列式も対角成分の積となる．

以下では行に関する定理を示すが，列に関する同様な定理も成り立つ (以後，ある定理に関して列に関する同様な定理を引用する場合は「定理○○の列ベクトル版」と表現する)．

定理 3.5 (多重線形性)

n 次正方行列の行列式に関して，以下の (1), (2) が成り立つ．

(1) $\begin{vmatrix} \boldsymbol{a}_1 \\ \vdots \\ c\,\boldsymbol{a}_i \\ \vdots \\ \boldsymbol{a}_n \end{vmatrix} = c \begin{vmatrix} \boldsymbol{a}_1 \\ \vdots \\ \boldsymbol{a}_i \\ \vdots \\ \boldsymbol{a}_n \end{vmatrix}$ (c はスカラー)　(2) $\begin{vmatrix} \boldsymbol{a}_1 \\ \vdots \\ \boldsymbol{a}_i + \boldsymbol{b}_i \\ \vdots \\ \boldsymbol{a}_n \end{vmatrix} = \begin{vmatrix} \boldsymbol{a}_1 \\ \vdots \\ \boldsymbol{a}_i \\ \vdots \\ \boldsymbol{a}_n \end{vmatrix} + \begin{vmatrix} \boldsymbol{a}_1 \\ \vdots \\ \boldsymbol{b}_i \\ \vdots \\ \boldsymbol{a}_n \end{vmatrix}$

ここで，$\boldsymbol{a}_j, \boldsymbol{b}_j$ $(j = 1, \cdots, n)$ は n 次行ベクトルである．

証明 (1) 行列式の定義から，

$$\begin{aligned}(\text{左辺}) &= \sum_\sigma \operatorname{sgn}(\sigma) a_{1\sigma(1)} \cdots (c a_{i\sigma(i)}) \cdots a_{n\sigma(n)} \\ &= c \sum_\sigma \operatorname{sgn}(\sigma) a_{1\sigma(1)} \cdots a_{i\sigma(i)} \cdots a_{n\sigma(n)} = (\text{右辺}).\end{aligned}$$

(2) 行列式の定義から，

$$\begin{aligned}(\text{左辺}) &= \sum_\sigma \operatorname{sgn}(\sigma) a_{1\sigma(1)} \cdots (a_{i\sigma(i)} + b_{i\sigma(i)}) \cdots a_{n\sigma(n)} \\ &= \sum_\sigma \operatorname{sgn}(\sigma) a_{1\sigma(1)} \cdots a_{i\sigma(i)} \cdots a_{n\sigma(n)} \\ &\qquad + \sum_\sigma \operatorname{sgn}(\sigma) a_{1\sigma(1)} \cdots b_{i\sigma(i)} \cdots a_{n\sigma(n)} \\ &= (\text{右辺}).\end{aligned}$$

■

例 3.14

$$\begin{vmatrix} 3 & 2 & 1 \\ 0 & 2 & 2 \\ 0 & 2 & 3 \end{vmatrix} = 2 \begin{vmatrix} 3 & 2 & 1 \\ 0 & 1 & 1 \\ 0 & 2 & 3 \end{vmatrix} = (2 \times 3) \begin{vmatrix} 1 & 1 \\ 2 & 3 \end{vmatrix} = 6 \times (3 - 2) = 6$$

例 3.15

定理 3.5(2) で $\boldsymbol{b}_i = -\boldsymbol{a}_i$ とおいて定理 3.5(1) を用いるとわかるように，行または列に零ベクトルが含まれる行列の行列式は 0 である．

定理 3.6 (交代性)

n 次正方行列の行列式に関して，以下の (1), (2) が成り立つ．

$$(1)\quad \begin{vmatrix} \vdots \\ \boldsymbol{a}_i \\ \vdots \\ \boldsymbol{a}_j \\ \vdots \end{vmatrix} = -\begin{vmatrix} \vdots \\ \boldsymbol{a}_j \\ \vdots \\ \boldsymbol{a}_i \\ \vdots \end{vmatrix} \qquad (2)\quad \begin{vmatrix} \vdots \\ \boldsymbol{a}_i \\ \vdots \\ \boldsymbol{a}_i \\ \vdots \end{vmatrix} = 0$$

ここで，$\boldsymbol{a}_j$ $(j = 1, \cdots, n)$ は n 次行ベクトルである．

証明 (1) n 文字の置換 σ に対して，置換 σ と互換 $\bigl(i\ j\bigr)$ の積を $\tau = \sigma\bigl(i\ j\bigr)$ とすると，

$$\tau(i) = \sigma(j), \quad \tau(j) = \sigma(i), \quad \tau(k) = \sigma(k) \quad (k \neq i, j)$$

である．また，置換 σ が S_n 全体を動くとき，τ も S_n 全体を動く．さらに，

$$\mathrm{sgn}(\tau) = \mathrm{sgn}(\sigma\bigl(i\ j\bigr)) = \mathrm{sgn}(\sigma)\mathrm{sgn}\bigl(i\ j\bigr) = -\mathrm{sgn}(\sigma)$$

である．これらを用いると，

$$\begin{aligned}(\text{右辺}) &= -\sum_{\sigma} \mathrm{sgn}(\sigma) a_{1\sigma(1)} \cdots a_{j\sigma(i)} \cdots a_{i\sigma(j)} \cdots a_{n\sigma(n)} \\ &= \sum_{\tau} \mathrm{sgn}(\tau) a_{1\tau(1)} \cdots a_{j\tau(j)} \cdots a_{i\tau(i)} \cdots a_{n\tau(n)} = (\text{左辺}).\end{aligned}$$

(2) 2 つの行が等しいならば，それらの行を入れ替えても行列は同じである．また，(1) から $\det A = -\det A$ であるから，$\det A = 0$ となる． ∎

例 3.16

$$(1)\quad \begin{vmatrix} 0 & 0 & 1 \\ 0 & 2 & 3 \\ 3 & 4 & 5 \end{vmatrix} = -\begin{vmatrix} 3 & 4 & 5 \\ 0 & 2 & 3 \\ 0 & 0 & 1 \end{vmatrix} = -3 \times 2 \times 1 = -6$$

$$(2)\quad \begin{vmatrix} 1 & 2 & 3 \\ 3 & 1 & 3 \\ 2 & 4 & 6 \end{vmatrix} = 2\begin{vmatrix} 1 & 2 & 3 \\ 3 & 1 & 3 \\ 1 & 2 & 3 \end{vmatrix} = 2 \times 0 = 0$$

定理 3.7 (ある行に別の行の何倍かを加えた行列の行列式)

n 次正方行列の行列式に関して，次が成り立つ．

$$\begin{vmatrix} \vdots \\ \boldsymbol{a}_i + c\boldsymbol{a}_j \\ \vdots \\ \boldsymbol{a}_j \\ \vdots \end{vmatrix} = \begin{vmatrix} \vdots \\ \boldsymbol{a}_i \\ \vdots \\ \boldsymbol{a}_j \\ \vdots \end{vmatrix}$$

ここで，$\boldsymbol{a}_j$ $(j = 1, \cdots, n)$ は n 次行ベクトルである．

証明　定理 3.5 と定理 3.6(2) から

$$(\text{左辺}) = \begin{vmatrix} \vdots \\ \boldsymbol{a}_i + c\boldsymbol{a}_j \\ \vdots \\ \boldsymbol{a}_j \\ \vdots \end{vmatrix} = \begin{vmatrix} \vdots \\ \boldsymbol{a}_i \\ \vdots \\ \boldsymbol{a}_j \\ \vdots \end{vmatrix} + c \begin{vmatrix} \vdots \\ \boldsymbol{a}_j \\ \vdots \\ \boldsymbol{a}_j \\ \vdots \end{vmatrix} = \begin{vmatrix} \vdots \\ \boldsymbol{a}_i \\ \vdots \\ \boldsymbol{a}_j \\ \vdots \end{vmatrix} = (\text{右辺}).$$

■

これらの行列式の性質をうまく組み合わせて利用すると，任意の行列の行列式を計算することができる．

例題 3.3

行列 $A = \begin{bmatrix} 0 & 1 & 0 & 2 \\ 1 & 0 & 2 & 0 \\ 0 & 5 & 0 & 7 \\ 3 & 0 & 4 & 0 \end{bmatrix}$ の行列式を求めよ．

解答　第 1 行と第 2 行を入れ替え (定理 3.6)，第 4 行から第 1 行の 3 倍を引くと (定理 3.7)，第 1 列は (1, 1) 成分以外がすべて 0 になるので，定理 3.3 を用いて 3 次正方行列の行列式に帰着させることができる．3 次正方行列の行列式は，サラスの方法で計算できる．

$$\det A = \begin{vmatrix} 0 & 1 & 0 & 2 \\ 1 & 0 & 2 & 0 \\ 0 & 5 & 0 & 7 \\ 3 & 0 & 4 & 0 \end{vmatrix} = (-1)\begin{vmatrix} 1 & 0 & 2 & 0 \\ 0 & 1 & 0 & 2 \\ 0 & 5 & 0 & 7 \\ 3 & 0 & 4 & 0 \end{vmatrix} = (-1)\begin{vmatrix} 1 & 0 & 2 & 0 \\ 0 & 1 & 0 & 2 \\ 0 & 5 & 0 & 7 \\ 0 & 0 & -2 & 0 \end{vmatrix}$$

$$= (-1)\begin{vmatrix} 1 & 0 & 2 \\ 5 & 0 & 7 \\ 0 & -2 & 0 \end{vmatrix} = (-1) \times (-6) = 6$$

■

例題 3.4

次の行列式を因数分解せよ．

$$\begin{vmatrix} 1 & a & a^3 \\ 1 & b & b^3 \\ 1 & c & c^3 \end{vmatrix}$$

解答 第 2 行と第 3 行からそれぞれ第 1 行を引いて (定理 3.7) 整理する．

$$\begin{vmatrix} 1 & a & a^3 \\ 1 & b & b^3 \\ 1 & c & c^3 \end{vmatrix} = \begin{vmatrix} 1 & a & a^3 \\ 0 & b-a & b^3-a^3 \\ 0 & c-a & c^3-a^3 \end{vmatrix} = \begin{vmatrix} b-a & b^3-a^3 \\ c-a & c^3-a^3 \end{vmatrix}$$

$$= (b-a)(c-a)\begin{vmatrix} 1 & b^2+ab+a^2 \\ 1 & c^2+ac+a^2 \end{vmatrix}$$

$$= (b-a)(c-a)(c^2+ac-b^2-ab)$$

$$= (a+b+c)(a-b)(b-c)(c-a)$$

■

3.3 行列式のさまざまな性質

● 正則行列と行列式

基本行列 $P_{ij}, Q_i(c), R_{ij}(c)$ の行列式は簡単に計算でき，いずれも 0 でない．

- P_{ij} は，単位行列 E の第 i 行と第 j 行を入れ替えた行列であるから，

$$\left|P_{ij}\right| = -\left|E\right| = -1.$$

- $Q_i(c)$ は単位行列 E の第 i 行を $c\ (\neq 0)$ 倍した行列であるから,

$$\left|Q_i(c)\right| = c\left|E\right| = c\ (\neq 0).$$

- $R_{ij}(c)$ は,単位行列 E の第 i 行に第 j 行の c 倍を加えた行列であるから,

$$\left|R_{ij}(c)\right| = \left|E\right| = 1.$$

これらの結果から,以下の定理が成り立つ.

定理 3.8 (行列に基本行列を掛けた場合の行列式)

(1) $\left|P_{ij}A\right| = \left|P_{ij}\right|\left|A\right|$

(2) $\left|Q_i(c)A\right| = \left|Q_i(c)\right|\left|A\right|$

(3) $\left|R_{ij}(c)A\right| = \left|R_{ij}(c)\right|\left|A\right|$

証明 (1) $\left|P_{ij}A\right|$ は, A の第 i 行と第 j 行を入れ替えた行列であるから, 定理 3.6 (1) から $-\left|A\right|$ である. $\left|P_{ij}\right| = -1$ であるから, $\left|P_{ij}A\right| = \left|P_{ij}\right|\left|A\right|$ である.

(2) $\left|Q_i(c)A\right|$ は, A の第 i 行を c 倍した行列であるから,定理 3.5(1) から $c\left|A\right|$ である. $\left|Q_i(c)\right| = c$ であるから, $\left|Q_i(c)A\right| = \left|Q_i(c)\right|\left|A\right|$ である.

(3) $\left|R_{ij}(c)A\right|$ は, A の第 i 行に第 j 行の c 倍を加えた行列であるから,定理 3.7 からもとの行列の行列式と等しい. $\left|R_{ij}(c)\right| = 1$ であるから, $\left|R_{ij}(c)A\right| = \left|R_{ij}(c)\right|\left|A\right|$ である. ∎

Note: 定理 3.8 より以下がいえる.

(1) $P_1, P_2, \cdots, P_n$ をそれぞれ基本行列のひとつとすると,

$$\left|P_1P_2\cdots P_n\right| = \left|P_1\right|\left|P_2\cdots P_n\right| = \cdots = \left|P_1\right|\left|P_2\right|\cdots\left|P_n\right|.$$

(2) 基本行列の逆行列は基本行列であるから (定理 2.1),以下が成立する.

$$\left|Q_i(c)^{-1}A\right| = \left|Q_i(c^{-1})A\right| = \left|Q_i(c^{-1})\right|\left|A\right|,$$

$$\left|P_{ij}^{-1}A\right| = \left|P_{ij}A\right| = \left|P_{ij}\right|\left|A\right|,$$

$$\left|R_{ij}(c)^{-1}A\right| = \left|R_{ij}(-c)A\right| = \left|R_{ij}(-c)\right|\left|A\right|.$$

定理 3.9 (行列の正則性と行列式)

正方行列 A が正則行列である $\Longleftrightarrow \det A \neq 0$

証明 $(\Rightarrow)$ A が正則行列ならば，定理 2.10 より

$$A = P_1 P_2 \cdots P_k \quad (P_1, \cdots, P_k \text{ は基本行列のひとつ})$$

と表せる．両辺の行列式をとると，定理 3.8 の Note (1) より

$$\det A = \left| A \right| = \left| P_1 P_2 \cdots P_k \right| = \left| P_1 \right| \left| P_2 \right| \cdots \left| P_k \right| \neq 0$$

となる．

$(\Leftarrow)$ 「$\det A \neq 0 \Rightarrow A$ は正則」を示す代わりに対偶命題「A は正則でない $\Rightarrow \det A = 0$」を示す．行列 A が正則でないなら，A を n 次正方行列とすると，$\operatorname{rank} A < n$ である (定理 2.9)．したがって，A の簡約行列 B には零行ベクトルが含まれる．このとき，例 3.15 より $\left| B \right| = 0$ である．A の簡約行列が B であるから $P_1 \cdots P_k A = B$ ($P_1, \cdots, P_k$ は基本行列のひとつ)，つまり

$$A = P_k^{-1} \cdots P_1^{-1} B$$

と表すことができる．この両辺の行列式をとると，定理 3.8 の Note (1), (2) より

$$\det A = \left| A \right| = \left| P_k^{-1} \cdots P_1^{-1} B \right| = \left| P_k^{-1} \right| \cdots \left| P_1^{-1} \right| \left| B \right| = 0$$

である． ∎

定理 3.9 は，「正方行列 A が正則でない $\Leftrightarrow \det A = 0$」ということもできる．

● 行列の積の行列式

定理 3.10 (行列の積の行列式)

n 次正方行列 A と B に対して，次が成り立つ．

$$\left| AB \right| = \left| A \right| \left| B \right|$$

証明 (i) A, B が正則の場合は，定理 2.10 より $A = P_1 \cdots P_s$, $B = Q_1 \cdots Q_t$ (P_i, Q_i は基本行列) と表される．したがって

$$(\text{左辺}) = \left| P_1 \right| \cdots \left| P_s \right| \left| Q_1 \right| \cdots \left| Q_t \right| = (\text{右辺}).$$

(ii) A または B が正則でない場合，$A = P_1 \cdots P_s A'$, $B = Q_1 \cdots Q_t B'$

(P_i, Q_i は基本行列，A', B' はそれぞれ A, B の簡約行列）と表される．A が正則でない場合，A' の第 n 行は零行ベクトルである．このことから，$C = A'Q_1 \cdots Q_t B'$ を考えると C の第 n 行は零行ベクトルとなる．よって例 3.15 より C は正則でない．$AB = (P_1 \cdots P_s)C$ と表せるので AB は基本行列と正則でない行列の積である．A が正則，B が正則でない場合，$A' = E$，また B' の第 n 行は零行ベクトルであるので B' は正則でない．$AB = (P_1 \cdots P_s Q_1 \cdots Q_t)B'$ と表すと，AB は基本行列と正則でない行列の積である．いずれの場合も定理 3.8 と定理 3.9 を用いると $\left|AB\right| = \left|A\right| \left|B\right| = 0$ となるから，与式は成立する． ■

例題 3.5

正方行列 A の行列式が $\det A \neq 0$ のとき，$\det(A^{-1})$ を求めよ．

解答 逆行列の定義から，$AA^{-1} = E$ である．この両辺の行列式をとり，定理 3.10 を用いると

$$\det(AA^{-1}) = \det A \det(A^{-1}) = \det E = 1.$$

これより $\det(A^{-1}) = \dfrac{1}{\det A}$. ■

● ブロック行列の行列式

定理 3.11

A を n 次正方行列とする．

(1) $A = \begin{bmatrix} E & A_{12} \\ O & A_{22} \end{bmatrix}$ と分割されるとき，$\det A = \det A_{22}$ である．

(2) $A = \begin{bmatrix} A_{11} & O \\ A_{21} & E \end{bmatrix}$ と分割されるとき，$\det A = \det A_{11}$ である．

証明 (1) E が m $(\leq n)$ 次の単位行列とすると，$A = [a_{ij}]$ について，$a_{jj} = 1$, $a_{ij} = 0$ $(1 \leq j \leq m,\ i \neq j)$ であるから，定理 3.3(1) を繰り返し用いることで，$\det A = \det A_{22}$ が示せる．

(2) E が m' $(\leq n)$ 次の単位行列とすると，$A = [a_{ij}]$ について，$a_{jj} =$

1, $a_{ij}=0$ $(n-m'+1\le i\le n,\ j\ne i)$ であるから，定理 3.3(2) を繰り返し用いることで，$\det A=\det A_{11}$ が示せる． ∎

定理 3.12

n 次正方行列 A が正方行列 A_{11}, A_{22} を用いて $A=\begin{bmatrix}A_{11} & A_{12}\\ O & A_{22}\end{bmatrix}$，あるいは $A=\begin{bmatrix}A_{11} & O\\ A_{21} & A_{22}\end{bmatrix}$ のように分割されるとき，

$$\det A=(\det A_{11})(\det A_{22})$$

である．

証明 定理 3.4 から，$A=\begin{bmatrix}A_{11} & A_{12}\\ O & A_{22}\end{bmatrix}$ の形に書ける場合を示せば十分である．

(i) A_{11} が正則行列でない場合．このとき，$\det A_{11}=0$ である．A_{11} の簡約行列を B とすると，$A_{11}=PB$ (P は基本行列のある積であり，正則行列) と表すことができる．このとき，「B は簡約行列なので上三角行列と考えることができるが，対角成分に 0 が含まれる」(*)．ここで $A=\begin{bmatrix}P & A_{12}\\ O & A_{22}\end{bmatrix}\begin{bmatrix}B & O\\ O & E\end{bmatrix}$ と分解する．(*) と例 3.15 を用いると，$\begin{vmatrix}B & O\\ O & E\end{vmatrix}=0$ がわかる．このことと定理 3.10 から $\det A=0=(\det A_{11})(\det A_{22})$ となる．

(ii) A_{11} が正則行列の場合．$A=\begin{bmatrix}A_{11} & O\\ O & E\end{bmatrix}\begin{bmatrix}E & A_{11}^{-1}A_{12}\\ O & A_{22}\end{bmatrix}$ と分解し，定理 3.10 と定理 3.11 を用いることで，$\det A=(\det A_{11})(\det A_{22})$ であることが示せる． ∎

3.4 行列式の展開

本節では，行列式をより小さい次数の行列式を使って表す方法を学ぶ．

n 次正方行列 $A=[a_{ij}]$ の第 i 行と第 j 列を除いて得られる $(n-1)$ 次正方行列を A'_{ij} で表す．すなわち，

$$A'_{ij} = \begin{bmatrix} a_{11} & \cdots & a_{1\,j-1} & a_{1\,j+1} & \cdots & a_{1n} \\ \vdots & & \vdots & \vdots & & \vdots \\ a_{i-1\,1} & \cdots & a_{i-1\,j-1} & a_{i-1\,j+1} & \cdots & a_{i-1\,n} \\ a_{i+1\,1} & \cdots & a_{i+1\,j-1} & a_{i+1\,j+1} & \cdots & a_{i+1\,n} \\ \vdots & & \vdots & \vdots & & \vdots \\ a_{n1} & \cdots & a_{n\,j-1} & a_{n\,j+1} & \cdots & a_{nn} \end{bmatrix} \leftarrow \text{第 } i \text{ 行を削除}$$

↑
第 j 列を削除

とする．

例 3.17

$A = \begin{bmatrix} 1 & 2 & 3 \\ 4 & 5 & 6 \\ 7 & 8 & 9 \end{bmatrix}$ とすると，$A'_{11} = \begin{bmatrix} 5 & 6 \\ 8 & 9 \end{bmatrix}$, $A'_{23} = \begin{bmatrix} 1 & 2 \\ 7 & 8 \end{bmatrix}$ である．

● 行列式の余因子展開

n 次正方行列 $A = [a_{ij}]$ の行列式を第 j 列に着目して展開することを考える．行列 A の第 j 列は，

$$\begin{bmatrix} a_{1j} \\ a_{2j} \\ \vdots \\ a_{nj} \end{bmatrix} = \begin{bmatrix} a_{1j} \\ 0 \\ \vdots \\ 0 \end{bmatrix} + \begin{bmatrix} 0 \\ a_{2j} \\ \vdots \\ 0 \end{bmatrix} + \cdots + \begin{bmatrix} 0 \\ 0 \\ \vdots \\ a_{nj} \end{bmatrix}$$

のように，n 個の列ベクトルの和で表すことができる．したがって，A の行列式は，定理 3.5(2) を繰り返し適用すると，

$$\det A = \begin{vmatrix} a_{11} & \cdots & a_{1j} & \cdots & a_{1n} \\ \vdots & & \vdots & & \vdots \\ a_{n1} & \cdots & 0 & \cdots & a_{nn} \end{vmatrix} + \cdots + \begin{vmatrix} a_{11} & \cdots & 0 & \cdots & a_{1n} \\ \vdots & & \vdots & & \vdots \\ a_{n1} & \cdots & a_{nj} & \cdots & a_{nn} \end{vmatrix}$$

と展開できる．右辺第 i 項の行列式の第 j 列は，第 i 成分以外は 0 である．

ここで，右辺第 i 項の行列式の第 i 行を第 1 行に移動させるには隣接行の間の入れ替えを $(i-1)$ 回行う必要があり，第 j 列を第 1 列に移動させるには列

の入れ替えを $(j-1)$ 回行う必要があるので，第 i 行を第 1 行に，第 j 列を第 1 列に移動させることで右辺 i 番目の行列式を変形すると，

$$\begin{vmatrix} a_{11} & \cdots & 0 & \cdots & a_{1n} \\ \vdots & \ddots & \vdots & \ddots & \vdots \\ a_{i1} & \cdots & a_{ij} & \cdots & a_{in} \\ \vdots & \ddots & \vdots & \ddots & \vdots \\ a_{n1} & \cdots & 0 & \vdots & a_{nn} \end{vmatrix} = (-1)^{i-1}(-1)^{j-1} \begin{vmatrix} a_{ij} & a_{i1} & \cdots & a_{in} \\ 0 & & & \\ \vdots & & A'_{ij} & \\ 0 & & & \end{vmatrix}$$
$$= a_{ij}(-1)^{i+j}\det A'_{ij}$$

となる．他の項も同様に考えると，n 次正方行列 A の行列式は，$(n-1)$ 次正方行列 A'_{ij} の行列式 $\det A'_{ij}$ を使って

$$\det A = a_{1j}(-1)^{1+j}\det A'_{1j} + \cdots + a_{nj}(-1)^{n+j}\det A'_{nj}$$

と展開できる．同様に，第 i 行に着目すると

$$\det A = a_{i1}(-1)^{i+1}\det A'_{i1} + \cdots + a_{in}(-1)^{i+n}\det A'_{in}$$

と展開できる．

定義 3.11 (余因子)

n 次正方行列 $A = [a_{ij}]$ に対して，

$$\widetilde{a}_{ij} = (-1)^{i+j}\det A'_{ij}$$

を行列 A の **(i,j) 余因子** とよぶ．

余因子を用いて先の行列式の展開を書き直すと以下の定理を得る．

定理 3.13 (行列式の余因子展開)

n 次正方行列 $A = [a_{ij}]$ の行列式は，以下のように展開できる．

$$\det A = a_{i1}\widetilde{a}_{i1} + \cdots + a_{in}\widetilde{a}_{in} \quad (i = 1, \cdots, n)$$

これを A の行列式の **第 i 行に関する余因子展開** という．同様に，

$$\det A = a_{1j}\widetilde{a}_{1j} + \cdots + a_{nj}\widetilde{a}_{nj} \quad (j = 1, \cdots, n)$$

とも展開できる．これを **第 j 列に関する余因子展開** という．

例 3.18

第 2 行に関する余因子展開

$$\begin{vmatrix} 1 & 2 & 3 \\ 4 & 5 & 6 \\ 7 & 8 & 9 \end{vmatrix} = 4(-1)^{2+1}\begin{vmatrix} 2 & 3 \\ 8 & 9 \end{vmatrix} + 5(-1)^{2+2}\begin{vmatrix} 1 & 3 \\ 7 & 9 \end{vmatrix} + 6(-1)^{2+3}\begin{vmatrix} 1 & 2 \\ 7 & 8 \end{vmatrix}.$$

第 2 列に関する余因子展開

$$\begin{vmatrix} 1 & 2 & 3 \\ 4 & 5 & 6 \\ 7 & 8 & 9 \end{vmatrix} = 2(-1)^{1+2}\begin{vmatrix} 4 & 6 \\ 7 & 9 \end{vmatrix} + 5(-1)^{2+2}\begin{vmatrix} 1 & 3 \\ 7 & 9 \end{vmatrix} + 8(-1)^{3+2}\begin{vmatrix} 1 & 3 \\ 4 & 6 \end{vmatrix}.$$

特に 0 が多い行または列に注目して余因子展開を行うと，行列式の計算が簡単にできる場合がある．

例題 3.6

行列 $A = \begin{bmatrix} 0 & 1 & 0 & 2 \\ 1 & 0 & 2 & 0 \\ 0 & 5 & 0 & 7 \\ 3 & 0 & 4 & 0 \end{bmatrix}$ の行列式を余因子展開を用いて求めよ．

解答 第 1 行の余因子展開を用いると，

$$\det A = (-1)^{1+2}\begin{vmatrix} 1 & 2 & 0 \\ 0 & 0 & 7 \\ 3 & 4 & 0 \end{vmatrix} + 2(-1)^{1+4}\begin{vmatrix} 1 & 0 & 2 \\ 0 & 5 & 0 \\ 3 & 0 & 4 \end{vmatrix} = -14 - 2(-10) = 6.$$

■

● 余因子行列と逆行列

定義 3.12 (余因子行列)

n 次正方行列 A の余因子を要素にもつ行列 $\widetilde{A} = [\widetilde{a}_{ij}]$ を考える．$\widetilde{A}$ の**転置行列**

$${}^t\widetilde{A} = \begin{bmatrix} \widetilde{a}_{11} & \widetilde{a}_{21} & \cdots & \widetilde{a}_{n1} \\ \widetilde{a}_{12} & \widetilde{a}_{22} & \cdots & \widetilde{a}_{n2} \\ \vdots & \vdots & \ddots & \vdots \\ \widetilde{a}_{1n} & \widetilde{a}_{2n} & \cdots & \widetilde{a}_{nn} \end{bmatrix}$$

を，A の **余因子行列** という．

定理 3.14

n 次正方行列 A の余因子行列を ${}^t\widetilde{A}$ とすると，以下が成り立つ．

$$A\,{}^t\widetilde{A} = {}^t\widetilde{A}A = (\det A)E$$

証明 $A = [a_{ij}]$, $\widetilde{A} = [\widetilde{a}_{ij}]$ とする．このとき，$C = A\,{}^t\widetilde{A}$ の (i,j) 成分 c_{ij} は，

$$c_{ij} = a_{i1}\widetilde{a}_{j1} + a_{i2}\widetilde{a}_{j2} + \cdots + a_{in}\widetilde{a}_{jn}$$

となる．ここで，c_{ii} は $\det A$ の第 i 行に関する余因子展開と一致する．

$$c_{ii} = a_{i1}\widetilde{a}_{i1} + a_{i2}\widetilde{a}_{i2} + \cdots + a_{in}\widetilde{a}_{in} = \det A$$

次に，c_{ij} $(i \neq j)$ を計算する．A の行ベクトル表示を用いて定義される行列 B を

$$A = \begin{bmatrix} \vdots \\ \boldsymbol{a}_i \\ \vdots \\ \boldsymbol{a}_j \\ \vdots \end{bmatrix} \text{とすると，} B = [b_{ij}] = \begin{bmatrix} \vdots \\ \boldsymbol{a}_i \\ \vdots \\ \boldsymbol{a}_i \\ \vdots \end{bmatrix}$$

で定義する．つまり，B は第 j 行以外 A と同じで，第 j 行は A の第 i 行 $(i \neq j)$ に等しい行列である．B は i 行と j 行が同じなので $\det B = 0$ である．また定義から $b_{jk} = a_{ik}$ $(k = 1, \cdots, n)$ である．さらに，この j に対し，$B'_{jk} = A'_{jk}$ $(k = 1, \cdots, n)$ が成り立つ．以上をふまえて $\det B$ の第 j 行に関する余因子展開を計算すると

$$\begin{aligned}\det B = 0 &= b_{j1}(-1)^{j+1}\det B'_{j1} + \cdots + b_{jn}(-1)^{j+n}\det B'_{jn} \\ &= a_{i1}(-1)^{j+1}\det A'_{j1} + \cdots + a_{in}(-1)^{j+n}\det A'_{jn} \\ &= a_{i1}\widetilde{a}_{j1} + \cdots + a_{in}\widetilde{a}_{jn} = c_{ij} \qquad (i \neq j)\end{aligned}$$

となる．以上から，$A\,{}^t\widetilde{A} = (\det A)E$ となる．同様に，${}^t\widetilde{A}A = (\det A)E$ である． ∎

定理 3.15

正方行列 A が正則行列ならば，その逆行列は以下のように与えられる．

$$A^{-1} = \frac{1}{\det A}{}^t\widetilde{A}$$

証明　A が正則行列であるから，定理 3.9 から $\det A \neq 0$ である．いま，$X = \dfrac{1}{\det A}{}^t\widetilde{A}$ とおくと，定理 3.14 から，$AX = XA = E$ となる．したがって，X は A の逆行列である．∎

例題 3.7

行列 $A = \begin{bmatrix} 1 & 2 & 3 \\ 1 & -3 & 1 \\ 1 & 1 & 2 \end{bmatrix}$ の余因子行列と逆行列を求めよ．

解答　行列 A の余因子は，

$$\widetilde{a}_{11} = (-1)^{1+1}\begin{vmatrix} -3 & 1 \\ 1 & 2 \end{vmatrix} = -7, \qquad \widetilde{a}_{12} = (-1)^{1+2}\begin{vmatrix} 1 & 1 \\ 1 & 2 \end{vmatrix} = -1,$$

$$\widetilde{a}_{13} = (-1)^{1+3}\begin{vmatrix} 1 & -3 \\ 1 & 1 \end{vmatrix} = 4, \qquad \widetilde{a}_{21} = (-1)^{2+1}\begin{vmatrix} 2 & 3 \\ 1 & 2 \end{vmatrix} = -1,$$

$$\widetilde{a}_{22} = (-1)^{2+2}\begin{vmatrix} 1 & 3 \\ 1 & 2 \end{vmatrix} = -1, \qquad \widetilde{a}_{23} = (-1)^{2+3}\begin{vmatrix} 1 & 2 \\ 1 & 1 \end{vmatrix} = 1,$$

$$\widetilde{a}_{31} = (-1)^{3+1}\begin{vmatrix} 2 & 3 \\ -3 & 1 \end{vmatrix} = 11, \qquad \widetilde{a}_{32} = (-1)^{3+2}\begin{vmatrix} 1 & 3 \\ 1 & 1 \end{vmatrix} = 2,$$

$$\widetilde{a}_{33} = (-1)^{3+3}\begin{vmatrix} 1 & 2 \\ 1 & -3 \end{vmatrix} = -5$$

である．したがって，余因子行列は，

$${}^t\widetilde{A} = \begin{bmatrix} -7 & -1 & 11 \\ -1 & -1 & 2 \\ 4 & 1 & -5 \end{bmatrix}$$

となる．一方，A の行列式は，$\det A = 3$ である．したがって定理 3.15 から，

A の逆行列は,

$$A^{-1} = \frac{1}{\det A}{}^t\widetilde{A} = \frac{1}{3}\begin{bmatrix} -7 & -1 & 11 \\ -1 & -1 & 2 \\ 4 & 1 & -5 \end{bmatrix}.$$

■

定理 3.15 は，正則行列の逆行列の求め方を与えているが，具体的に求める場合は定理 2.12 を用いたほうが便利なことが多い．(定理 3.15 を証明に用いる例としては章末問題 7 がある．)

定理 3.15 を用いると，一般の連立 1 次方程式の解についてのクラーメルの公式を証明することができる．

定理 3.16 (クラーメルの公式)

n 次正則行列 A を係数行列とする連立 1 次方程式 $A\boldsymbol{x} = \boldsymbol{b}$ の解 $\boldsymbol{x}$ の第 i 番目の要素 x_i は，A の第 i 列を $\boldsymbol{b}$ で置き換えた行列

$$B_i = \begin{bmatrix} \boldsymbol{a}_1 & \cdots & \boldsymbol{a}_{i-1} & \boldsymbol{b} & \boldsymbol{a}_{i+1} & \cdots & \boldsymbol{a}_n \end{bmatrix}$$

を用いて，以下の式で与えられる．

$$x_i = \frac{\det B_i}{\det A}$$

証明　A は正則行列であるから逆行列 A^{-1} をもつ．したがって，連立 1 次方程式 $A\boldsymbol{x} = \boldsymbol{b}$ の両辺に左から A^{-1} を掛けると，解は $\boldsymbol{x} = A^{-1}\boldsymbol{b}$ と書ける．定理 3.15 を用いると

$$\boldsymbol{x} = A^{-1}\boldsymbol{b} = \frac{1}{\det A}{}^t\widetilde{A}\boldsymbol{b}$$

である．この解 $\boldsymbol{x}$ の第 i 番目の要素 x_i は，以下のように計算できる．

$$x_i = \frac{1}{\det A}\begin{bmatrix} \widetilde{a}_{1i} & \cdots & \widetilde{a}_{ni} \end{bmatrix}\begin{bmatrix} b_1 \\ \vdots \\ b_n \end{bmatrix} = \frac{1}{\det A}(b_1\widetilde{a}_{1i} + \cdots + b_n\widetilde{a}_{ni})$$

右辺の ( ) 内は，A の第 i 列を $\boldsymbol{b}$ で置き換えた行列 B_i の第 i 列に関する余因子展開とみなすことができるので，$\det B_i$ となる．■

例 3.19

3 変数の連立 1 次方程式

$$\begin{cases} a_{11}x + a_{12}y + a_{13}z = b_1 \\ a_{21}x + a_{22}y + a_{23}z = b_2 \\ a_{31}x + a_{32}y + a_{33}z = b_3 \end{cases}$$

の解は以下のように表される．

$$x = \frac{\begin{vmatrix} b_1 & a_{12} & a_{13} \\ b_2 & a_{22} & a_{23} \\ b_3 & a_{32} & a_{33} \end{vmatrix}}{\begin{vmatrix} a_{11} & a_{12} & a_{13} \\ a_{21} & a_{22} & a_{23} \\ a_{31} & a_{32} & a_{33} \end{vmatrix}}, \quad y = \frac{\begin{vmatrix} a_{11} & b_1 & a_{13} \\ a_{21} & b_2 & a_{23} \\ a_{31} & b_3 & a_{33} \end{vmatrix}}{\begin{vmatrix} a_{11} & a_{12} & a_{13} \\ a_{21} & a_{22} & a_{23} \\ a_{31} & a_{32} & a_{33} \end{vmatrix}}, \quad z = \frac{\begin{vmatrix} a_{11} & a_{12} & b_1 \\ a_{21} & a_{22} & b_2 \\ a_{31} & a_{32} & b_3 \end{vmatrix}}{\begin{vmatrix} a_{11} & a_{12} & a_{13} \\ a_{21} & a_{22} & a_{23} \\ a_{31} & a_{32} & a_{33} \end{vmatrix}}$$

なお，具体的な値が与えられた連立 1 次方程式を解く場合は，第 2 章で説明した方法のほうが便利なことが多い．

3.5　特別な形の行列式

行列式の性質を用いて，特別な形の行列式を計算してみよう．

例題 3.8

n 次正方行列の行列式 $D_n = \begin{vmatrix} 3 & 1 & \cdots & 1 \\ 1 & 3 & \cdots & 1 \\ \vdots & \vdots & \ddots & \vdots \\ 1 & 1 & \cdots & 3 \end{vmatrix}$ を求めよ．

解答　$$D_n = \begin{vmatrix} 2 & -2 & 0 & \cdots & 0 \\ 1 & 3 & 1 & \cdots & 1 \\ \vdots & \vdots & \vdots & & \vdots \\ 1 & 1 & 1 & \cdots & 3 \end{vmatrix} = \begin{vmatrix} 2 & 0 & 0 & \cdots & 0 \\ 1 & 1+3 & 1 & \cdots & 1 \\ \vdots & \vdots & \vdots & & \vdots \\ 1 & 1+1 & 1 & \cdots & 3 \end{vmatrix}$$

(第 1 行から第 2 行を引き，第 2 列に第 1 列を加える)

$$= 2\begin{vmatrix} 1+3 & 1 & \cdots & 1 \\ 1+1 & 3 & \cdots & 1 \\ \vdots & \vdots & \ddots & \vdots \\ 1+1 & 1 & \cdots & 3 \end{vmatrix} = 2\begin{vmatrix} 1 & 1 & \cdots & 1 \\ 1 & 3 & \cdots & 1 \\ \vdots & \vdots & \ddots & \vdots \\ 1 & 1 & \cdots & 3 \end{vmatrix} + 2\begin{vmatrix} 3 & 1 & \cdots & 1 \\ 1 & 3 & \cdots & 1 \\ \vdots & \vdots & \ddots & \vdots \\ 1 & 1 & \cdots & 3 \end{vmatrix}$$

となる．ここで，定理 3.3 と定理 3.5(2) の列ベクトル版を用いた．右辺第 1 項の行列式は，第 2 列，第 3 列，$\cdots$，第 $(n-1)$ 列から第 1 列を引くと，

$$\begin{vmatrix} 1 & 1 & \cdots & 1 \\ 1 & 3 & \cdots & 1 \\ \vdots & \vdots & \ddots & \vdots \\ 1 & 1 & \cdots & 3 \end{vmatrix} = \begin{vmatrix} 1 & 0 & \cdots & 0 \\ 1 & 2 & \cdots & 0 \\ \vdots & \vdots & \ddots & \vdots \\ 1 & 0 & \cdots & 2 \end{vmatrix} = \begin{vmatrix} 2 & 0 & \cdots & 0 \\ 0 & 2 & \cdots & 0 \\ \vdots & \vdots & \ddots & \vdots \\ 0 & 0 & \cdots & 2 \end{vmatrix} = 2^{n-2}.$$

一方，右辺の第 2 項の行列式は，もとの n 次正方行列の行列式 D_n の次数を $n-1$ にした行列の行列式であるから，D_{n-1} と表せる．よって

$$D_n = 2 \cdot 2^{n-2} + 2D_{n-1}$$

が得られる．ここで，$D_2 = \begin{vmatrix} 3 & 1 \\ 1 & 3 \end{vmatrix} = 8 = 2^3$ であるから，

$$\begin{aligned} D_n &= 2^{n-1} + 2^{n-1} + \cdots + 2^{n-1} + 2^{n-2}D_2 \\ &= (n-2)2^{n-1} + 2^{n-2}2^3 \\ &= (n+2)2^{n-1}. \end{aligned}$$

■

例題 3.9 (ヴァンデルモンドの行列式)

$$V_n = \begin{vmatrix} 1 & 1 & \cdots & 1 \\ x_1 & x_2 & \cdots & x_n \\ x_1^2 & x_2^2 & \cdots & x_n^2 \\ \vdots & \vdots & \ddots & \vdots \\ x_1^{n-1} & x_2^{n-1} & \cdots & x_n^{n-1} \end{vmatrix} = \prod_{1 \le i < j \le n} (x_j - x_i)$$

となることを示せ．

Note: $\prod_{1 \le i < j \le n} (x_j - x_i)$ は，$1 \le i < j \le n$ を満たす自然数の組 (i, j) について $(x_j - x_i)$ の積をとったものを表す．

解答　第 n 行から (第 $(n-1)$ 行)$\times x_1$ を，第 $(n-1)$ 行から (第 $(n-2)$ 行)$\times x_1$ を，$\cdots$，第 2 行から (第 1 行)$\times x_1$ を引き，行列式の性質を用いて計算する．

$$V_n = \begin{vmatrix} 1 & 0 & \cdots & 0 \\ 0 & x_2 - x_1 & \cdots & x_n - x_1 \\ 0 & x_2(x_2 - x_1) & \cdots & x_n(x_n - x_1) \\ \vdots & \vdots & \ddots & \vdots \\ 0 & x_2^{n-2}(x_2 - x_1) & \cdots & x_n^{n-2}(x_n - x_1) \end{vmatrix}$$

$$= \begin{vmatrix} x_2 - x_1 & \cdots & x_n - x_1 \\ x_2(x_2 - x_1) & \cdots & x_n(x_n - x_1) \\ \vdots & \ddots & \vdots \\ x_2^{n-2}(x_2 - x_1) & \cdots & x_n^{n-2}(x_n - x_1) \end{vmatrix}$$

$$= (x_2 - x_1)\cdots(x_n - x_1) \begin{vmatrix} 1 & \cdots & 1 \\ x_2 & \cdots & x_n \\ \vdots & \ddots & \vdots \\ x_2^{n-2} & \cdots & x_n^{n-2} \end{vmatrix}$$

$$= \prod_{k=1}^{n-1}(x_{k+1} - x_1) \begin{vmatrix} 1 & \cdots & 1 \\ x_2 & \cdots & x_n \\ \vdots & \ddots & \vdots \\ x_2^{n-2} & \cdots & x_n^{n-2} \end{vmatrix}$$

となる．この操作を繰り返すと，$V_n = \displaystyle\prod_{1 \leq i < j \leq n}(x_j - x_i)$ となる．■

例 3.20 (ラグランジュ補間)

2 次元 xy 平面に n 個の点 $(x_1, y_1), \cdots, (x_n, y_n)$ ($i \neq j$ のとき $x_i \neq x_j$) があるとする．これらの点をすべて通る $(n-1)$ 次多項式関数 $f(x) = a_{n-1}x^{n-1} + \cdots + a_1 x + a_0$ で表されるグラフ $y = f(x)$ がただ一つ存在することが以下のように考えるとわかる．

この多項式が存在することを示すには，$y_i = f(x_i)$ $(i = 1, \cdots, n)$ を満たす $a_0, \cdots, a_{n-1}$ がただ一つ存在することを示せばよい．この条件は行列を用いて，以下に示すように $a_0, \cdots, a_{n-1}$ に対する連立 1 次方程式として書ける．

$$\begin{bmatrix} 1 & x_1 & x_1^2 & \cdots & x_1^{n-1} \\ 1 & x_2 & x_2^2 & \cdots & x_2^{n-1} \\ \vdots & \vdots & \vdots & \ddots & \vdots \\ 1 & x_n & x_n^2 & \cdots & x_n^{n-1} \end{bmatrix} \begin{bmatrix} a_0 \\ a_1 \\ \vdots \\ a_{n-1} \end{bmatrix} = \begin{bmatrix} y_1 \\ y_2 \\ \vdots \\ y_n \end{bmatrix}$$

ここで左辺の n 次正方行列の行列式は，定理 3.4 よりヴァンデルモンドの行列式 (例題 3.9) と一致する．$i \neq j$ のとき $x_i \neq x_j$ であるから行列式は 0 とならないので逆行列が存在し，解がただ一つ存在する．

Note: ヴァンデルモンドの行列式の別の応用例は，例 4.10 の別証にも現れる．

章末問題

□ **1.** 次の置換を互換の積で表し，符号を求めよ．

(1) $\begin{pmatrix} 1 & 2 & 3 & 4 & 5 & 6 \\ 3 & 6 & 2 & 5 & 4 & 1 \end{pmatrix}$ (2) $\begin{pmatrix} 1 & 2 & 3 & 4 & 5 & 6 & 7 \\ 4 & 5 & 1 & 7 & 6 & 2 & 3 \end{pmatrix}$

□ **2.** 次の行列式をサラスの方法を用いて求めよ．

(1) $\begin{vmatrix} 0 & 1 & 0 \\ 2 & 0 & 0 \\ 0 & 0 & 3 \end{vmatrix}$ (2) $\begin{vmatrix} 1 & 3 & 0 \\ -1 & -5 & 1 \\ 2 & 2 & 3 \end{vmatrix}$ (3) $\begin{vmatrix} 1 & 2 & 3 \\ 4 & 5 & 6 \\ 7 & 8 & 9 \end{vmatrix}$

□ **3.** n 変数 $x_1, \cdots, x_n$ の多項式 $f(x_1, \cdots, x_n)$ に対して，変数の順番を置換 σ により入れ替えた多項式を $(\sigma f)(x_1, x_2, \cdots, x_n) = f(x_{\sigma(1)}, x_{\sigma(2)}, \cdots, x_{\sigma(n)})$ で定義する．

(1) n 変数の **差積** を

$$\Delta(x_1, x_2, \cdots, x_n) = \prod_{1 \leq i < j \leq n} (x_i - x_j)$$

で定義する．このとき，置換 σ に対して，

$$(\sigma\Delta)(x_1, x_2, \cdots, x_n) = \mathrm{sgn}(\sigma)\Delta(x_1, x_2, \cdots, x_n)$$

となることを示せ．

(2) この結果から，$\mathrm{sgn}(\sigma)$ は互換の積で表したときの表し方によらないことを示せ (定理 3.2 の別証明)．

□ **4.** 次の行列式を計算せよ．

(1) $\begin{vmatrix} 1 & 5 & 3 \\ 3 & 4 & 1 \\ 3 & 3 & 3 \end{vmatrix}$ (2) $\begin{vmatrix} 1001 & 1002 & 1003 \\ 999 & 1000 & 1001 \\ 998 & 998 & 999 \end{vmatrix}$ (3) $\begin{vmatrix} 2 & -1 & 2 & 1 \\ -2 & 0 & 2 & 4 \\ 1 & 3 & 2 & 1 \\ 2 & 2 & 0 & 3 \end{vmatrix}$

(4) $\begin{vmatrix} -1 & 0 & 1 & 0 \\ 3 & 0 & 1 & 0 \\ -1 & 3 & 3 & 3 \\ 1 & 3 & 1 & 3 \end{vmatrix}$ (5) $\begin{vmatrix} 1 & 1 & 1 & 1 \\ 1 & -1 & 1 & -1 \\ 1 & 1 & -1 & -1 \\ 1 & -1 & -1 & 1 \end{vmatrix}$ (6) $\begin{vmatrix} 3 & 0 & 1 & 3 \\ 2 & 3 & 4 & 4 \\ 1 & 2 & 1 & 3 \\ 1 & 1 & 2 & 5 \end{vmatrix}$

□ **5.** 次の行列式を因数分解せよ．

(1) $\begin{vmatrix} a+b & c^2 & 1 \\ b+c & a^2 & 1 \\ c+a & b^2 & 1 \end{vmatrix}$ (2) $\begin{vmatrix} a+b+c & -c & -b \\ -c & a+b+c & -a \\ -b & -a & a+b+c \end{vmatrix}$

(3) $\begin{vmatrix} a & bc & b+c \\ b & ca & c+a \\ c & ab & a+b \end{vmatrix}$ (4) $\begin{vmatrix} a & b & c & d \\ b & a & c & d \\ b & c & a & d \\ b & c & d & a \end{vmatrix}$ (5) $\begin{vmatrix} 1 & x & x & x \\ 1 & a & y & y \\ 1 & a & b & z \\ 1 & a & b & c \end{vmatrix}$

□ **6.** n 次正方行列 A, P, Q に対して，$PQ = E$ であるとする．以下の問いに答えよ．

(1) $(PAQ)^m = PA^mQ$ を示せ．

(2) $\det(PAQ)^m = (\det A)^m$ を示せ．

□ **7.** 正方行列 A の成分がすべて整数であるとき，以下を示せ．

$$\det A = \pm 1 \iff A \text{ は正則で，} A^{-1} \text{ の成分はすべて整数}$$

□ **8.** クラーメルの公式を用いて，以下の連立方程式を解け．

(1) $\begin{cases} x + 3y - 2z = 1 \\ -x + 2y + z = -2 \\ -x + y + z = -3 \end{cases}$ (2) $\begin{cases} 2x + 5y + z = 3 \\ 3x + 7y + 2z = -1 \\ 4x + 2y + 3z = 2 \end{cases}$

□ **9.**

$$\begin{vmatrix} a_0 & -1 & 0 & \cdots & 0 & 0 \\ a_1 & x & -1 & \cdots & 0 & 0 \\ a_2 & 0 & x & \cdots & 0 & 0 \\ \vdots & \vdots & \vdots & \ddots & \vdots & \vdots \\ a_{n-1} & 0 & 0 & \cdots & x & -1 \\ a_n & 0 & 0 & \cdots & 0 & x \end{vmatrix} = a_0x^n + a_1x^{n-1} + \cdots + a_n$$

となることを示せ．

4
線 形 空 間

第3章までは，具体的なベクトルや行列の計算法について考えてきた．本章では，ベクトルの集合がもつ代数的構造を抽出したものを線形空間として定義する．これにより，例えば，多項式関数の集合も線形空間として定義され，ベクトルと類似した代数的構造をもつことが示される．本章では，まず幾何ベクトルとその演算を復習し，次に線形空間の諸概念を学ぶ．

4.1 幾何ベクトル

平面または空間において，点 A から点 B へ向かう線分を**有向線分** AB という．有向線分では始点 (点 A) と終点 (点 B) を区別して考えるため，大きさ (長さ) と向きの概念がともに含まれている．

定義 4.1 (幾何ベクトル)

平面または空間において，点 A から点 B へ向かう有向線分 AB に対して，平行移動することにより重なる有向線分はすべて同じと考えたものを，(A を始点とし B を終点とする) **ベクトル** といい，$\overrightarrow{\mathrm{AB}}$ と書く．平面または空間のベクトルをそれぞれ **平面ベクトル** または **空間ベクトル** といい，それらをまとめて **幾何ベクトル** という．

有向線分は，始点と向き，大きさ (長さ) を定めると 1 つに定まるが，ベクトルは始点の位置を問わず **方向** と **大きさ** が同じならば同じベクトルと考える点が異なる．

以下では，幾何ベクトルを $\overrightarrow{\mathrm{AB}}$ のような表記のほか，$\boldsymbol{a}, \boldsymbol{b}, \boldsymbol{x}, \boldsymbol{y}$ のように，斜体太文字の記号を用いて表すことがある．

定義 4.2 (幾何ベクトルの大きさ・単位ベクトル)

A を始点とし B を終点とする幾何ベクトル $\boldsymbol{a}$ に対して，線分 AB の長さをベクトルの **大きさ** または **長さ** といい，$\|\boldsymbol{a}\|$ で表す．大きさが 1 のベクトルを **単位ベクトル** とよぶ．

Note: 単位ベクトルはベクトルの方向のみを示す場合に用いられることが多い．

大きさが 0 のベクトルを **零ベクトル** といい，$\boldsymbol{0}$ で表す．このとき，向きは定義されない．また，ベクトル $\boldsymbol{a}$ に対して，大きさが同じで向きが反対のベクトル (始点と終点を入れ替えたベクトル) を $-\boldsymbol{a}$ で表し，$\boldsymbol{a}$ の **逆ベクトル** という．

定義 4.3 (幾何ベクトルの和)

2 つの幾何ベクトル $\boldsymbol{a}$ と $\boldsymbol{b}$ に対して，$\boldsymbol{a}$ の終点に $\boldsymbol{b}$ の始点を合わせたとき，$\boldsymbol{a}$ の始点から $\boldsymbol{b}$ の終点へ向かうベクトルを $\boldsymbol{a}$ と $\boldsymbol{b}$ の **和** といい，$\boldsymbol{a}+\boldsymbol{b}$ と書く．また，$\boldsymbol{a}+(-\boldsymbol{b})$ を $\boldsymbol{a}-\boldsymbol{b}$ と表し，$\boldsymbol{a}$ と $\boldsymbol{b}$ の **差** という．

Note: ベクトルは始点の位置に無関係な概念なのでこのような演算を考えることができる．

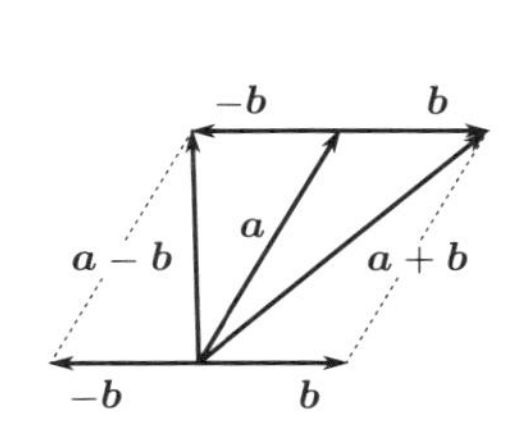

図 4.1　ベクトルの和・差

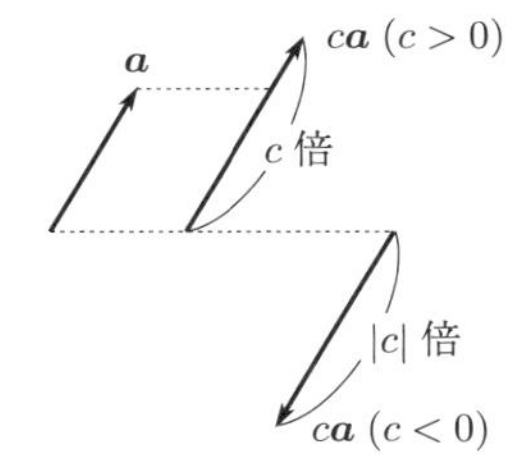

図 4.2　ベクトルのスカラー倍

定義 4.4 (幾何ベクトルのスカラー倍)

幾何ベクトル $\boldsymbol{a}$ と実数 c に対して，「$\boldsymbol{a}$ のスカラー c 倍」という幾何ベクトル $c\boldsymbol{a}$ を以下のように定義する．

(1) $c>0$ のとき，向きが $\boldsymbol{a}$ と同じで，大きさを c 倍した幾何ベクトル．

(2) $c<0$ のとき，向きが逆で，大きさを $|c|$ 倍した幾何ベクトル．

(3) $c=0$ のとき，$\boldsymbol{0}$．

Note: 幾何ベクトルどうしの和や差はベクトルという同種の対象の間の演算，幾何ベクトルのスカラー倍はベクトルとスカラーという異種の対象の間の演算である．

定義 4.5 (基本ベクトル・位置ベクトル)

(1) 互いに直交する x_1, x_2, x_3 軸で定まる座標空間において，各座標軸の正の向きをもつ単位ベクトルを **基本ベクトル** といい，それらを $\boldsymbol{e}_1$, $\boldsymbol{e}_2$, $\boldsymbol{e}_3$ と表す．

(2) 座標原点 O を始点とし，点 P を終点とするベクトルを点 P の **位置ベクトル** という．

本書では特に断らない場合，空間の場合で説明するが，平面の場合も同様に考えることができる．

点 P の位置ベクトルを $\boldsymbol{x}$ とすると $\boldsymbol{x} = \overrightarrow{\mathrm{OP}}$ である．P の座標を (x_1, x_2, x_3) とすると，$\boldsymbol{x}$ は基本ベクトルを用いて

$$\boldsymbol{x} = x_1\boldsymbol{e}_1 + x_2\boldsymbol{e}_2 + x_3\boldsymbol{e}_3$$

と表すことができる．つまり，空間座標の位置ベクトルは，3 つの実数の組と同一視できる．これは，

$$\boldsymbol{x} = \begin{bmatrix} x_1 \\ x_2 \\ x_3 \end{bmatrix}, \quad \text{あるいは} \quad \boldsymbol{x} = {}^t[x_1, x_2, x_3]$$

と書くことができる．これを $\boldsymbol{x}$ の**成分表示**という．

定義 4.6 (位置ベクトルの内積)

$\boldsymbol{0}$ でない 2 つの位置ベクトル $\boldsymbol{a}$ と $\boldsymbol{b}$ のなす角が θ のとき，$\boldsymbol{a}$ と $\boldsymbol{b}$ の **内積** を

$$(\boldsymbol{a}, \boldsymbol{b}) = ||\boldsymbol{a}||\,||\boldsymbol{b}||\cos\theta$$

で定義する．また，$\boldsymbol{a}$, $\boldsymbol{b}$ の一方が $\boldsymbol{0}$ のときは，$(\boldsymbol{a}, \boldsymbol{b}) = 0$ とする．

Note: 任意の幾何ベクトルの内積は，それらを位置ベクトルとみなして定義する．

例 4.1

同じベクトル $\boldsymbol{a}$ と $\boldsymbol{a}$ の内積は，なす角 θ が 0 なので，$(\boldsymbol{a}, \boldsymbol{a}) = ||\boldsymbol{a}||^2$ となる．また，$\boldsymbol{a}$ と $\boldsymbol{b}$ が直交する場合は $\theta = \dfrac{\pi}{2}$ なので，内積は 0 となる．こ

れらから，基本ベクトル間の内積は，以下のように簡単に書ける．

$$(\boldsymbol{e}_i, \boldsymbol{e}_j) = \delta_{ij} \quad (i, j = 1, 2, 3)$$

ここで δ_{ij} はクロネッカーのデルタ記号である (定義 1.9).

α をスカラーとし，$\boldsymbol{a}, \boldsymbol{b}, \boldsymbol{c}$ を位置ベクトルとすると，位置ベクトルの内積について，次の基本法則が成り立つ．

(1) $(\boldsymbol{a}, \boldsymbol{b}) = (\boldsymbol{b}, \boldsymbol{a})$

(2) $(\boldsymbol{a} + \boldsymbol{b}, \boldsymbol{c}) = (\boldsymbol{a}, \boldsymbol{c}) + (\boldsymbol{b}, \boldsymbol{c})$

(3) $(\alpha\boldsymbol{a}, \boldsymbol{b}) = \alpha(\boldsymbol{a}, \boldsymbol{b}) = (\boldsymbol{a}, \alpha\boldsymbol{b})$

例題 4.1

2 つの位置ベクトル $\boldsymbol{a} = \begin{bmatrix} a_1 \\ a_2 \\ a_3 \end{bmatrix}$ と $\boldsymbol{b} = \begin{bmatrix} b_1 \\ b_2 \\ b_3 \end{bmatrix}$ の内積 $(\boldsymbol{a}, \boldsymbol{b})$ を成分を用いて表せ．

解答 $\boldsymbol{a}$ および $\boldsymbol{b}$ は基本ベクトルを用いて，$\boldsymbol{a} = a_1\boldsymbol{e}_1 + a_2\boldsymbol{e}_2 + a_3\boldsymbol{e}_3$ および $\boldsymbol{b} = b_1\boldsymbol{e}_1 + b_2\boldsymbol{e}_2 + b_3\boldsymbol{e}_3$ と表される．内積の基本法則と基本ベクトル間の内積 (例 4.1) を用いることで，以下の結果を得る．

$$(\boldsymbol{a}, \boldsymbol{b}) = \sum_{i=1}^{3}\sum_{j=1}^{3} a_i b_j (\boldsymbol{e}_i, \boldsymbol{e}_j) = a_1 b_1 + a_2 b_2 + a_3 b_3$$

∎

同様に，内積の定義から $\boldsymbol{a}$ と $\boldsymbol{b}$ のなす角 θ の余弦は以下のように表せる．

$$\cos\theta = \frac{(\boldsymbol{a}, \boldsymbol{b})}{||\boldsymbol{a}||\,||\boldsymbol{b}||} = \frac{a_1 b_1 + a_2 b_2 + a_3 b_3}{\sqrt{a_1^2 + a_2^2 + a_3^2}\sqrt{b_1^2 + b_2^2 + b_3^2}}$$

例題 4.2

座標空間における点 P の位置ベクトルの成分表示を $\begin{bmatrix} x_1 \\ x_2 \\ x_3 \end{bmatrix}$ とする．x_1, x_2, x_3 が

$$ax_1 + bx_2 + cx_3 = d \quad (a, b, c, d \text{ は定数で，} (a, b, c) \neq (0, 0, 0))$$

を満たすとき，点 P の集合は平面となることを示せ．

解答 与えられた式を連立 1 次方程式だと考えて解く．a, b, c は同時に 0 にならないので，例えば $a \neq 0$ だとすると，

$$\begin{bmatrix} x_1 \\ x_2 \\ x_3 \end{bmatrix} = \begin{bmatrix} \frac{d-bs-ct}{a} \\ s \\ t \end{bmatrix} = \begin{bmatrix} \frac{d}{a} \\ 0 \\ 0 \end{bmatrix} + s \begin{bmatrix} -\frac{b}{a} \\ 1 \\ 0 \end{bmatrix} + t \begin{bmatrix} -\frac{c}{a} \\ 0 \\ 1 \end{bmatrix} = \boldsymbol{p}_0 + s\boldsymbol{b}_1 + t\boldsymbol{b}_2$$

(s, t は任意の実数) と書ける．ここで $\boldsymbol{b}_1, \boldsymbol{b}_2$ ($\neq \boldsymbol{0}$) は平行でないから，位置ベクトル $s\boldsymbol{b}_1 + t\boldsymbol{b}_2$ で定まる点の集合は原点を通り，$\boldsymbol{b}_1, \boldsymbol{b}_2$ で定まる平面を表す．したがって，点 P の集合は，$\boldsymbol{p}_0$ で表された点を通り，$\boldsymbol{b}_1, \boldsymbol{b}_2$ で定まる平面を表す．$b \neq 0$, $c \neq 0$ の場合も同様に示せる． ∎

4.2 線形空間

● 体

実数全体の集合において，(通常我々が使う) 加減乗除の演算を考えたものは，代数的構造をもつ集合 (代数系) となる．これは **体**（たい）とよばれる代数系の一例であり，実数全体の集合 $\mathbb{R}$ の場合は **実数体** という．

有理数全体の集合 $\mathbb{Q}$ に通常我々が使う加減乗除を考えた代数系もまた体の一例であり，**有理数体**とよばれる．この他，複素数全体の集合 $\mathbb{C}$ も同様の意味で体の一例であり，**複素数体**とよばれる．しかし，整数全体の集合 $\mathbb{Z}$ に通常我々が使う加減乗除を考えたとしても，(例えば 1 を 2 で割った結果は $\mathbb{Z}$ に含まれないので) 体にはならない．

以下では，スカラー (定数)，ベクトルや行列の成分は，すべてある体の要素であるとして議論する (定義 1.1 の後の Note 参照)．また，簡単のため，体が実数体 $\mathbb{R}$ である場合を主として扱い，必要がある場合に体が複素数体 $\mathbb{C}$ である場合を取り扱う．

Note: 本書では紙面の都合上 体の定義を述べず，以下で用いる体の例とその性質の概要を述べるにとどめた．体の定義に興味がある読者は，代数学の教科書を参照されたい．

● 線形空間

幾何ベクトルの全体には，和とスカラー倍が定義された (定義 4.3, 4.4)．これを一般化して，線形空間 (ベクトル空間ともいう) が定義される．

定義 4.7 (線形空間 (ベクトル空間))

空でない集合 V が以下の 2 条件 [I], [II] を満たすとき，V を **線形空間** (**ベクトル空間**) という．

[I] V の任意の要素 $\boldsymbol{u}, \boldsymbol{v} \in V$ と任意のスカラー $a \in \mathbb{R}$ に対し，和 $\boldsymbol{u}+\boldsymbol{v}$ とスカラー倍 $a\boldsymbol{u}$ という 2 つの演算が定まり，演算結果はともに V の要素である．

[II] 和とスカラー倍に関する次の 8 つの演算法則が成り立つ．
$\boldsymbol{u}, \boldsymbol{v}, \boldsymbol{w} \in V$ および $a, b \in \mathbb{R}$ に対して，

(1) $\boldsymbol{u}+\boldsymbol{v}=\boldsymbol{v}+\boldsymbol{u}$

(2) $1\boldsymbol{u}=\boldsymbol{u}$

(3) $(\boldsymbol{u}+\boldsymbol{v})+\boldsymbol{w}=\boldsymbol{u}+(\boldsymbol{v}+\boldsymbol{w})$

(4) $a(b\boldsymbol{u})=(ab)\boldsymbol{u}$

(5) $a(\boldsymbol{u}+\boldsymbol{v})=a\boldsymbol{u}+a\boldsymbol{v}$

(6) $(a+b)\boldsymbol{u}=a\boldsymbol{u}+b\boldsymbol{u}$

(7) **零ベクトル**という特別な要素が存在し ($\boldsymbol{0}$ で表す)，任意の $\boldsymbol{u} \in V$ に対して，$\boldsymbol{u}+\boldsymbol{0}=\boldsymbol{u}$ が成り立つ．

(8) 任意の $\boldsymbol{u} \in V$ に対して，$\boldsymbol{u}+\boldsymbol{u}'=\boldsymbol{0}$ となる要素 $\boldsymbol{u}'$ が存在する．この $\boldsymbol{u}'$ を $\boldsymbol{u}$ の**逆ベクトル**といい，$-\boldsymbol{u}$ と表す．

Note: 上の 8 つの演算法則は普段使っている和とスカラー倍では当然成り立つので，当たりまえと思うかもしれない．しかし，抽象的な空間で定義された和とスカラー倍は自明でない場合があり，線形空間として扱いたい場合にどういう演算法則を満たせばよいのかを過不足なく明確にする必要がある．つまり，定義 4.7 に現れる条件は，考えている演算が我々が普段使っている和とスカラー倍と**同じ演算法則を満たす**ことを要求するが，それさえ満たしていれば，**演算自体はいくら独創的であっても数学的には問題がない**．

スカラーを実数にとることを明確にしたい場合は V を **実線形空間** とよぶこともある．また，スカラーを複素数にとる場合には，そのような V は **複素線形空間** とよぶ．以下では，それらを区別しないで線形空間とよぶことにする．

以後，線形空間の要素を単に **ベクトル** ということにする．線形空間の例をみてみよう．

例 4.2

実数を成分とする 2 次の列ベクトル全体の集合

$$\mathbb{R}^2 = \left\{ \boldsymbol{a} = \begin{bmatrix} a_1 \\ a_2 \end{bmatrix} \middle| \, a_1, a_2 \in \mathbb{R} \right\}$$

は，列ベクトルの和およびスカラー倍により線形空間になる．したがって，平面ベクトル全体からなる集合も線形空間である．同様に

$$\mathbb{R}^n = \left\{ \boldsymbol{a} = \begin{bmatrix} a_1 \\ \vdots \\ a_n \end{bmatrix} \middle| \, a_1, \cdots, a_n \in \mathbb{R} \right\}$$

も線形空間になる．また，n 次行ベクトルの集合も線形空間となる．

例 4.3

m 行 n 列の実行列全体の集合 $M_{m,n}(\mathbb{R})$ は，行列の和とスカラー倍により線形空間になる．

例 4.4

実数を係数とする n 次以下の x の多項式関数全体の集合

$$\mathbb{R}[x]_n = \{a_0 + a_1 x + \cdots + a_n x^n \mid a_0, a_1, \cdots, a_n \in \mathbb{R}\}$$

は，多項式関数の和とスカラー倍により線形空間となる．

例 4.5

三角関数と定数関数を用いて集合 V を

$$V = \left\{ \begin{aligned} a_0 + a_1 \cos x + a_2 \sin x \\ + a_3 \cos 2x + a_4 \sin 2x \end{aligned} \, \middle| \, a_i \in \mathbb{R} \ (0 \leq i \leq 4) \right\}$$

で定義すると，V は通常の和とスカラー倍により線形空間となる．

Note: 無限個の三角関数と定数関数を使って V の要素のように表した関数は**フーリエ級数**とよばれ，信号解析などに用いられる．

例 4.6

区間 $I=[a,b]$ で連続な実数値関数全体の集合を $C(I)$ と書く．$C(I)$ の任意の 2 つの要素 $f(x)$ および $g(x)$，スカラー $a \in \mathbb{R}$ に対して，$C(I)$ の和とスカラー倍をそれぞれ

$$(f+g)(x) = f(x) + g(x),$$
$$(af)(x) = af(x)$$

により定義する．このとき $C(I)$ は線形空間となる．

● 部分空間

定義 4.8 (部分空間)

線形空間 V の空でない部分集合 W が，V と同じ和とスカラー倍により線形空間となるとき，W を V の **部分空間** という．

定理 4.1

線形空間 V の部分集合 W が部分空間であることと，以下の 3 条件が同時に成り立つことは同値である．

(1) $\mathbf{0} \in W$

(2) $\boldsymbol{u}, \boldsymbol{v} \in W$ ならば $\boldsymbol{u}+\boldsymbol{v} \in W$.

(3) $\boldsymbol{u} \in W$, $a \in \mathbb{R}$ ならば $a\boldsymbol{u} \in W$.

証明 ($\Rightarrow$) 明らかである．

($\Leftarrow$) 3 つの条件が成り立つと仮定する．このとき，条件 (1) から W は零ベクトル $\mathbf{0}$ を含む．また，$-\boldsymbol{u} = (-1)\boldsymbol{u}$ であるから，条件 (3) から W は逆ベクトルを含む．さらに，条件 (2) と条件 (3) から，W は V の和とスカラー倍に関して閉じている．W は V の部分集合なので W の元は V の元である．よって他の演算法則も成り立つ．したがって，W は V の部分空間である． ∎

定理 4.1(2) に示した条件が成り立つとき，W は和について**閉じている**という．同様に，定理 4.1(3) に示した条件が成り立つとき，W はスカラー倍について**閉じている**という．

Note: 一般に，ベクトル空間 V は，2 つの自明な部分空間をもつ．ひとつは V 自身であり，もう一つは零ベクトルのみからなる集合 $\{\mathbf{0}\}$ である．これらが V の部分空間であることは部分空間の定義から明らかである．

例題 4.3

$\mathbb{R}^3$ 内の原点を通る平面 $x_1 - x_2 + x_3 = 0$ 上の点の位置ベクトル全体の集合

$$W = \left\{ \boldsymbol{x} \in \mathbb{R}^3 \mid x_1 - x_2 + x_3 = 0 \right\}$$

が，$\mathbb{R}^3$ の部分空間となることを示せ．

解答 定理 4.1 の 3 つの条件を確かめる．

(1) 点 $(x_1, x_2, x_3) = (0, 0, 0)$ はこの平面上にあるから $\mathbf{0} \in W$.

(2) $\boldsymbol{u} = \begin{bmatrix} u_1 \\ u_2 \\ u_3 \end{bmatrix}$, $\boldsymbol{v} = \begin{bmatrix} v_1 \\ v_2 \\ v_3 \end{bmatrix}$ $(\boldsymbol{u}, \boldsymbol{v} \in W)$ とする．和 $\boldsymbol{u} + \boldsymbol{v} = \begin{bmatrix} u_1 + v_1 \\ u_2 + v_2 \\ u_3 + v_3 \end{bmatrix}$ が平面上にあるか確認する．これを平面の式の左辺に代入すると

$$(u_1 + v_1) - (u_2 + v_2) + (u_3 + v_3) = (u_1 - u_2 + u_3) + (v_1 - v_2 + v_3)$$

と変形される．$\boldsymbol{u}, \boldsymbol{v}$ は W のベクトルであるから，この式は 0 となる．つまり，$\boldsymbol{u} + \boldsymbol{v} \in W$ である．

(3) $\boldsymbol{w} = \begin{bmatrix} w_1 \\ w_2 \\ w_3 \end{bmatrix}$ $(\boldsymbol{w} \in W)$ とスカラー c に対して，$c\boldsymbol{w} = \begin{bmatrix} cw_1 \\ cw_2 \\ cw_3 \end{bmatrix}$. これを平面の式の左辺に代入すると

$$cw_1 - cw_2 + cw_3 = c(w_1 - w_2 + w_3).$$

$\boldsymbol{w}$ は W のベクトルなのでこの式は 0 となる．つまり，$c\boldsymbol{w} \in W$ である． ∎

Note: 平面を表す式については例題 4.2 を参照のこと．

例題 4.4 (部分空間の和空間は部分空間である)

W_1, W_2 が線形空間 V の部分空間であるとき

$$W_1 + W_2 = \{\boldsymbol{w}_1 + \boldsymbol{w}_2 \mid \boldsymbol{w}_1 \in W_1, \boldsymbol{w}_2 \in W_2\}$$

が V の部分空間となることを示せ．

解答 定理 4.1 の 3 条件を確かめればよい．

(1) W_1, W_2 は V の部分空間であるからともに $\mathbf{0}$ を含む．$\mathbf{0}+\mathbf{0}=\mathbf{0}$ より，$\mathbf{0} \in W_1 + W_2$ である．

(2) $W_1 + W_2$ の 2 つの元 $\boldsymbol{w}_1 + \boldsymbol{w}_2$, $\boldsymbol{w}_1' + \boldsymbol{w}_2'$ $(\boldsymbol{w}_i, \boldsymbol{w}_i' \in W_i \ (i=1,2))$ に対して，

$$(\boldsymbol{w}_1 + \boldsymbol{w}_2) + (\boldsymbol{w}_1' + \boldsymbol{w}_2') = (\boldsymbol{w}_1 + \boldsymbol{w}_1') + (\boldsymbol{w}_2 + \boldsymbol{w}_2') \in W_1 + W_2$$

である．

(3) $W_1 + W_2$ の元 $\boldsymbol{w}_1 + \boldsymbol{w}_2$ $(\boldsymbol{w}_i \in W_i \ (i=1,2))$ とスカラー a に対して，

$$a(\boldsymbol{w}_1 + \boldsymbol{w}_2) = a\boldsymbol{w}_1 + a\boldsymbol{w}_2 \in W_1 + W_2$$

である． ■

部分空間 $W_1 + W_2$ を W_1 と W_2 の **和空間** という．

例題 4.5 (部分空間の共通部分は部分空間である)

W_1, W_2 が線形空間 V の部分空間であるとき，W_1 と W_2 の共通部分

$$W_1 \cap W_2 = \{\boldsymbol{w} \mid \boldsymbol{w} \in W_1 \text{ かつ } \boldsymbol{w} \in W_2\}$$

が V の部分空間となることを示せ．

解答 定理 4.1 の 3 つの条件を確かめればよい．

(1) W_1, W_2 は V の部分空間であるから，ともに $\mathbf{0}$ を含む．したがって $\mathbf{0} \in W_1 \cap W_2$ である．

(2) $W_1 \cap W_2$ の 2 つの元を $\boldsymbol{w}$, $\boldsymbol{w}'$ とすると，それらは W_1 と W_2 の両方に含まれる．また，W_1 と W_2 は部分空間であるから，和について閉じているので $\boldsymbol{w} + \boldsymbol{w}' \in W_1$ かつ $\boldsymbol{w} + \boldsymbol{w}' \in W_2$ である．したがって，$\boldsymbol{w} + \boldsymbol{w}' \in W_1 \cap W_2$ である．

(3) 同様に，$W_1 \cap W_2$ の元 $\boldsymbol{w}$ とスカラー a に対して，$a\boldsymbol{w} \in W_1$ かつ $a\boldsymbol{w} \in W_2$ である．したがって，$a\boldsymbol{w} \in W_1 \cap W_2$ である． ■

Note: 一方，W_1 と W_2 の和集合 $W_1 \cup W_2$ は $W_1 \subset W_2$ または $W_1 \supset W_2$ の場合を除き，部分空間とはならない．例えば，$V = \mathbb{R}^2$ とし，

$$W_1 = \left\{ \begin{bmatrix} x \\ 0 \end{bmatrix} \middle| \, x \in \mathbb{R} \right\}, \quad W_2 = \left\{ \begin{bmatrix} 0 \\ y \end{bmatrix} \middle| \, y \in \mathbb{R} \right\}$$

とすると，W_1 および W_2 は V の部分空間である．$W_1 \cup W_2$ は，

$$W_1 \cup W_2 = \left\{ \begin{bmatrix} x \\ y \end{bmatrix} \middle| \, x = 0 \text{ または } y = 0 \right\}$$

となる．ところが $\boldsymbol{w}_1 = \begin{bmatrix} 1 \\ 0 \end{bmatrix} \in W_1 \cup W_2$，$\boldsymbol{w}_2 = \begin{bmatrix} 0 \\ 1 \end{bmatrix} \in W_1 \cup W_2$ を考えると，$\boldsymbol{w}_1 + \boldsymbol{w}_2 = \begin{bmatrix} 1 \\ 1 \end{bmatrix} \notin W_1 \cup W_2$ であるから定理 4.1 の条件 (2) を満たさない．つまり，$W_1 \cup W_2$ は部分空間ではない．

例 4.7 (原点を通る直線上の点の位置ベクトルの集合は線形空間である)

例題 4.3 でみたように，$\mathbb{R}^3$ 内の原点を通る平面上の点の位置ベクトル全体の集合は線形空間となる．このような線形空間を 2 つ考え，W_1, W_2 $(W_1 \neq W_2)$ とする．このとき共通部分 $W_1 \cap W_2$ は例題 4.5 から線形空間となる．

一方，$W_1 \cap W_2$ は 2 つの平面の交線上の点の位置ベクトル全体の集合なので，原点を通る直線を表す．つまり原点を通る直線上の点の位置ベクトル全体の集合もまた線形空間となる．

定理 4.2 (連立 1 次方程式の解空間は線形空間である)

A を $m \times n$ 行列とする．同次連立 1 次方程式 $A\boldsymbol{x} = \boldsymbol{0}$ の解全体の集合

$$W = \{\boldsymbol{x} \in \mathbb{R}^n \mid A\boldsymbol{x} = \boldsymbol{0}\}$$

は $\mathbb{R}^n$ の部分空間である．

証明　定理 4.1 の 3 つの条件を確かめる．

(1) $A\boldsymbol{0} = \boldsymbol{0}$ であるから，$\boldsymbol{0} \in W$ である．

(2) $\boldsymbol{x}, \boldsymbol{y} \in W$ とすると，$A(\boldsymbol{x} + \boldsymbol{y}) = A\boldsymbol{x} + A\boldsymbol{y} = \boldsymbol{0} + \boldsymbol{0} = \boldsymbol{0}$ であるから，$\boldsymbol{x} + \boldsymbol{y} \in W$ である．

(3) $\boldsymbol{x} \in W$ とスカラー a に対して，$A(a\boldsymbol{x}) = a(A\boldsymbol{x}) = a\boldsymbol{0} = \boldsymbol{0}$ であるから，$a\boldsymbol{x} \in W$ である． ∎

この部分空間を，同次連立 1 次方程式の **解空間** あるいは行列 A の **零空間** という．

例題 4.6

次の W が $\mathbb{R}^3$ の部分空間となるかどうか調べよ．

(1) $W = \left\{ \boldsymbol{x} \in \mathbb{R}^3 \,\middle|\, \begin{array}{l} x_1 - x_2 + x_3 = 0, \\ x_1 + x_2 + x_3 = 0 \end{array} \right\}$

(2) $W = \left\{ \boldsymbol{x} \in \mathbb{R}^3 \,\middle|\, \begin{array}{l} x_1 - x_2 + x_3 = 1, \\ x_1 + x_2 + x_3 = 5 \end{array} \right\}$

解答 $A = \begin{bmatrix} 1 & -1 & 1 \\ 1 & 1 & 1 \end{bmatrix}$ とおく．

(1) $W = \left\{ \boldsymbol{x} \in \mathbb{R}^3 \mid A\boldsymbol{x} = \boldsymbol{0} \right\}$ と書ける．定理 4.2 から W は $\mathbb{R}^3$ の部分空間である．

(2) $W = \left\{ \boldsymbol{x} \in \mathbb{R}^3 \,\middle|\, A\boldsymbol{x} = \begin{bmatrix} 1 \\ 5 \end{bmatrix} \right\}$ と書ける．$A\boldsymbol{0} = \begin{bmatrix} 0 \\ 0 \end{bmatrix} \neq \begin{bmatrix} 1 \\ 5 \end{bmatrix}$ から $\boldsymbol{0} \notin W$ である．したがって，W は定理 4.1 の条件 (1) を満たさないので部分空間ではない． ∎

● 1 次結合

定義 4.9 (1 次結合 (線形結合))

線形空間 V の n 個のベクトル $\boldsymbol{u}_1, \boldsymbol{u}_2, \cdots, \boldsymbol{u}_n$ とスカラー $c_1, c_2, \cdots, c_n$ からつくられるベクトル

$$c_1\boldsymbol{u}_1 + c_2\boldsymbol{u}_2 + \cdots + c_n\boldsymbol{u}_n \tag{4.1}$$

を $\boldsymbol{u}_1, \boldsymbol{u}_2, \cdots, \boldsymbol{u}_n$ の **1 次結合** または **線形結合** という．

定義 4.10 (1 次結合全体の集合)

線形空間 V の n 個のベクトル $\boldsymbol{u}_1, \boldsymbol{u}_2, \cdots, \boldsymbol{u}_n$ の 1 次結合全体の集合を次のように表す．

$$\begin{aligned} &\langle \boldsymbol{u}_1, \boldsymbol{u}_2, \cdots, \boldsymbol{u}_n \rangle \\ &\quad = \{c_1\boldsymbol{u}_1 + c_2\boldsymbol{u}_2 + \cdots + c_n\boldsymbol{u}_n \mid c_i \in \mathbb{R},\ \boldsymbol{u}_i \in V\ (i = 1, 2, \cdots, n)\} \end{aligned}$$

このように定義した1次結合全体の集合は，以下の定理が示すように，線形空間 V の部分空間となる．

定理 4.3

$W = \langle \boldsymbol{u}_1, \boldsymbol{u}_2, \cdots, \boldsymbol{u}_n \rangle$ は，V の部分空間である．

証明 定理 4.1 の 3 つの条件を確かめる．

(1) $0\boldsymbol{u}_1 + 0\boldsymbol{u}_2 + \cdots + 0\boldsymbol{u}_n = \boldsymbol{0}$ であるから，$\boldsymbol{0} \in W$ である．

(2) $\boldsymbol{w}_1, \boldsymbol{w}_2 \in W$ を考えると，これらは $\boldsymbol{u}_1, \boldsymbol{u}_2, \cdots, \boldsymbol{u}_n$ の 1 次結合で書ける．つまり，

$$\boldsymbol{w}_1 = c_1\boldsymbol{u}_1 + c_2\boldsymbol{u}_2 + \cdots + c_n\boldsymbol{u}_n, \quad \boldsymbol{w}_2 = d_1\boldsymbol{u}_1 + d_2\boldsymbol{u}_2 + \cdots + d_n\boldsymbol{u}_n.$$

$\boldsymbol{w}_1, \boldsymbol{w}_2$ の和は，

$$\boldsymbol{w}_1 + \boldsymbol{w}_2 = (c_1 + d_1)\boldsymbol{u}_1 + (c_2 + d_2)\boldsymbol{u}_2 + \cdots + (c_n + d_n)\boldsymbol{u}_n$$

であるから，やはり $\boldsymbol{u}_1, \boldsymbol{u}_2, \cdots, \boldsymbol{u}_n$ の 1 次結合で書ける．したがって，$\boldsymbol{w}_1 + \boldsymbol{w}_2 \in W$.

(3) スカラーを a とすると，(2) の $\boldsymbol{w}_1$ のスカラー倍 $a\boldsymbol{w}_1$ は，

$$a\boldsymbol{w}_1 = (ac_1)\boldsymbol{u}_1 + (ac_2)\boldsymbol{u}_2 + \cdots + (ac_n)\boldsymbol{u}_n$$

であるから $\boldsymbol{u}_1, \boldsymbol{u}_2, \cdots, \boldsymbol{u}_n$ の 1 次結合で書ける．したがって，$a\boldsymbol{w} \in W$. ■

$W = \langle \boldsymbol{u}_1, \boldsymbol{u}_2, \cdots, \boldsymbol{u}_n \rangle$ であるとき，「ベクトル $\boldsymbol{u}_1, \boldsymbol{u}_2, \cdots, \boldsymbol{u}_n$ は W を **生成する**」あるいは「W は $\boldsymbol{u}_1, \boldsymbol{u}_2, \cdots, \boldsymbol{u}_n$ が **張る線形空間** である」などという．

例 4.8

$\mathbb{R}^n$ の任意のベクトル $\boldsymbol{a}$ は，

$$\boldsymbol{a} = \begin{bmatrix} a_1 \\ \vdots \\ a_n \end{bmatrix} = a_1\boldsymbol{e}_1 + a_2\boldsymbol{e}_2 + \cdots + a_n\boldsymbol{e}_n$$

のように基本ベクトル (定義 1.10) $\boldsymbol{e}_1, \boldsymbol{e}_2, \cdots, \boldsymbol{e}_n$ の 1 次結合として書ける．すなわち，$\mathbb{R}^n = \langle \boldsymbol{e}_1, \boldsymbol{e}_2, \cdots, \boldsymbol{e}_n \rangle$ となり，$\boldsymbol{e}_1, \boldsymbol{e}_2, \cdots, \boldsymbol{e}_n$ は $\mathbb{R}^n$ を生成する．

例題 4.7

2つのベクトル $\boldsymbol{a}_1 = \begin{bmatrix} 1 \\ 2 \\ -1 \end{bmatrix}$ と $\boldsymbol{a}_2 = \begin{bmatrix} 3 \\ 4 \\ 1 \end{bmatrix}$ に対し，$W = \langle \boldsymbol{a}_1, \boldsymbol{a}_2 \rangle$ とする．

このとき，$\boldsymbol{u} = \begin{bmatrix} 5 \\ 8 \\ -1 \end{bmatrix} \in W$ および $\boldsymbol{v} = \begin{bmatrix} 4 \\ 4 \\ 6 \end{bmatrix} \notin W$ を示せ．

解答　$\boldsymbol{u} \in W$ は，$c_1\boldsymbol{a}_1 + c_2\boldsymbol{a}_2 = \boldsymbol{u}$ となる (c_1, c_2) が存在することと同値である．いま，行列 A を $A = \begin{bmatrix} \boldsymbol{a}_1 & \boldsymbol{a}_2 \end{bmatrix}$ で定め，$\boldsymbol{c} = \begin{bmatrix} c_1 \\ c_2 \end{bmatrix}$ とする．すると，

$$c_1\boldsymbol{a}_1 + c_2\boldsymbol{a}_2 = \boldsymbol{u} \Longleftrightarrow A\boldsymbol{c} = \boldsymbol{u} \tag{4.2}$$

である．すなわち，$\boldsymbol{u} \in W$ であるための必要十分条件は，連立1次方程式 $A\boldsymbol{c} = \boldsymbol{u}$ が解をもつことである．そこで，拡大係数行列 $\begin{bmatrix} A \mid \boldsymbol{u} \end{bmatrix}$ を基本変形すると，

$$\begin{bmatrix} A \mid \boldsymbol{u} \end{bmatrix} = \left[\begin{array}{cc|c} 1 & 3 & 5 \\ 2 & 4 & 8 \\ -1 & 1 & -1 \end{array}\right] \longrightarrow \left[\begin{array}{cc|c} 1 & 0 & 2 \\ 0 & 1 & 1 \\ 0 & 0 & 0 \end{array}\right]$$

となるので，この連立1次方程式は解をもつ (定理 2.5)．したがって，$\boldsymbol{u} \in W$ である．$\boldsymbol{v}$ について同様に考え，拡大係数行列 $\begin{bmatrix} A \mid \boldsymbol{u} \end{bmatrix}$ を基本変形すると，

$$\begin{bmatrix} A \mid \boldsymbol{v} \end{bmatrix} = \left[\begin{array}{cc|c} 1 & 3 & 4 \\ 2 & 4 & 4 \\ -1 & 1 & 6 \end{array}\right] \longrightarrow \left[\begin{array}{cc|c} 1 & 0 & -2 \\ 0 & 1 & 2 \\ 0 & 0 & 1 \end{array}\right]$$

となるのでこの連立1次方程式は解をもたない．したがって，$\boldsymbol{v} \notin W$ である．∎

以上の議論を一般化したのが次の定理である．

定理 4.4

$\mathbb{R}^m$ の n 個のベクトルが生成する部分空間を $W = \langle \boldsymbol{a}_1, \cdots, \boldsymbol{a}_n \rangle$ とする．n 個のベクトルを並べた $m \times n$ 行列を $A = \begin{bmatrix} \boldsymbol{a}_1 & \cdots & \boldsymbol{a}_n \end{bmatrix}$ とするとき，$\boldsymbol{b} \in \mathbb{R}^m$ が $\boldsymbol{b} \in W$ となるための必要十分条件は，連立1次方程式 $A\boldsymbol{x} = \boldsymbol{b}$ が解をもつことである．

4.3 1次独立と1次従属

定義 4.11 (1次関係・1次独立・1次従属)

(1) 線形空間 V の n 個のベクトル $\boldsymbol{u}_1, \boldsymbol{u}_2, \cdots, \boldsymbol{u}_n$ の間の関係

$$c_1\boldsymbol{u}_1 + c_2\boldsymbol{u}_2 + \cdots + c_n\boldsymbol{u}_n = \boldsymbol{0} \quad (c_1, c_2, \cdots, c_n \in \mathbb{R}) \tag{4.3}$$

を，ベクトル $\boldsymbol{u}_1, \boldsymbol{u}_2, \cdots, \boldsymbol{u}_n$ の **1次関係** という．

(2) $\boldsymbol{u}_1, \boldsymbol{u}_2, \cdots, \boldsymbol{u}_n$ が自明な1次関係のみをもつ，つまり

「(4.3) が成り立つ $\Longleftrightarrow c_1 = c_2 = \cdots = c_n = 0$」

が成り立つとき，ベクトル $\boldsymbol{u}_1, \boldsymbol{u}_2, \cdots, \boldsymbol{u}_n$ は **1次独立** (**線形独立**) であるという．

(3) $\boldsymbol{u}_1, \boldsymbol{u}_2, \cdots, \boldsymbol{u}_n$ が1次独立でないとき，$\boldsymbol{u}_1, \boldsymbol{u}_2, \cdots, \boldsymbol{u}_n$ は **1次従属** (**線形従属**) であるという．

もし $c_1 = \cdots = c_n = 0$ ならば1次関係 (4.3) は必ず成り立つ．したがってベクトル $\boldsymbol{u}_1, \cdots, \boldsymbol{u}_n$ が1次従属であるということは，「$c_1, \cdots, c_n$ の中に0でないものが含まれていても1次関係 (4.3) が成り立つことがある」ということを意味する．

例 4.9

線形空間 $\mathbb{R}^n$ の n 個の基本ベクトル $\boldsymbol{e}_1, \cdots, \boldsymbol{e}_n$ は1次独立である．実際，

$$c_1\boldsymbol{e}_1 + \cdots + c_n\boldsymbol{e}_n = \begin{bmatrix} c_1 \\ \vdots \\ c_n \end{bmatrix} = \boldsymbol{0} \Longleftrightarrow c_1 = \cdots = c_n = 0 \text{ である．}$$

例 4.10

n 次以下の多項式関数全体がつくる線形空間 $\mathbb{R}[x]_n$ の $(n+1)$ 個のベクトル

$$1,\ x,\ x^2,\ \cdots,\ x^n$$

は1次独立である．これは，以下のように確かめることができる．いま，

$$c_0 1 + c_1 x + c_2 x^2 + \cdots + c_n x^n = 0 \tag{$*$}$$

であると仮定する．これは，等式がどのような x についても成り立つこと

を意味する．そこで，この式に $x=0$ を代入して $c_0=0$ を得る．

次に，両辺を x で微分して得られる式 $c_1+2c_2x+\cdots+nc_nx^{n-1}=0$ に $x=0$ を代入して，$c_1=0$ を得る．同様に微分を繰り返して $x=0$ を代入していくと，$c_0=\cdots=c_n=0$ を得る．

したがって，定義 4.11 により $1, x, x^2, \cdots, x^n$ は 1 次独立である．

Note: 例 4.10 は，ヴァンデルモンドの行列式 (例題 3.9) を用いても示せる．$(n+1)$ 個の相異なる x の値 x_i $(i=1,\cdots,n+1)$ を式 $(*)$ に代入した $(n+1)$ 個の式を c_i $(i=0,\cdots,n)$ に対する連立 1 次方程式とみなすと，$A\begin{bmatrix} c_0 \\ \vdots \\ c_n \end{bmatrix}=\mathbf{0}$ (A はある行列) という形に書ける．このときの行列 A は $\det A=\det({}^tA)=V_{n+1}$ を満たすことは簡単な計算によりわかる．例題 3.9 の結果から x_i $(i=1,\cdots,n+1)$ がすべて異なる場合，$\det A=V_{n+1}\neq 0$ であるから，この方程式は自明な解しかもたない．つまり $c_0=\cdots=c_n=0$.

例題 4.8

$\mathbb{R}^4$ の 3 つのベクトル $\boldsymbol{a}_1=\begin{bmatrix} 1 \\ 2 \\ -2 \\ 1 \end{bmatrix}$, $\boldsymbol{a}_2=\begin{bmatrix} 0 \\ 1 \\ 1 \\ 1 \end{bmatrix}$, $\boldsymbol{a}_3=\begin{bmatrix} 1 \\ 2 \\ 2 \\ 1 \end{bmatrix}$ は 1 次独立か.

解答

$$c_1\boldsymbol{a}_1+c_2\boldsymbol{a}_2+c_3\boldsymbol{a}_3=\mathbf{0} \Longleftrightarrow c_1=c_2=c_3=0$$

が成り立つか調べる．いま，行列 A を $A=\begin{bmatrix}\boldsymbol{a}_1 & \boldsymbol{a}_2 & \boldsymbol{a}_3\end{bmatrix}$ とし，$\boldsymbol{c}=\begin{bmatrix} c_1 \\ c_2 \\ c_3 \end{bmatrix}$ とすると，1 次関係の式は $A\boldsymbol{c}=\mathbf{0}$ と書ける (例題 4.7 参照)．$\boldsymbol{a}_1, \boldsymbol{a}_2, \boldsymbol{a}_3$ が 1 次独立になるのは，この同次連立 1 次方程式が自明な解 $\boldsymbol{c}=\mathbf{0}$ のみをもつ場合である．このための条件は $\operatorname{rank} A$ が変数の個数 (この例題の場合 3) に等しいときである (定理 2.7).

行列 A を基本変形により簡約行列に変形すると

$$A=\begin{bmatrix} 1 & 0 & 1 \\ 2 & 1 & 2 \\ -2 & 1 & 2 \\ 1 & 1 & 1 \end{bmatrix} \longrightarrow \begin{bmatrix} 1 & 0 & 0 \\ 0 & 1 & 0 \\ 0 & 0 & 1 \\ 0 & 0 & 0 \end{bmatrix}$$

となり，$\mathrm{rank}\,A = 3$ である．よって $A\boldsymbol{c} = \boldsymbol{0}$ は自明解のみをもつ．すなわち，$c_1 = c_2 = c_3 = 0$. 逆は明らかなので，3 つのベクトル $\boldsymbol{a}_1, \boldsymbol{a}_2, \boldsymbol{a}_3$ は 1 次独立である． ∎

例題 4.8 を一般化すると以下の定理が得られる．

定理 4.5

$\mathbb{R}^m$ の n 個のベクトル $\boldsymbol{a}_1, \boldsymbol{a}_2, \cdots, \boldsymbol{a}_n$ を列ベクトルとする $m \times n$ 行列を A とおけば，$\boldsymbol{a}_1, \boldsymbol{a}_2, \cdots, \boldsymbol{a}_n$ が 1 次独立であるための必要十分条件は，

$$\mathrm{rank}\,A = n$$

となることである．特に $m = n$ のとき，A が正則行列であることと同値である．

証明 前半は，例題 4.8 と同様に証明できるので，省略．後半は，定理 2.9 による． ∎

この定理から，$\mathrm{rank}\,A \neq n$ のときは，$\mathbb{R}^m$ の n 個のベクトルは 1 次従属である．また，$n > m$ のとき，$\mathrm{rank}\,A \leq m < n$ であるから，$\mathbb{R}^m$ の $(m+1)$ 個以上のベクトルはつねに 1 次従属である．

例 4.11

$\mathbb{R}^3$ の次の 3 つのベクトル $\boldsymbol{a}_1, \boldsymbol{a}_2, \boldsymbol{a}_3$ は 1 次独立かどうか調べてみよう．

$$\boldsymbol{a}_1 = \begin{bmatrix} 1 \\ 2 \\ 1 \end{bmatrix}, \quad \boldsymbol{a}_2 = \begin{bmatrix} 2 \\ 1 \\ 1 \end{bmatrix}, \quad \boldsymbol{a}_3 = \begin{bmatrix} -1 \\ 1 \\ 0 \end{bmatrix}$$

例題 4.8 と同様に考える．$A = \begin{bmatrix} \boldsymbol{a}_1 & \boldsymbol{a}_2 & \boldsymbol{a}_3 \end{bmatrix}, \boldsymbol{c} = \begin{bmatrix} c_1 \\ c_2 \\ c_3 \end{bmatrix}$ とおくと，$\boldsymbol{a}_1, \boldsymbol{a}_2, \boldsymbol{a}_3$ が 1 次独立になるのは $A\boldsymbol{c} = \boldsymbol{0}$ が自明な解のみをもつ場合である．行列 A に基本変形を繰り返して簡約化すると

$$A = \begin{bmatrix} 1 & 2 & -1 \\ 2 & 1 & 1 \\ 1 & 1 & 0 \end{bmatrix} \longrightarrow \begin{bmatrix} 1 & 0 & 1 \\ 0 & 1 & -1 \\ 0 & 0 & 0 \end{bmatrix}$$

となる．つまり，$\mathrm{rank}\, A = 2 \neq 3$ となるので，定理 2.7 より同次連立1次方程式は自明な解以外の解をもつ．すなわち，3つのベクトル $\boldsymbol{a}_1, \boldsymbol{a}_2, \boldsymbol{a}_3$ は1次従属である．

一方，A は連立1次方程式 $x_1\boldsymbol{a}_1 + x_2\boldsymbol{a}_2 = \boldsymbol{a}_3$ の拡大係数行列と考えることもできる．このとき，A の簡約化の結果から解は $x_1 = 1, x_2 = -1$ である．これは $\boldsymbol{a}_3$ が $\boldsymbol{a}_3 = \boldsymbol{a}_1 - \boldsymbol{a}_2$ のように他の2つのベクトルの1次結合として書けることを意味している．

では，$\boldsymbol{a}_1, \boldsymbol{a}_2$ は1次独立だろうか．この場合，上と同様に $A' = \begin{bmatrix}\boldsymbol{a}_1 & \boldsymbol{a}_2\end{bmatrix}$，$\boldsymbol{c}' = \begin{bmatrix} c'_1 \\ c'_2 \end{bmatrix}$ とおき，$A'\boldsymbol{c}' = \boldsymbol{0}$ が自明な解のみをもつかどうか調べればよい．簡単な計算により $\mathrm{rank}\, A' = 2$ であり，A' は 3×2 行列であるから，定理 2.7 より $\boldsymbol{a}_1, \boldsymbol{a}_2$ は1次独立となることがわかる．

1次従属に関しては，以下の定理が成り立つ．

定理 4.6

線形空間 V の n 個のベクトル $\boldsymbol{u}_1, \cdots, \boldsymbol{u}_n$ が1次従属であることと，$\boldsymbol{u}_1, \cdots, \boldsymbol{u}_n$ のうちの少なくとも1つのベクトルが他の $(n-1)$ 個のベクトルの1次結合で書けることは同値である．

証明 ($\Rightarrow$) n 個のベクトル $\boldsymbol{u}_1, \cdots, \boldsymbol{u}_n$ が1次従属であるなら，$c_1\boldsymbol{u}_1 + \cdots + c_n\boldsymbol{u}_n = \boldsymbol{0}$ を満たす $c_1, \cdots, c_n$ で少なくとも1つは0でないものが存在する．一般性を失うことなく，それを c_1 とおくことができる．両辺を c_1 で割って整理すると，

$$\boldsymbol{u}_1 = -\frac{c_2}{c_1}\boldsymbol{u}_2 - \cdots - \frac{c_n}{c_1}\boldsymbol{u}_n.$$

これは $\boldsymbol{u}_1$ が他の $(n-1)$ 個のベクトルの1次結合で書けることを意味する．

($\Leftarrow$) 他の $(n-1)$ 個のベクトルの1次結合で書けるベクトルを，一般性を失うことなく $\boldsymbol{u}_1$ とおくことができる．すると，$\boldsymbol{u}_1 = c_2\boldsymbol{u}_2 + \cdots + c_n\boldsymbol{u}_n$ と書ける．これより

$$(-1)\boldsymbol{u}_1 + \cdots + c_2\boldsymbol{u}_2 + \cdots + c_n\boldsymbol{u}_n = \boldsymbol{0}$$

となる，これは1次関係を満たす自明でない $c_1, \cdots, c_n$ の存在を示している（$c_1 = -1$ である）．したがって，$\boldsymbol{u}_1, \cdots, \boldsymbol{u}_n$ は1次従属である． ∎

定理 4.7

n 個のベクトル $\boldsymbol{u}_1, \cdots, \boldsymbol{u}_n$ が1次独立で，それに $\boldsymbol{v}$ を加えた $(n+1)$ 個のベクトル $\boldsymbol{v}, \boldsymbol{u}_1, \cdots, \boldsymbol{u}_n$ が1次従属ならば，$\boldsymbol{v}$ は $\boldsymbol{u}_1, \cdots, \boldsymbol{u}_n$ の1次結合で書ける．

証明　$(n+1)$ 個のベクトル $\boldsymbol{v}, \boldsymbol{u}_1, \cdots, \boldsymbol{u}_n$ が1次従属ならば，

$$c\boldsymbol{v} + c_1\boldsymbol{u}_1 + \cdots + c_n\boldsymbol{u}_n = \boldsymbol{0}$$

を満たす $c, c_1, c_2, \cdots, c_n$ で，少なくとも1つは0でないものが存在する．もし，$c = 0$ ならば $c_1, c_2, \cdots, c_n$ のなかの少なくとも1つは0でなくなり，これは $\boldsymbol{u}_1, \boldsymbol{u}_2, \cdots, \boldsymbol{u}_n$ が1次独立であるという仮定と矛盾する．よって，$c \neq 0$ である．上式の両辺を c で割り，整理すると

$$\boldsymbol{v} = -\frac{c_1}{c}\boldsymbol{u}_1 - \cdots - \frac{c_n}{c}\boldsymbol{u}_n$$

となるから，$\boldsymbol{v}$ は $\boldsymbol{u}_1, \cdots, \boldsymbol{u}_n$ の1次結合で書ける．■

● 1次結合の記法

例題 4.7 の式 (4.2) でみたように，$\mathbb{R}^n$ の1次結合は行列を使って簡潔に表すことができた．これにならって，一般の線形空間の1次結合 (4.1) も，係数を並べた列ベクトルを用いて，

$$c_1\boldsymbol{u}_1 + \cdots + c_n\boldsymbol{u}_n = (\boldsymbol{u}_1, \cdots, \boldsymbol{u}_n)\boldsymbol{c}, \quad \boldsymbol{c} = \begin{bmatrix} c_1 \\ \vdots \\ c_n \end{bmatrix} \in \mathbb{R}^n \tag{4.4}$$

と書くことにする．右辺の (　) の中の $\boldsymbol{u}_1, \cdots, \boldsymbol{u}_n$ は列ベクトルとは限らない一般の線形空間のベクトルなので，$(\boldsymbol{u}_1, \cdots, \boldsymbol{u}_n)$ は行列とは限らない ([　] でなく (　) で囲む記法にしているのはこのためである)．しかし，この記法を用いると1次結合を行列と列ベクトルの積のように表現できるので便利である．

式 (4.4) は，一つのベクトルを行列と列ベクトルの積のように表現する記法である．これを拡張して，1次結合で表される m 個のベクトル $\boldsymbol{v}_i = (\boldsymbol{u}_1, \cdots, \boldsymbol{u}_n)\boldsymbol{c}_i$ $(i = 1, \cdots, m)$ を，

$$(\boldsymbol{v}_1, \cdots, \boldsymbol{v}_m) = (\boldsymbol{u}_1, \cdots, \boldsymbol{u}_n)\begin{bmatrix}\boldsymbol{c}_1 & \cdots & \boldsymbol{c}_m\end{bmatrix} = (\boldsymbol{u}_1, \cdots, \boldsymbol{u}_n)C$$

$(C = \begin{bmatrix}\boldsymbol{c}_1 & \cdots & \boldsymbol{c}_m\end{bmatrix})$ のように書く．

例 4.12

$\mathbb{R}[x]_n$ の2つのベクトル $g_1(x), g_2(x)$ が，2つのベクトル $f_1(x), f_2(x)$ の1次結合として，

$$g_1(x) = 3f_1(x) + f_2(x), \quad g_2(x) = 2f_1(x) - f_2(x)$$

と表されるならば，

$$g_1(x) = (f_1(x), f_2(x)) \begin{bmatrix} 3 \\ 1 \end{bmatrix}, \quad g_2(x) = (f_1(x), f_2(x)) \begin{bmatrix} 2 \\ -1 \end{bmatrix}$$

である．また，$g_1(x), g_2(x)$ の組は以下のように表される．

$$(g_1(x), g_2(x)) = (f_1(x), f_2(x)) \begin{bmatrix} 3 & 2 \\ 1 & -1 \end{bmatrix}$$

定理 4.8

線形空間のベクトル $\boldsymbol{u}_1, \cdots, \boldsymbol{u}_m$ が1次独立であるとき，以下の (1), (2) が成り立つ．

(1) $\boldsymbol{x} \in \mathbb{R}^m$ に対して，

$$(\boldsymbol{u}_1, \cdots, \boldsymbol{u}_m)\boldsymbol{x} = \boldsymbol{0} \iff \boldsymbol{x} = \boldsymbol{0}.$$

(2) $m \times n$ 行列 A, B に対して，

$$(\boldsymbol{u}_1, \boldsymbol{u}_2, \cdots, \boldsymbol{u}_m)A = (\boldsymbol{u}_1, \boldsymbol{u}_2, \cdots, \boldsymbol{u}_m)B \iff A = B.$$

証明　(1) $(\boldsymbol{u}_1, \cdots, \boldsymbol{u}_m)\boldsymbol{x} = \boldsymbol{0}$ は1次関係を表す．ここで $\boldsymbol{u}_1, \cdots, \boldsymbol{u}_m$ は1次独立なので $\boldsymbol{x} = \boldsymbol{0}$ と同値である．

(2) 左の式は，

$$(\boldsymbol{u}_1, \boldsymbol{u}_2, \cdots, \boldsymbol{u}_m)(A - B) = \begin{bmatrix} \boldsymbol{0} & \boldsymbol{0} & \cdots & \boldsymbol{0} \end{bmatrix}$$

と変形できる．$A - B$ を列ベクトルに分けて考えると，(1) の結果より，その列ベクトルはすべて $\boldsymbol{0}$ となる．これから $A - B = O$，つまり $A = B$ となる．

∎

なお，$\boldsymbol{u}_1, \cdots, \boldsymbol{u}_m$ が 1 次独立で，$\boldsymbol{v}$ がそれらの 1 次結合として

$$\boldsymbol{v} = c_1\boldsymbol{u}_1 + \cdots + c_m\boldsymbol{u}_m$$

と書けるならば $c_1, \ldots, c_m$ はただ一つに決まる．実際，$\boldsymbol{v}$ が $\boldsymbol{v} = d_1\boldsymbol{u}_1 + \cdots + d_m\boldsymbol{u}_m$ と，異なる係数の組を使って書けたとする．すると，以下が成り立つ．

$$\boldsymbol{v} = (\boldsymbol{u}_1, \cdots, \boldsymbol{u}_m)\begin{bmatrix} c_1 \\ \vdots \\ c_m \end{bmatrix} = (\boldsymbol{u}_1, \cdots, \boldsymbol{u}_m)\begin{bmatrix} d_1 \\ \vdots \\ d_m \end{bmatrix}$$

定理 4.8(2) から $c_1 = d_1, \cdots, c_m = d_m$ である．

定理 4.9

線形空間 V の m 個のベクトル $\boldsymbol{u}_1, \cdots, \boldsymbol{u}_m$ が 1 次独立であるとする．V の n 個のベクトル $\boldsymbol{v}_1, \cdots, \boldsymbol{v}_n$ が $m \times n$ 行列 A を用いて

$$(\boldsymbol{v}_1, \cdots, \boldsymbol{v}_n) = (\boldsymbol{u}_1, \cdots, \boldsymbol{u}_m)A \tag{4.5}$$

となっているとする．このとき $\boldsymbol{v}_1, \cdots, \boldsymbol{v}_n$ が 1 次独立であることと，A の列ベクトルが 1 次独立であることは同値である．

証明　A の列ベクトル表示を $A = \begin{bmatrix}\boldsymbol{a}_1 & \cdots & \boldsymbol{a}_n\end{bmatrix}$ とする．式 (4.5) の両辺に右から $\boldsymbol{x}$ を掛けた式を考える．

$$(\boldsymbol{v}_1, \cdots, \boldsymbol{v}_n)\boldsymbol{x} = (\boldsymbol{u}_1, \cdots, \boldsymbol{u}_m)A\boldsymbol{x} \tag{4.6}$$

($\Rightarrow$) $A\boldsymbol{x} = \boldsymbol{0}$ とおくと，式 (4.6) より $(\boldsymbol{v}_1, \cdots, \boldsymbol{v}_n)\boldsymbol{x} = \boldsymbol{0}$．仮定より $\boldsymbol{v}_1, \cdots, \boldsymbol{v}_n$ は 1 次独立であるから定理 4.8(1) より $\boldsymbol{x} = \boldsymbol{0}$．つまり，$A\boldsymbol{x} = \boldsymbol{0} \Leftrightarrow \boldsymbol{x} = \boldsymbol{0}$ である．$A\boldsymbol{x} = \boldsymbol{0}$ は，A の列ベクトルの 1 次関係を表すので，この結果は A の列ベクトルが 1 次独立であることを表す．

($\Leftarrow$) $(\boldsymbol{v}_1, \cdots, \boldsymbol{v}_n)\boldsymbol{x} = \boldsymbol{0}$ とおく．式 (4.6) より $(\boldsymbol{u}_1, \cdots, \boldsymbol{u}_m)A\boldsymbol{x} = \boldsymbol{0}$．$\boldsymbol{u}_1, \cdots, \boldsymbol{u}_m$ は 1 次独立であるから定理 4.8(1) より $A\boldsymbol{x} = \boldsymbol{0}$．ここで仮定より A の列ベクトルは 1 次独立であるから $A\boldsymbol{x} = \boldsymbol{0} \Leftrightarrow \boldsymbol{x} = \boldsymbol{0}$．つまり，$(\boldsymbol{v}_1, \cdots, \boldsymbol{v}_n)\boldsymbol{x} = \boldsymbol{0} \Leftrightarrow \boldsymbol{x} = \boldsymbol{0}$ が成り立つので $\boldsymbol{v}_1, \cdots, \boldsymbol{v}_n$ は 1 次独立である．

■

Note:　定理 4.9 で $m = n$ のときを考えると，A は n 次正方行列となる．このとき定理 4.5 の後半より，$\boldsymbol{v}_1, \ldots, \boldsymbol{v}_n$ が 1 次独立であることと，A が正則行列であることは同値である．

● 1 次独立なベクトルの最大個数

定義 4.12 (1 次独立なベクトルの最大個数)

線形空間 V に r 個の 1 次独立なベクトルがあり，V のどの $(r+1)$ 個のベクトルも 1 次従属になるとき，r を V に属する **1 次独立なベクトルの最大個数** という．ベクトルの組 $\boldsymbol{v}_1, \cdots, \boldsymbol{v}_n$ の 1 次独立なベクトルの最大個数も同様に定義する．

定理 4.10

線形空間 V の 2 つのベクトルの組 $\{\boldsymbol{u}_1, \boldsymbol{u}_2, \cdots, \boldsymbol{u}_m\}$, $\{\boldsymbol{v}_1, \boldsymbol{v}_2, \cdots, \boldsymbol{v}_n\}$ に対し，以下の 2 条件 (1), (2) が成り立つならば，$\boldsymbol{v}_1, \boldsymbol{v}_2, \ldots, \boldsymbol{v}_n$ は 1 次従属である．

(1) $\boldsymbol{v}_1, \boldsymbol{v}_2, \cdots, \boldsymbol{v}_n$ の各ベクトルが $\boldsymbol{u}_1, \boldsymbol{u}_2, \cdots, \boldsymbol{u}_m$ の 1 次結合で書ける．
(2) $n > m$ である．

証明　条件 (1) は，$m \times n$ 行列 A を用いて

$$(\boldsymbol{v}_1, \boldsymbol{v}_2, \cdots, \boldsymbol{v}_n) = (\boldsymbol{u}_1, \boldsymbol{u}_2, \cdots, \boldsymbol{u}_m)A \tag{4.7}$$

と書ける．この A を係数行列とする同次連立 1 次方程式 $A\boldsymbol{x} = \boldsymbol{0}$ は，条件 (2) から $\operatorname{rank} A \leq m < n$ であるので，非自明な解をもつ．それを $\boldsymbol{x} = \boldsymbol{c} = \begin{bmatrix} c_1 \\ \vdots \\ c_n \end{bmatrix}$ $(\neq \boldsymbol{0})$ とおく．式 (4.7) に右から $\boldsymbol{c}$ を掛けると，

$$(\boldsymbol{v}_1, \boldsymbol{v}_2, \cdots, \boldsymbol{v}_n)\boldsymbol{c} = (\boldsymbol{u}_1, \boldsymbol{u}_2, \cdots, \boldsymbol{u}_m)A\boldsymbol{c} = \boldsymbol{0}$$

を得る．この式は $c_1\boldsymbol{v}_1 + c_1\boldsymbol{v}_2 + \cdots + c_n\boldsymbol{v}_n = \boldsymbol{0}$ を満たす自明でない $c_1, c_2, \cdots, c_n$ が存在することを示している．したがって，$\boldsymbol{v}_1, \boldsymbol{v}_2, \cdots, \boldsymbol{v}_n$ は 1 次従属である．■

定理 4.11

線形空間 V のベクトルの組 $\boldsymbol{v}_1, \cdots, \boldsymbol{v}_n$ と $\boldsymbol{u}_1, \cdots, \boldsymbol{u}_m$ に対し，$\boldsymbol{v}_1, \cdots, \boldsymbol{v}_n$ の各ベクトルが $\boldsymbol{u}_1, \cdots, \boldsymbol{u}_m$ の 1 次結合で書けるならば，$\boldsymbol{v}_1, \cdots, \boldsymbol{v}_n$ の 1 次独立なベクトルの最大個数 s は，$\boldsymbol{u}_1, \cdots, \boldsymbol{u}_m$ の 1 次独立なベクトルの最大個数 r 以下である．つまり，$s \leq r$ である．

証明　$\boldsymbol{u}_1, \cdots, \boldsymbol{u}_m$ の 1 次独立なベクトルの最大個数を r とし，順序を入れ替えてそれらの 1 次独立なベクトルを $\boldsymbol{u}_1, \cdots, \boldsymbol{u}_r$ とする．このとき，これらの 1 次独立なベクトル以外のベクトル $\boldsymbol{u}_{r+1}, \cdots, \boldsymbol{u}_m$ は，定理 4.7 により $\boldsymbol{u}_1, \cdots, \boldsymbol{u}_r$ の 1 次結合で書ける．仮定から $\boldsymbol{v}_1, \cdots, \boldsymbol{v}_n$ の各ベクトルは $\boldsymbol{u}_1, \cdots, \boldsymbol{u}_m$ の 1 次結合で書けるので，1 次独立なベクトル $\boldsymbol{u}_1, \cdots, \boldsymbol{u}_r$ の 1 次結合で書けることになる．定理 4.10 により，$\boldsymbol{v}_1, \cdots, \boldsymbol{v}_n$ の $(r+1)$ 個以上のベクトルは 1 次従属であるので，$\boldsymbol{v}_1, \cdots, \boldsymbol{v}_n$ の 1 次独立なベクトルの最大個数 s は r を超えることはない．∎

定理 4.12

行列 A の階数 $(\operatorname{rank} A)$ は，A の列ベクトルの 1 次独立なものの最大個数に一致する．

証明　A の簡約行列を B とし，それぞれを $A = \begin{bmatrix}\boldsymbol{a}_1 & \cdots & \boldsymbol{a}_n\end{bmatrix}$, $B = \begin{bmatrix}\boldsymbol{b}_1 & \cdots & \boldsymbol{b}_n\end{bmatrix}$ と列ベクトル表示する．同次連立 1 次方程式 $A\boldsymbol{x} = \boldsymbol{0}$ と $B\boldsymbol{x} = \boldsymbol{0}$ の解 $\boldsymbol{x}$ は同じであるから，これらの式を列ベクトルに分解することで以下の関係を得る．

$$x_1\boldsymbol{a}_1 + \cdots + x_n\boldsymbol{a}_n = \boldsymbol{0} \Longleftrightarrow x_1\boldsymbol{b}_1 + \cdots + x_n\boldsymbol{b}_n = \boldsymbol{0} \tag{4.8}$$

ここで簡約行列 B の各行の主成分を含む列は，主成分が 1 で他の成分はすべて 0 である．したがって，それ以外の列は主成分を含む列の 1 次結合で表せる．つまり，B の各行の主成分を含む列の個数 r は，B を列ベクトルに分解したときの 1 次独立なものの最大個数である．これは，式 (4.8) より $\boldsymbol{a}_1, \cdots, \boldsymbol{a}_n$ のうち 1 次独立なものの最大個数に等しい．

いま $\operatorname{rank} A$ は r に等しいので，$\operatorname{rank} A$ は A の列ベクトルの 1 次独立なものの最大個数に一致する．∎

例題 4.9

次の列ベクトルの 1 次独立なものの最大個数 r，および r 個の 1 次独立なベクトルを一組求め，他のベクトルをこれらのベクトルの 1 次結合で表せ．

$$\boldsymbol{a}_1 = \begin{bmatrix} 1 \\ -1 \\ 2 \end{bmatrix}, \quad \boldsymbol{a}_2 = \begin{bmatrix} 3 \\ -2 \\ 5 \end{bmatrix}, \quad \boldsymbol{a}_3 = \begin{bmatrix} 1 \\ 0 \\ 1 \end{bmatrix}$$

解答　$A = [\boldsymbol{a}_1\ \boldsymbol{a}_2\ \boldsymbol{a}_3]$ とおくと，定理 4.12 により，これらの列ベクトルの 1 次独立なものの最大個数 r は，$r = \operatorname{rank} A$ である．A を簡約化した行列を $B = [\boldsymbol{b}_1\ \boldsymbol{b}_2\ \boldsymbol{b}_3]$ とする．A に基本変形を繰り返して簡約化すると

$$A = \begin{bmatrix} 1 & 3 & 1 \\ -1 & -2 & 0 \\ 2 & 5 & 1 \end{bmatrix} \longrightarrow B = \begin{bmatrix} 1 & 0 & -2 \\ 0 & 1 & 1 \\ 0 & 0 & 0 \end{bmatrix}$$

となる．これより $r = \operatorname{rank} A = 2$ である．B の第 1 列，第 2 列は 1 次独立で，第 3 列 $= (-2) \times$ 第 1 列 $+$ 第 2 列 であるから，$\boldsymbol{a}_1, \boldsymbol{a}_2$ は 1 次独立で，$\boldsymbol{a}_3 = -2\boldsymbol{a}_1 + \boldsymbol{a}_2$ となる．∎

Note: 例題 4.9 では，1 次独立なベクトルとして，主成分を含む列に対応した列ベクトルを選んだが，他の選び方も可能である．例えば，1 次独立なベクトルとして $\boldsymbol{a}_1$ と $\boldsymbol{a}_3$ をとり，$\boldsymbol{a}_2 = 2\boldsymbol{a}_1 + \boldsymbol{a}_3$ のように書くこともできる．

1 次結合の記法は，一般の線形空間 V のベクトルの集合と行列を関係づけるものである．一方が 1 次独立なベクトルの場合には，以下の定理が成り立つ．

定理 4.13

線形空間 V の 1 次独立なベクトルを $\boldsymbol{u}_1, \cdots, \boldsymbol{u}_m$ とする．V のベクトル $\boldsymbol{v}_1, \cdots, \boldsymbol{v}_n$ が $m \times n$ 行列 $A\ (= [\boldsymbol{a}_1\ \cdots\ \boldsymbol{a}_n])$ を用いて

$$(\boldsymbol{v}_1, \cdots, \boldsymbol{v}_n) = (\boldsymbol{u}_1, \cdots, \boldsymbol{u}_m)A \tag{4.9}$$

と書けるとする．このとき $\boldsymbol{v}_1, \cdots, \boldsymbol{v}_n$ と A の列ベクトル $\boldsymbol{a}_1, \cdots, \boldsymbol{a}_n$ には同じ 1 次関係が成り立つ．

証明　$\boldsymbol{v}_1, \cdots, \boldsymbol{v}_n$ が 1 次関係

$$c_1\boldsymbol{v}_1 + \cdots + c_n\boldsymbol{v}_n = (\boldsymbol{v}_1, \cdots, \boldsymbol{v}_n)\boldsymbol{c} = \boldsymbol{0}$$

を満たすとする．$\boldsymbol{c}$ を $c_1, \cdots, c_n$ を並べた列ベクトルとすると，式 (4.9) に右から $\boldsymbol{c}$ を掛けることで，$(\boldsymbol{u}_1, \cdots, \boldsymbol{u}_m)A\boldsymbol{c} = \boldsymbol{0}$ を得る．仮定から $\boldsymbol{u}_1, \cdots, \boldsymbol{u}_m$ は 1 次独立なので，定理 4.8(1) から $A\boldsymbol{c} = \boldsymbol{0}$ となる．よって，

$$c_1\boldsymbol{a}_1 + \cdots + c_n\boldsymbol{a}_n = \boldsymbol{0}$$

である．逆は明らかである．∎

この定理は，次の例題でみるように，抽象的なベクトルの集合が1次独立かどうかを判定する際に用いられる．

例題 4.10

次の$\mathbb{R}[x]_2$の1次独立なベクトルの最大個数rとr個の1次独立なベクトルを一組求め，他のベクトルをこれらの1次結合で表せ．

$$f_1(x) = 1 - x + 2x^2,\quad f_2(x) = 3 - 2x + 5x^2,\quad f_3(x) = 1 + x^2$$

解答 $1, x, x^2$は1次独立である (例 4.10)．f_1, f_2, f_3は，$1, x, x^2$の1次結合で

$$(f_1, f_2, f_3) = (1, x, x^2)\begin{bmatrix} 1 & 3 & 1 \\ -1 & -2 & 0 \\ 2 & 5 & 1 \end{bmatrix}$$

と書ける．右辺の行列を$A = \begin{bmatrix} \boldsymbol{a}_1 & \boldsymbol{a}_2 & \boldsymbol{a}_3 \end{bmatrix}$とする．この行列は，例題 4.9 の行列$A$と同じなので，例題 4.9 の結果から$\boldsymbol{a}_1, \boldsymbol{a}_2$が1次独立で，$\boldsymbol{a}_3 = -2\boldsymbol{a}_1 + \boldsymbol{a}_2$と書ける．

定理 4.13 からf_1, f_2, f_3の1次関係は，Aの列ベクトルの1次関係と同じである．したがってf_1, f_2が1次独立であり，これらのベクトルを用いて，$f_3 = -2f_1 + f_2$と書ける．また，f_1, f_2, f_3の1次独立な最大個数は$r = 2$である． ∎

Note: この例題で示したように，定理 4.13 は，一般のベクトルの1次結合の性質を数ベクトルの1次結合の性質に帰着させる方法を与えている．

4.4 基底と次元

● 基　底

定義 4.13 (基底)

線形空間Vのベクトルの組$\{\boldsymbol{u}_1, \cdots, \boldsymbol{u}_n\}$が次の2条件を満たすとき，$\{\boldsymbol{u}_1, \cdots, \boldsymbol{u}_n\}$は$V$の**基底**であるという．

(1) $\boldsymbol{u}_1, \cdots, \boldsymbol{u}_n$は1次独立である．

(2) $\boldsymbol{u}_1, \cdots, \boldsymbol{u}_n$は$V$を生成する．

例 4.13

$\mathbb{R}^n$ の n 個の基本ベクトルの組 $\{\boldsymbol{e}_1, \cdots, \boldsymbol{e}_n\}$ は，$\mathbb{R}^n$ の基底である．これを $\mathbb{R}^n$ の **標準基底** という．

例題 4.11

次の $\mathbb{R}^3$ の 3 つのベクトルの組 $\{\boldsymbol{a}_1, \boldsymbol{a}_2, \boldsymbol{a}_3\}$ は，$\mathbb{R}^3$ の基底になることを示せ．

$$\boldsymbol{a}_1 = \begin{bmatrix} 1 \\ 0 \\ -2 \end{bmatrix}, \ \boldsymbol{a}_2 = \begin{bmatrix} -2 \\ 3 \\ 1 \end{bmatrix}, \ \boldsymbol{a}_3 = \begin{bmatrix} 0 \\ -1 \\ 2 \end{bmatrix}$$

解答　定義 4.13(1) を確認する．3 つのベクトルを並べた行列を $A = \begin{bmatrix} \boldsymbol{a}_1 & \boldsymbol{a}_2 & \boldsymbol{a}_3 \end{bmatrix}$ とする．$|A| = 3 \neq 0$ であるから，A は正則行列である (定理 3.9)．したがって，定理 4.5 から $\boldsymbol{a}_1, \boldsymbol{a}_2, \boldsymbol{a}_3$ は 1 次独立である．

次に，定義 4.13(2) を確認する．$\mathbb{R}^3$ の任意のベクトル $\boldsymbol{x}$ を考え，$\boldsymbol{a}_1, \boldsymbol{a}_2, \boldsymbol{a}_3$ と c_1, c_2, c_3 の 1 次結合で表す．

$$\boldsymbol{x} = \begin{bmatrix} x_1 \\ x_2 \\ x_3 \end{bmatrix} = c_1\boldsymbol{a}_1 + c_2\boldsymbol{a}_2 + c_3\boldsymbol{a}_3 = A\begin{bmatrix} c_1 \\ c_2 \\ c_3 \end{bmatrix} = A\boldsymbol{c}$$

A は正則なので逆行列が存在する．$\boldsymbol{c} = A^{-1}\boldsymbol{x}$ とおくと $\boldsymbol{x}$ は $\boldsymbol{a}_1, \boldsymbol{a}_2, \boldsymbol{a}_3$ の 1 次結合で表せる．したがって $\boldsymbol{a}_1, \boldsymbol{a}_2, \boldsymbol{a}_3$ は $\mathbb{R}^3$ を生成する．

以上より，$\{\boldsymbol{a}_1, \boldsymbol{a}_2, \boldsymbol{a}_3\}$ は $\mathbb{R}^3$ の基底である．∎

この例題は，線形空間の基底が複数存在しうることを示している．ただし次の定理で示すように，基底を構成するベクトルの個数は一定である．

定理 4.14

線形空間 V に有限個のベクトルから構成される基底が存在する場合，そのベクトルの個数は一定である．

証明　$\boldsymbol{u}_1, \cdots, \boldsymbol{u}_m$ と $\boldsymbol{v}_1, \cdots, \boldsymbol{v}_n$ がともに V の基底であるとする．$\boldsymbol{v}_1, \cdots, \boldsymbol{v}_n$ は，V の元であるから $\boldsymbol{u}_1, \cdots, \boldsymbol{u}_m$ の 1 次結合で書ける．もし $n > m$ ならば定理 4.10 より $\boldsymbol{v}_1, \cdots, \boldsymbol{v}_n$ は 1 次従属となり，基底であることと矛盾する．つ

まり，$n \leq m$ でなければならない．$\boldsymbol{u}_1, \cdots, \boldsymbol{u}_m$ と $\boldsymbol{v}_1, \cdots, \boldsymbol{v}_n$ を入れ替えて同様の議論を行うと $m \leq n$ となる．以上より $n = m$ となり，基底に含まれるベクトルの個数は，基底によらず一定である． ∎

● 次　元

定義 4.14 (線形空間の次元)

線形空間 V に有限個のベクトルから構成される基底が存在するとき，V は **有限次元線形空間** であるという．このとき，基底を構成するベクトルの個数を V の **次元** といい，$\dim V$ で表す．$V = \{\boldsymbol{0}\}$ のときは，$\dim V = 0$ と定める．次元を明示したい場合には **n 次元線形空間** ということもある．

Note: 有限次元でない線形空間を **無限次元線形空間** という．

例 4.14

$\mathbb{R}^n$ の基本ベクトル $\boldsymbol{e}_1, \cdots, \boldsymbol{e}_n$ は $\mathbb{R}^n$ の基底だから，$\dim \mathbb{R}^n = n$.

例 4.15

$\mathbb{R}[x]_n$ (例 4.4) のベクトル $1, x, \cdots, x^n$ は 1 次独立であり，$\mathbb{R}[x]_n$ を生成するので，$\{1, x, \cdots, x^n\}$ は基底である．したがって $\dim \mathbb{R}[x]_n = n + 1$ である．

定理 4.15

有限次元線形空間 V の次元 $\dim V$ は，V の 1 次独立なベクトルの最大個数に一致する．

証明　$\dim V = n$ とすると，V の基底は n 個のベクトルから構成される．V の任意の $(n+1)$ 個以上のベクトルは，基底を構成する n 個のベクトルの 1 次結合で書けるから，定理 4.10 より，1 次従属である．したがって，V の 1 次独立なベクトルの最大個数は n である． ∎

● 部分空間の基底と次元

有限次元線形空間 V の部分空間 W は線形空間である．W の 1 次独立なベクトルの最大個数を r とすると，$r \leq \dim V$ であり，$r = \dim W$ である．したがって，$\dim W \leq \dim V$ である．

定理 4.16

W が V の部分空間のとき，以下が成り立つ．

$$\dim W = \dim V \quad ならば \quad W = V.$$

証明　背理法を用いる．$\{\boldsymbol{u}_1, \cdots, \boldsymbol{u}_n\}$ を W の一組の基底とする．$V \neq W$ と仮定すると，$\boldsymbol{v} \in V$, $\boldsymbol{v} \notin W$ となるベクトル $\boldsymbol{v}$ が存在する．W が V の部分空間であることから，$\boldsymbol{v}$ は $\boldsymbol{u}_1, \cdots, \boldsymbol{u}_n$ の 1 次結合で書けない．つまり $\boldsymbol{v}, \boldsymbol{u}_1, \cdots, \boldsymbol{u}_n$ は 1 次独立である．$\dim V$ は，V の 1 次独立なベクトルの最大個数であるから，$\dim V \geq n+1$ となり，仮定 $\dim V = \dim W = n$ に反する．したがって $W = V$ である．■

定理 4.15 から，線形空間 V のベクトル $\boldsymbol{u}_1, \cdots, \boldsymbol{u}_n$ で生成される V の部分空間 $\langle \boldsymbol{u}_1, \cdots, \boldsymbol{u}_n \rangle$ の次元 $\dim\langle \boldsymbol{u}_1, \cdots, \boldsymbol{u}_n \rangle$ は，$\boldsymbol{u}_1, \cdots, \boldsymbol{u}_n$ の 1 次独立なベクトルの最大個数に等しい．実際，1 次独立なベクトルの最大個数を r とし，$\boldsymbol{u}_1, \cdots, \boldsymbol{u}_r$ を 1 次独立なベクトルとすると，$\boldsymbol{u}_{r+1}, \cdots, \boldsymbol{u}_n$ は $\boldsymbol{u}_1, \cdots, \boldsymbol{u}_r$ の線形結合で表せるから，$\{\boldsymbol{u}_1, \cdots, \boldsymbol{u}_r\}$ は $\langle \boldsymbol{u}_1, \cdots, \boldsymbol{u}_n \rangle$ の基底である．特に，数ベクトルの場合は，以下のとおりである．列ベクトル $\boldsymbol{a}_1, \cdots, \boldsymbol{a}_n$ を並べた行列を $A = \begin{bmatrix} \boldsymbol{a}_1 & \cdots & \boldsymbol{a}_n \end{bmatrix}$ とする．定理 4.12 から以下のように計算できる．

$$\dim\langle \boldsymbol{a}_1, \cdots, \boldsymbol{a}_n \rangle = \operatorname{rank} A$$

例題 4.12

$\mathbb{R}^3$ のベクトル $\boldsymbol{a}_1 = \begin{bmatrix} 1 \\ 2 \\ 1 \end{bmatrix}$, $\boldsymbol{a}_2 = \begin{bmatrix} 2 \\ 1 \\ 1 \end{bmatrix}$, $\boldsymbol{a}_3 = \begin{bmatrix} -1 \\ 1 \\ 0 \end{bmatrix}$ に対し，$W = \langle \boldsymbol{a}_1, \boldsymbol{a}_2, \boldsymbol{a}_3 \rangle$ の次元を求めよ．

解答　$A = \begin{bmatrix} \boldsymbol{a}_1 & \boldsymbol{a}_2 & \boldsymbol{a}_3 \end{bmatrix}$ とすると，例 4.11 から $\operatorname{rank} A = 2$．したがって $\dim W = 2$．■

例題 4.13

$$W=\left\{\boldsymbol{x}\in\mathbb{R}^4\ \middle|\ \begin{array}{l} x_1+x_2-x_3=0 \\ x_1-x_4=0 \end{array}\right\}$$ の次元と一組の基底を求めよ．

解答 W を定める式を連立 1 次方程式とみて，係数行列 A を簡約化すると

$$A=\begin{bmatrix}1&1&-1&0\\1&0&0&-1\end{bmatrix}\longrightarrow\begin{bmatrix}1&0&0&-1\\0&1&-1&1\end{bmatrix}$$

となる．$x_3=c_1,\ x_4=c_2$ とおくと，解 $\boldsymbol{x}$ は，

$$\boldsymbol{x}=\begin{bmatrix}x_1\\x_2\\x_3\\x_4\end{bmatrix}=c_1\begin{bmatrix}0\\1\\1\\0\end{bmatrix}+c_2\begin{bmatrix}1\\-1\\0\\1\end{bmatrix}=c_1\boldsymbol{a}_1+c_2\boldsymbol{a}_2,\quad \boldsymbol{a}_1=\begin{bmatrix}0\\1\\1\\0\end{bmatrix},\ \boldsymbol{a}_2=\begin{bmatrix}1\\-1\\0\\1\end{bmatrix}$$

$(c_1,c_2\in\mathbb{R})$ と表せる．つまり，この連立 1 次方程式の解の集合 W は，2 つのベクトル $\boldsymbol{a}_1,\boldsymbol{a}_2$ が生成する空間に等しい．$\boldsymbol{a}_1$ と $\boldsymbol{a}_2$ は 1 次独立であるから，W の基底は $\boldsymbol{a}_1,\boldsymbol{a}_2$ であり，$\dim W=2$ である． ■

$m\times n$ 行列 A を係数行列とする連立 1 次方程式 $A\boldsymbol{x}=\boldsymbol{0}$ の解空間を W とする．W の一組の基底を，その連立 1 次方程式の **基本解** という．したがって，W の次元は基本解を構成するベクトルの個数に等しい．一方，連立 1 次方程式の視点からみると W の次元は解の自由度 (定義 2.10)，つまり $n-\operatorname{rank}A$ に等しい．

以上をまとめたのが以下の定理である．

定理 4.17 (同次連立 1 次方程式の解空間の次元)

A は $m\times n$ 行列とする．同次連立 1 次方程式 $A\boldsymbol{x}=\boldsymbol{0}$ の解空間

$$W=\{\boldsymbol{x}\in\mathbb{R}^n\mid A\boldsymbol{x}=\boldsymbol{0}\}$$

の次元は，解の自由度に等しい．すなわち

$$\dim W=n-\operatorname{rank}A.$$

線形空間 V の次元と同じ数のベクトルの集合が基底になる条件は，以下のように簡略化される．

定理 4.18

n 次元線形空間 V の n 個のベクトル $\boldsymbol{v}_1, \ldots, \boldsymbol{v}_n$ について，次の 3 条件は同値である．

(1) $\boldsymbol{v}_1, \cdots, \boldsymbol{v}_n$ は 1 次独立である．

(2) $\boldsymbol{v}_1, \cdots, \boldsymbol{v}_n$ は V を生成する．

(3) $\boldsymbol{v}_1, \cdots, \boldsymbol{v}_n$ は V の基底である．

証明 (1) $\Rightarrow$ (2) $\boldsymbol{v}_1, \cdots, \boldsymbol{v}_n$ が 1 次独立とし，$W = \langle \boldsymbol{v}_1, \cdots, \boldsymbol{v}_n \rangle$ とする．基底の定義から $\boldsymbol{v}_1, \cdots, \boldsymbol{v}_n$ は W の基底である．したがって，$\dim W = n$, つまり $\dim V = \dim W$. 定理 4.16 より $W = V = \langle \boldsymbol{v}_1, \cdots, \boldsymbol{v}_n \rangle$.

(2) $\Rightarrow$ (3) 定理 4.15 から $\dim\langle \boldsymbol{v}_1, \cdots, \boldsymbol{v}_n \rangle$ は，$\boldsymbol{v}_1, \cdots, \boldsymbol{v}_n$ の 1 次独立なベクトルの最大個数に等しい．いま，$\dim V = n$ であるから，$\boldsymbol{v}_1, \cdots, \boldsymbol{v}_n$ は 1 次独立である．これと (2) より $\boldsymbol{v}_1, \cdots, \boldsymbol{v}_n$ は V の基底である．

(3) $\Rightarrow$ (1) 基底の定義より明らかである． ∎

定理 4.19 (基底の延長)

n 次元線形空間 V の基底を $\{\boldsymbol{v}_1, \cdots, \boldsymbol{v}_n\}$ とする．ベクトル $\boldsymbol{w}_1, \cdots, \boldsymbol{w}_l$ $(l \leq n)$ が 1 次独立ならば，適当な $(n-l)$ 個のベクトル $\boldsymbol{v}_{i_1}, \cdots, \boldsymbol{v}_{i_{n-l}}$ $(1 \leq i_1, \cdots, i_{n-l} \leq n)$ をとることによって，$\boldsymbol{w}_1, \cdots, \boldsymbol{w}_l, \boldsymbol{v}_{i_1}, \cdots, \boldsymbol{v}_{i_{n-l}}$ が V の基底になるようにできる．

証明 $n = l$ ならば，定理 4.18 により $\boldsymbol{w}_1, \cdots, \boldsymbol{w}_l$ は V の基底となるので $l < n$ の場合を考える．$W = \langle \boldsymbol{w}_1, \cdots, \boldsymbol{w}_l \rangle$ とすると，$\dim W = l < n = \dim V$ であるので $\boldsymbol{v}_1, \cdots, \boldsymbol{v}_n$ のうち W に含まれないものがある．それを $\boldsymbol{v}_{i_1}$ としよう．すると，$\boldsymbol{w}_1, \cdots, \boldsymbol{w}_l, \boldsymbol{v}_{i_1}$ は 1 次独立である．なぜなら，これらが 1 次従属とすると，定理 4.7 より $\boldsymbol{v}_{i_1}$ は残りのベクトルの 1 次結合であるから，$\boldsymbol{v}_{i_1} \in W$ となり矛盾である．このようにして 1 次独立なベクトルが $(l+1)$ 個選べたので，以後同様の議論を繰り返して n 個の 1 次独立なベクトルを選ぶことができる．これらは，定理 4.18 により V の基底である． ∎

4.5 基底変換の行列

$\{\boldsymbol{u}_1,\cdots,\boldsymbol{u}_n\}$ を線形空間 V の基底とする．V の n 個のベクトル $\boldsymbol{v}_1,\cdots,\boldsymbol{v}_n$ は，1 次結合の記法を用いると以下のように表せる．

$$(\boldsymbol{v}_1,\cdots,\boldsymbol{v}_n)=(\boldsymbol{u}_1,\cdots,\boldsymbol{u}_n)\begin{bmatrix}p_{11}&\cdots&p_{1n}\\\vdots&\ddots&\vdots\\p_{n1}&\cdots&p_{nn}\end{bmatrix}$$

このとき，$\{\boldsymbol{v}_1,\cdots,\boldsymbol{v}_n\}$ が V の基底になる条件について考えよう．

定義 4.15 (基底変換の行列)

n 次元線形空間 V の二組の基底 $\{\boldsymbol{u}_1,\cdots,\boldsymbol{u}_n\}$ と $\{\boldsymbol{v}_1,\cdots,\boldsymbol{v}_n\}$ に対して，

$$(\boldsymbol{v}_1,\cdots,\boldsymbol{v}_n)=(\boldsymbol{u}_1,\cdots,\boldsymbol{u}_n)P \tag{4.10}$$

で決まる正則行列 $P=\begin{bmatrix}p_{ij}\end{bmatrix}$ を基底 $\{\boldsymbol{u}_1,\cdots,\boldsymbol{u}_n\}$ から基底 $\{\boldsymbol{v}_1,\cdots,\boldsymbol{v}_n\}$ への **基底変換の行列** という．

定理 4.13 から $\boldsymbol{v}_1,\cdots,\boldsymbol{v}_n$ と P の列ベクトルは同じ 1 次関係をもつ．$\boldsymbol{v}_1,\cdots,\boldsymbol{v}_n$ は 1 次独立だから P は正則行列となる (定理 4.5 の後半)．

一方，$\boldsymbol{v}_1,\cdots,\boldsymbol{v}_n$ が基底かどうかわからないが正則行列 P に対して式 (4.10) が成立しているとする．このとき，定理 4.13 から $\{\boldsymbol{v}_1,\cdots,\boldsymbol{v}_n\}$ が 1 次独立となり，$\dim V=n$ だから $\{\boldsymbol{v}_1,\cdots,\boldsymbol{v}_n\}$ は V の基底となる (定理 4.18)．

つまり，V の基底 $\{\boldsymbol{u}_1,\cdots,\boldsymbol{u}_n\}$ に対して，P が正則であることと，$\boldsymbol{v}_1,\cdots,\boldsymbol{v}_n$ が V の基底になることは同値である．

例題 4.14

$\mathbb{R}^2$ の二組の基底

$$\left\{\boldsymbol{u}_1=\begin{bmatrix}3\\4\end{bmatrix},\ \boldsymbol{u}_2=\begin{bmatrix}2\\3\end{bmatrix}\right\},\quad\left\{\boldsymbol{v}_1=\begin{bmatrix}-1\\3\end{bmatrix},\ \boldsymbol{v}_2=\begin{bmatrix}1\\-1\end{bmatrix}\right\}$$

に対する基底変換の行列を求めよ．

解答 $\{\boldsymbol{u}_1,\boldsymbol{u}_2\}$ から $\{\boldsymbol{v}_1,\boldsymbol{v}_2\}$ への基底変換の行列を $P=\begin{bmatrix}p_{11}&p_{12}\\p_{21}&p_{22}\end{bmatrix}$ とすると

$$\begin{bmatrix}\boldsymbol{v}_1 & \boldsymbol{v}_2\end{bmatrix}=\begin{bmatrix}\boldsymbol{u}_1 & \boldsymbol{u}_2\end{bmatrix}P$$

となる．この両辺に左から $U = \begin{bmatrix} \boldsymbol{u}_1 & \boldsymbol{u}_2 \end{bmatrix}$ の逆行列 U^{-1} を掛けると，基底変換の行列 P は，

$$P = U^{-1}\begin{bmatrix} \boldsymbol{v}_1 & \boldsymbol{v}_2 \end{bmatrix} = \begin{bmatrix} 3 & -2 \\ -4 & 3 \end{bmatrix}\begin{bmatrix} -1 & 1 \\ 3 & -1 \end{bmatrix} = \begin{bmatrix} -9 & 5 \\ 13 & -7 \end{bmatrix}$$

となる． ■

章末問題

□ **1.** 平面 $\mathbb{R}^2$ の原点を通る直線上の点の位置ベクトル全体の集合

$$W = \left\{ \begin{bmatrix} x \\ y \end{bmatrix} \in \mathbb{R}^2 \,\middle|\, ax + by = 0,\ a, b \in \mathbb{R},\ a^2 + b^2 \neq 0 \right\}$$

は $\mathbb{R}^2$ の部分空間となることを示せ．

□ **2.** 次の W が 3 次以下の x の多項式関数全体がつくる線形空間 $\mathbb{R}[x]_3$ の部分空間となるかどうか調べよ．

$$W = \left\{ f(x) \in \mathbb{R}[x]_3 \mid f''(x) - 2f'(x) = 0 \right\}$$

□ **3.** n 次実正方行列全体からなる線形空間 $M_{n,n}(\mathbb{R})$ において，次の部分集合 W は $M_{n,n}(\mathbb{R})$ の部分空間になるか．

(1) $W = \{A \mid A$ は正則行列$\}$

(2) $W = \{A \mid A$ は対称行列$\}$

□ **4.** (1) $M_{2,2}[\mathbb{R}]$ の 3 つのベクトル $\begin{bmatrix} 1 & 1 \\ 0 & 1 \end{bmatrix}, \begin{bmatrix} 0 & 1 \\ 1 & 0 \end{bmatrix}, \begin{bmatrix} 1 & 1 \\ 1 & 1 \end{bmatrix}$ は 1 次独立であることを示せ．

(2) 例 4.6 の $C(I)$ において，ベクトル $1, e^x, e^{2x}$ は 1 次独立であることを示せ．

(3) $C(I)$ のベクトル $x, \sin x, \cos x$ は 1 次独立であることを示せ．

□ **5.** $\mathbb{R}^3$ のベクトル $\boldsymbol{a}_1 = \begin{bmatrix} a \\ 2 \\ -2 \end{bmatrix}, \boldsymbol{a}_2 = \begin{bmatrix} 1 \\ a \\ -3 \end{bmatrix}, \boldsymbol{a}_3 = \begin{bmatrix} a \\ 0 \\ a \end{bmatrix}$ が 1 次従属となるように a の値を定めよ．

□ **6.** 線形空間 V のベクトルを $\boldsymbol{v}_1, \boldsymbol{v}_2, \cdots$ とおく．以下の問いに答えよ．

(1) $\boldsymbol{v}_1, \boldsymbol{v}_2, \cdots, \boldsymbol{v}_r$ のうち 1 つが零ベクトルならば，$\boldsymbol{v}_1, \boldsymbol{v}_2, \cdots, \boldsymbol{v}_r$ は 1 次従属となることを示せ．

(2) $\boldsymbol{v}_1, \boldsymbol{v}_2, \cdots, \boldsymbol{v}_n$ が 1 次独立ならば $\boldsymbol{v}_1, \boldsymbol{v}_2, \cdots, \boldsymbol{v}_r$ $(1 \leq r < n)$ も 1 次独立であることを示せ．

(3) $\boldsymbol{v}_1, \boldsymbol{v}_2, \cdots, \boldsymbol{v}_n$ が1次独立ならば $\boldsymbol{v}_1, \boldsymbol{v}_1+\boldsymbol{v}_2, \cdots, \boldsymbol{v}_1+\boldsymbol{v}_2+\cdots+\boldsymbol{v}_n$ も1次独立であることを示せ．

□ **7.** $\mathbb{R}^4$ のベクトル $\boldsymbol{a}_1 = \begin{bmatrix} -1 \\ 0 \\ 1 \\ 2 \end{bmatrix}, \boldsymbol{a}_2 = \begin{bmatrix} 2 \\ 1 \\ 0 \\ 1 \end{bmatrix}, \boldsymbol{a}_3 = \begin{bmatrix} 1 \\ 1 \\ -2 \\ 0 \end{bmatrix}, \boldsymbol{a}_4 = \begin{bmatrix} 2 \\ 1 \\ 1 \\ 2 \end{bmatrix}$ に対して，1次独立なベクトルの最大個数 r を求めよ．また，r 個の1次独立なベクトルの組を1つを求め，他のベクトルをこれらの1次結合で表せ．

□ **8.** $\mathbb{R}[x]_3$ のベクトル

$$f_1 = 1-2x+3x^2, \quad f_2 = -1+3x-x^2,$$
$$f_3 = -3+8x-5x^2 \quad f_4 = 3-7x+7x^2$$

に対して，1次独立なベクトルの最大個数 r を求めよ．また，r 個の1次独立なベクトルの組を1つ求め，他のベクトルをこれらの1次結合で表せ．

□ **9.** 線形空間

$$W = \left\{ \boldsymbol{x} \in \mathbb{R}^4 \;\middle|\; \begin{array}{l} x_1+3x_2+4x_4=0, \\ 2x_2+3x_3+3x_4=0, \\ 2x_1-9x_3-x_4=0 \end{array} \right\}$$

の次元と一組の基底を求めよ．

□ **10.** 線形空間 V とその部分空間 W_1 と W_2 に対して，V の任意のベクトル $\boldsymbol{v}$ が

$$\boldsymbol{v} = \boldsymbol{w}_1 + \boldsymbol{w}_2 \quad (\boldsymbol{w}_1 \in W_1, \boldsymbol{w}_2 \in W_2)$$

と一意的に表されるとき，V は W_1 と W_2 の **直和** であるといい，$V = W_1 \oplus W_2$ と書く．このとき，以下が成り立つことを示せ．

$$V = W_1 \oplus W_2 \Longleftrightarrow V = W_1 + W_2,\ W_1 \cap W_2 = \{\boldsymbol{0}\}$$

□ **11.** (1) W をベクトル空間 V の部分空間，$\overline{W}$ を W の補集合とする．$\boldsymbol{w} \in W$, $\boldsymbol{w}' \in \overline{W}$ なるベクトルに対し，$\boldsymbol{w}+\boldsymbol{w}' \notin W$ であることを示せ．

(2) W_1, W_2 をベクトル空間 V の部分空間とする．$W_1 \cup W_2$ が V の部分空間ならば，$W_1 \subset W_2$ または $W_1 \supset W_2$ となることを示せ．

5 線形写像

本章では，線形空間から別の線形空間への写像を取り上げる．数ベクトルに行列を掛けて別の数ベクトルに対応させる規則は，本章で学ぶ線形写像の典型例である．逆に，一般の線形写像で扱う規則が行列を掛ける操作に帰着できることを学ぶ．一般の線形写像の場合，抽象度が増すが，イメージがつかめないときはまず数ベクトルと行列で考えるようにしてほしい．

本章では主に以下の 3 テーマを題材として線形写像を学ぶ．

(1) **射影**　光源がある場合に，物体からその影を作り出す作用をイメージしてもらうとわかりやすい．例えば，影絵遊びではさまざまな形をそれとは関係ない物体からつくる．この場合，物体の影からもとの物体形状を復元することは一般にはできない．

(2) **回転**　一点を中心に物体を回転させたとき，物体の位置の変化を生み出す作用をイメージしてもらうとわかりやすい．回転後の物体形状からもとの物体形状を復元することは逆方向に回転することで可能である．

以上 2 つの題材は，空間の点から別の点への移動と考えて行列を使って書き表すことができるので，比較的わかりやすい．しかし，もっと抽象的な対象も線形写像として扱うことが可能である．例えば，

(3) **多項式関数の微分**　多項式関数の集合は線形空間であり (例 4.4)，多項式関数の微分は線形写像となる．

多項式関数の微分が行列を使った線形写像で書けるというのは一見明らかではないが，本章の内容を理解すれば納得してもらえるはずである．

5.1 写　　像

線形写像では直観的にわかりにくい抽象的な空間を対象にすることもある．このため，まず用語や概念を定義することが重要である．

定義 5.1 (写像・像)

(1) 集合 X の各要素 x に対し，集合 Y の要素 y がただ一つ定まるような規則 f があるとき，f を X から Y への **写像** とよび，$f : X \to Y$ で表す．

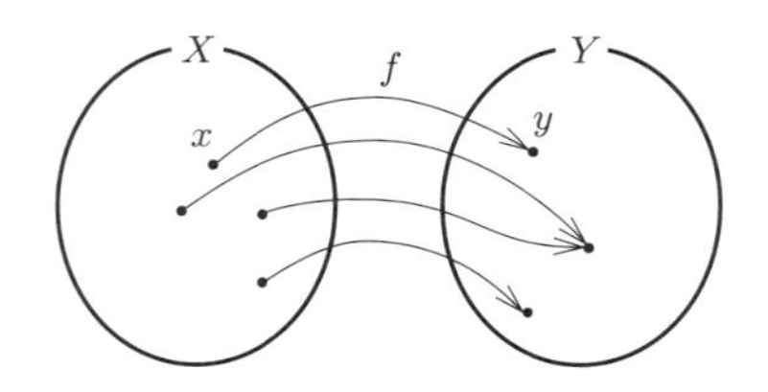

(2) 写像 f により x が対応する Y の要素を y とするとき，y を x の **像** とよび，$y = f(x)$ または $f : x \to y$ と書く．X の部分集合 X' の要素すべての像は Y の部分集合をなす．これを f による X' の像とよび，$f(X')$ と書く．すなわち，

$$f(X') = \{f(x) \mid x \in X'\}$$

と書く．

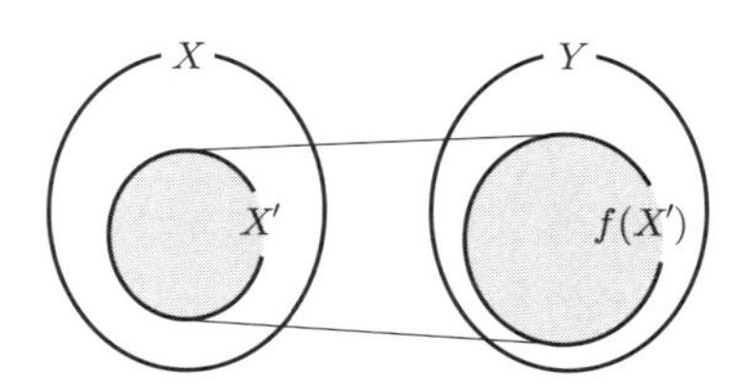

Note: (2) は，

$$f : X \to Y, \quad x \mapsto y = f(x)$$

のように書くこともある．

例 5.1

(1) 実数値関数 f は，実数 x の値に実数値 $f(x)$ を対応させる規則を与えるから，写像である．例えば $f(x) = \sin x$ の場合，任意の実数を -1 と 1 の間の数へ対応させているので，$f : \mathbb{R} \to [-1, 1]$ と考えることができる．

(2) 実数 t $(0 \leq t < 2\pi)$ に実数の組 $\begin{bmatrix} \cos t \\ \sin t \end{bmatrix}$ を対応させる規則も写像である．この写像を f とすると，$f : [0, 2\pi) \to \mathbb{R}^2$ と考えることができる．

$(2)'$ 原点を中心とする半径 1 の円を S^1 とすると，(2) の写像 f を $g : [0, 2\pi) \to \mathrm{S}^1$ $(g(x) = f(x))$ と考えることもできる．どちらの写像を使うかは問題に依存する．

(3) 0 から 6 の数字に曜日を対応させる規則も写像である．例えば，$X = \{0, \cdots, 6\}$, $Y = \{$ 日曜日，月曜日, $\cdots$,土曜日 $\}$ として 0 を日曜日，1 を月曜日, $\cdots$ と対応させる写像を g と書くと，$g(2) =$ 火曜日 である．

例 5.2

2 次元平面上の点 $\mathrm{P}(x, y)$ を，x 軸上に垂直に下ろした点 $\mathrm{Q}(x', y')$ に対応させる規則は，写像を与える．この写像を $f : \mathbb{R}^2 \to \mathbb{R}^2$ とすると，f により点 (x, y) は $(x, 0)$ にうつるから以下のように書くことができる．

$$\begin{bmatrix} x' \\ y' \end{bmatrix} = \begin{bmatrix} x \\ 0 \end{bmatrix} = \begin{bmatrix} 1 & 0 \\ 0 & 0 \end{bmatrix} \begin{bmatrix} x \\ y \end{bmatrix}$$

$$= A \begin{bmatrix} x \\ y \end{bmatrix} \quad \left(A = \begin{bmatrix} 1 & 0 \\ 0 & 0 \end{bmatrix} \right) \tag{5.1}$$

この式は $\mathbb{R}^2$ のベクトル $\boldsymbol{x} = \begin{bmatrix} x \\ y \end{bmatrix}$ に $\mathbb{R}^2$ のベクトル $\boldsymbol{x}' = \begin{bmatrix} x' \\ y' \end{bmatrix}$ を対応させる写像 f を，$\boldsymbol{x}$ に行列 A を掛けることで定義する式となっている．

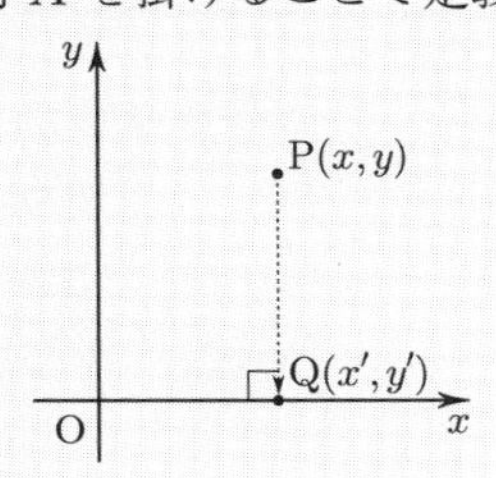

これは後で定義する線形写像の例になっている．

写像を特徴づける概念を次に学ぼう．

定義 5.2 (全射・単射・全単射)

(1) $f : X \to Y$ に対して，$f(X) = Y$ が成り立つとき，f は **全射 (上への写像)** であるという．

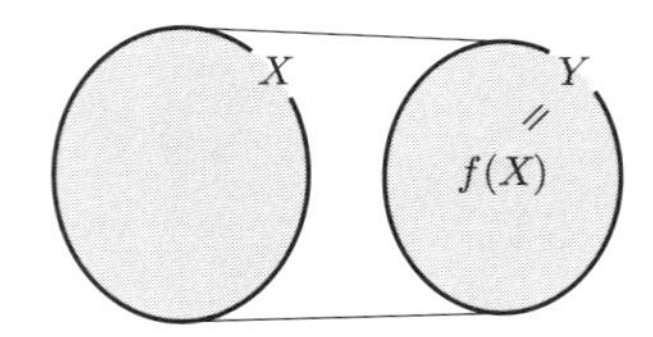

(2) $f : X \to Y$ に対して，「$f(x) = f(y)$ ならば $x = y$」が成り立つとき，f は **単射 (1 対 1 写像)** であるという．

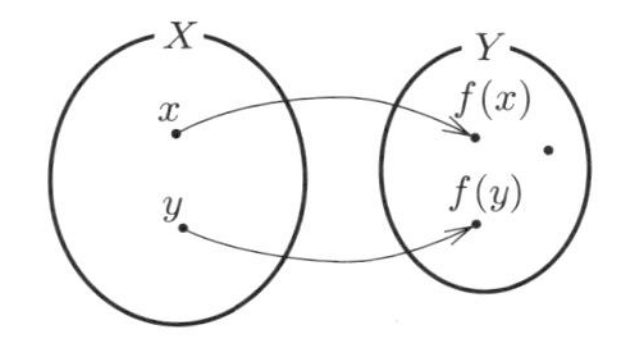

(3) 全射かつ単射である写像は **全単射** という．

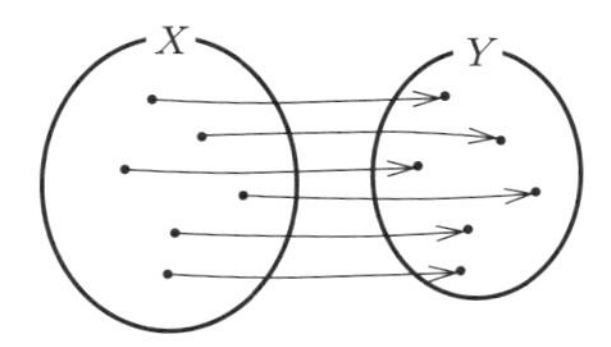

写像の定義から，$f(X) \subset Y$ はつねに成り立つ．全射とは X のすべての要素が Y のすべての要素にうつるということである．例 5.1 では，(1), (3) は全射であるが，(2) は全射ではない．(2) では，f によりうつされたすべての点は原点を中心とする半径 1 の円上にあり，平面全体でないからである．

単射とは，「異なる要素の行先は異なる」ということである．この意味では定義の対偶をとった「$x \neq y$ ならば $f(x) \neq f(y)$」のほうがしっくりくるが，両者は同値である．問題を解くときは使いやすいほうを用いればよい．例 5.1 では (2), (3) は単射であるが，(1) は単射ではない．これは，$\sin x = \sin y$ でも $x = y$ とは限らないからである ($y = x + 2\pi$ など)．

例 5.1 で全単射なのは，$(2)'$ と (3) である．この場合，逆の対応もまた写像になっている．$(2)'$ では S^1 上の点を決めれば対応する実数 t が 1 つだけ定まり，(3) では，曜日を指定すれば対応する自然数が 1 つだけ決まる．

定義 5.3 (恒等写像・合成写像・逆像・逆写像)

(1) すべての $x \in X$ に対して自分自身 (x) を対応させる写像を **恒等写像** という．

(2) 2 つの写像 $f: X \to Y$, $g: Y \to Z$ に対して，$x \in X$ に $z \in Z$ を対応させる規則を $z = g(f(x))$ により定めた写像を f と g の **合成写像** とよび，$g \circ f$ と書く．すなわち，

$$g \circ f : X \to Z, \quad (g \circ f)(x) = g(f(x)).$$

(3) f を X から Y への写像とする．$y \in Y$ に対して $f(x) = y$ を満たす $x \in X$ の集合を y の **逆像** といい，$f^{-1}(y)$ で表す．つまり，

$$f^{-1}(y) = \{x \in X \mid f(x) = y\}.$$

また，$Y' \subset Y$ に対して，すべての $y \in Y'$ の逆像を集めてできる和集合を Y' の逆像といい，$f^{-1}(Y')$ で表す．すなわち，

$$f^{-1}(Y') = \{x \in X \mid f(x) \in Y'\}$$

と書く．

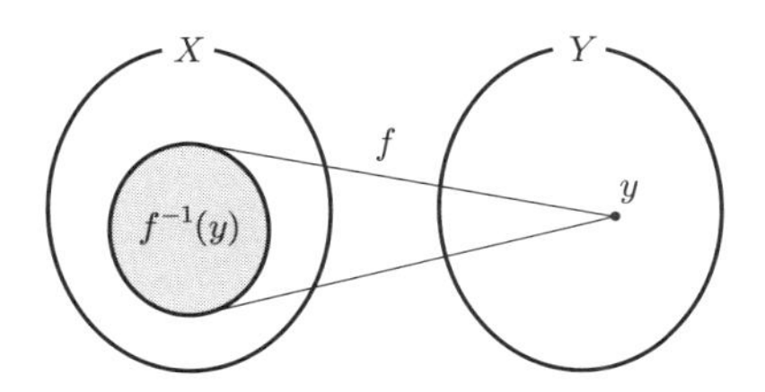

(4) $f: X \to Y$ が全単射であるとき，$y \in Y$ の逆像はただ一つの要素からなる集合である．この要素を x とすると，$f(x) = y$ である．このとき y に $x \in X$ を対応させる写像を f の **逆写像** といい，f^{-1} で表す．つまり，$x = f^{-1}(y)$．$f^{-1}: Y \to X$ もまた全単射である．

5.2 線形写像

定義 5.4 (線形写像・線形変換)

U, V を線形空間とする．U から V への写像 f が，任意の $\boldsymbol{u}_1, \boldsymbol{u}_2 \in U$ に対し，次の (1), (2) を満たすとする．

(1) $f(\boldsymbol{u}_1 + \boldsymbol{u}_2) = f(\boldsymbol{u}_1) + f(\boldsymbol{u}_2)$

(2) $f(c\boldsymbol{u}_1) = cf(\boldsymbol{u}_1) \quad (c \in \mathbb{R})$

このとき，f は U から V への **線形写像** (1 次写像) であるという．特に，$V = U$ のとき，f は U の **線形変換** (1 次変換) であるという．

Note: (1), (2) の左辺の和・スカラー倍は U 内で，右辺の和・スカラー倍は V 内で行われていることに注意.

本書では，特に断わらない限り，定義 5.4 の線形空間 U, V は有限次元とする．

例 5.3

例 5.2 の写像 f は $\mathbb{R}^2$ から $\mathbb{R}^2$ への写像であり，上の性質 (1), (2) を満たしていることはすぐ確かめられる．したがって，f は $\mathbb{R}^2$ の線形変換である．

定理 5.1 (行列は線形写像を定める)

$m \times n$ 行列 A を用いて，$\mathbb{R}^n$ から $\mathbb{R}^m$ への写像 g を

$$g : \boldsymbol{x} \to \boldsymbol{y} = A\boldsymbol{x} \quad (\boldsymbol{x} \in \mathbb{R}^n,\ \boldsymbol{y} \in \mathbb{R}^m)$$

で定めると，g は線形写像である．

証明 $\mathbb{R}^n, \mathbb{R}^m$ は $\mathbb{R}$ 上の線形空間である．$\boldsymbol{x}_1, \boldsymbol{x}_2$ $(\in \mathbb{R}^n)$ を g でうつしたベクトルを $\boldsymbol{y}_1, \boldsymbol{y}_2$ $(\in \mathbb{R}^m)$ とおくと，$\boldsymbol{y}_1 = g(\boldsymbol{x}_1) = A\boldsymbol{x}_1$，$\boldsymbol{y}_2 = g(\boldsymbol{x}_2) = A\boldsymbol{x}_2$. これと行列の性質を用いると，

$$g(\boldsymbol{x}_1 + \boldsymbol{x}_2) = A(\boldsymbol{x}_1 + \boldsymbol{x}_2) = A\boldsymbol{x}_1 + A\boldsymbol{x}_2 = g(\boldsymbol{x}_1) + g(\boldsymbol{x}_2)$$

であるから，線形写像の定義の (1) は満たされる．また，

$$g(c\boldsymbol{x}_1) = A(c\boldsymbol{x}_1) = c(A\boldsymbol{x}_1) = cg(\boldsymbol{x}_1)$$

であるから，線形写像の定義の (2) も満たされる．したがって，写像 g は $\mathbb{R}^n$ から $\mathbb{R}^m$ への線形写像である． ∎

例題 5.1

2 次元平面上の点 $\mathrm{P}(x, y)$ を原点 O のまわりに角 θ だけ反時計回りに回転させた点を $\mathrm{Q}(x', y')$ にうつす写像 $f : \mathbb{R}^2 \to \mathbb{R}^2$ $\left(\begin{bmatrix} x' \\ y' \end{bmatrix} = f\left(\begin{bmatrix} x \\ y \end{bmatrix}\right)\right)$ は線形写像であることを示せ．

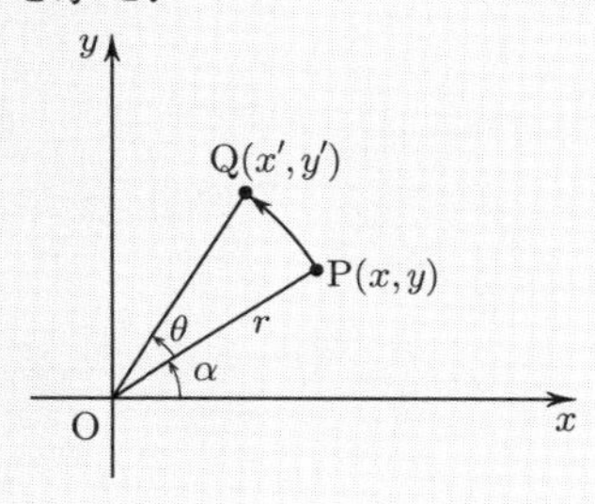

解答 $\overline{\mathrm{OP}} = r$, OP と x 軸のなす角を α とすると，$x = r\cos\alpha$, $y = r\sin\alpha$ とおける．$\overline{\mathrm{OQ}} = r$, OQ と x 軸のなす角は $\alpha + \theta$ であることから，

$$\begin{aligned}\begin{bmatrix} x' \\ y' \end{bmatrix} &= \begin{bmatrix} r\cos(\alpha+\theta) \\ r\sin(\alpha+\theta) \end{bmatrix} \\ &= \begin{bmatrix} r\cos\alpha\cos\theta - r\sin\alpha\sin\theta \\ r\sin\alpha\cos\theta + r\cos\alpha\sin\theta \end{bmatrix} \\ &= \begin{bmatrix} (\cos\theta)x - (\sin\theta)y \\ (\sin\theta)x + (\cos\theta)y \end{bmatrix} \\ &= \begin{bmatrix} \cos\theta & -\sin\theta \\ \sin\theta & \cos\theta \end{bmatrix} \begin{bmatrix} x \\ y \end{bmatrix}\end{aligned}$$

のように表すことができる．f は行列 $R(\theta) = \begin{bmatrix} \cos\theta & -\sin\theta \\ \sin\theta & \cos\theta \end{bmatrix}$ の定める線形写像である (定理 5.1)． ∎

Note: 行列 $R(\theta)$ を (平面における) 角 θ の **回転行列** という．

例題 5.2

2 つの線形写像 $f:\mathbb{R}^n \to \mathbb{R}^m$, $g:\mathbb{R}^m \to \mathbb{R}^l$ を，$m\times n$ 行列 A，$l\times m$ 行列 B を用いて $f(\boldsymbol{x})=A\boldsymbol{x}$ $(\boldsymbol{x}\in\mathbb{R}^n)$, $g(\boldsymbol{y})=B\boldsymbol{y}$ $(\boldsymbol{y}\in\mathbb{R}^m)$ で定義するとき，合成写像 $g\circ f$ は BA の定める線形写像であることを示せ．

解答

$$(g\circ f)(\boldsymbol{x})=g(f(\boldsymbol{x}))=g(A\boldsymbol{x})=B(A\boldsymbol{x})=(BA)\boldsymbol{x}$$

であるから，写像 $g\circ f:\mathbb{R}^n\to\mathbb{R}^l$ を表す行列は ($l\times n$ 行列) BA である． ∎

なお，例 1.5 も参照のこと．

線形写像は 2 つの線形空間の間の写像であるから，例えば，$\mathbb{R}^3$ から $\mathbb{R}^2$ への写像を考えることもできる．すなわち，空間図形を平面に描く投影図においても，描き方によっては線形写像が対応する．

例題 5.3

$\mathbb{R}^3$ における点 P の座標を (a,b,c) とする．このとき，$\alpha=\dfrac{\pi}{6},\beta=\dfrac{5\pi}{6}$ として $\boldsymbol{u}_1=\begin{bmatrix}\cos\alpha\\ \sin\alpha\end{bmatrix}$, $\boldsymbol{u}_2=\begin{bmatrix}\cos\beta\\ \sin\beta\end{bmatrix}$, $\boldsymbol{u}_3=\begin{bmatrix}0\\ 1\end{bmatrix}$ とおき，$\mathbb{R}^2$ の点 Q を

$$\overrightarrow{\mathrm{OQ}}=a\boldsymbol{u}_1+b\boldsymbol{u}_2+c\boldsymbol{u}_3$$

により定義し，この点の座標を (p,q) とする (このように 3 次元空間の点を平面にうつして描いた図のことを **等角図** という)．このとき (a,b,c) から (p,q) への写像 f は線形写像であることを示せ．

解答　(a,b,c) と (p,q) の関係を行列を使って書くと

$$\begin{bmatrix}p\\ q\end{bmatrix}=[\boldsymbol{u}_1\ \boldsymbol{u}_2\ \boldsymbol{u}_3]\begin{bmatrix}a\\ b\\ c\end{bmatrix}=\begin{bmatrix}\cos\alpha & \cos\beta & 0\\ \sin\alpha & \sin\beta & 1\end{bmatrix}\begin{bmatrix}a\\ b\\ c\end{bmatrix}$$

であるから，

$$\begin{bmatrix}p\\ q\end{bmatrix}=A\begin{bmatrix}a\\ b\\ c\end{bmatrix}\quad\left(A=\begin{bmatrix}\cos\alpha & \cos\beta & 0\\ \sin\alpha & \sin\beta & 1\end{bmatrix}=\begin{bmatrix}\frac{\sqrt{3}}{2} & -\frac{\sqrt{3}}{2} & 0\\ \frac{1}{2} & \frac{1}{2} & 1\end{bmatrix}\right)$$

と書ける．定理 5.1 より，f は $\mathbb{R}^3$ から $\mathbb{R}^2$ への線形写像である． ∎

図 5.1 は，例題 5.3 の写像によりある長方体を平面上の図として描いたものである．

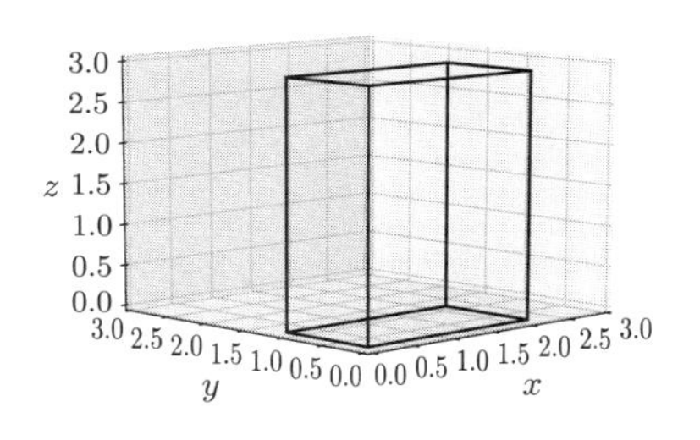

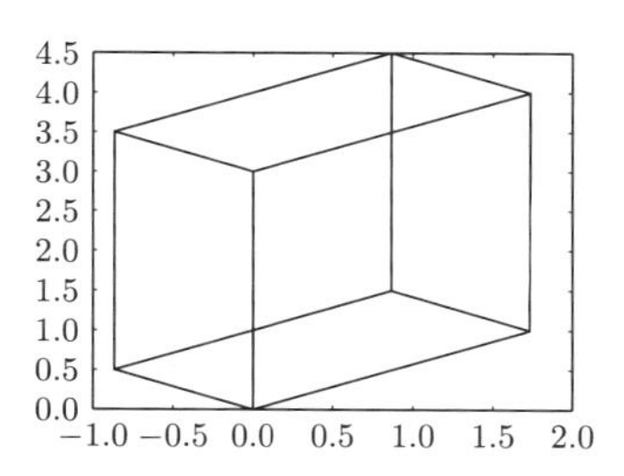

図 5.1 左：直方体の例．右：左図を例題 5.3 の行列により等角図にしたもの．

この例は，次元が異なる線形空間の間の線形写像の例であった．1 つの線形空間で基底を変えた場合には座標が変わるが，それらの座標間の関係も線形変換で表される．次の例をみてみよう．

例題 5.4

平面上の 1 点を O とする．平面上の任意の点 P を標準基底を使って

$$\overrightarrow{\mathrm{OP}} = x\boldsymbol{e}_1 + y\boldsymbol{e}_2$$

と表したときの数の組 (x, y) を，座標系 $(\mathrm{O}; \boldsymbol{e}_1, \boldsymbol{e}_2)$ における点 P の**座標**という．すると，点 P をこの座標系における 1 次独立なベクトル $\boldsymbol{u} = \begin{bmatrix} a \\ c \end{bmatrix}$, $\boldsymbol{v} = \begin{bmatrix} b \\ d \end{bmatrix}$ $(ad - bc \neq 0)$ を用いて

$$\overrightarrow{\mathrm{OP}} = s\boldsymbol{u} + t\boldsymbol{v}$$

と表したとき，(s, t) は座標系 $(\mathrm{O}; \boldsymbol{u}, \boldsymbol{v})$ における点 P の座標である．このとき $\begin{bmatrix} x \\ y \end{bmatrix}$ を $\begin{bmatrix} s \\ t \end{bmatrix}$ へうつす写像は $\mathbb{R}^2$ の線形変換であることを示せ．

解答 $\overrightarrow{\mathrm{OP}}$ を (x, y), (s, t) を使って表すと，

$$\begin{bmatrix} x \\ y \end{bmatrix} = \begin{bmatrix} \boldsymbol{u} & \boldsymbol{v} \end{bmatrix} \begin{bmatrix} s \\ t \end{bmatrix} = \begin{bmatrix} a & b \\ c & d \end{bmatrix} \begin{bmatrix} s \\ t \end{bmatrix} = A \begin{bmatrix} s \\ t \end{bmatrix} \quad \left(A = \begin{bmatrix} a & b \\ c & d \end{bmatrix} \right).$$

$ad - bc \neq 0$ であるから A は正則で，

$$\begin{bmatrix} s \\ t \end{bmatrix} = A^{-1} \begin{bmatrix} x \\ y \end{bmatrix}$$

と書ける．したがって定理 5.1 から，$\begin{bmatrix} x \\ y \end{bmatrix}$ を $\begin{bmatrix} s \\ t \end{bmatrix}$ へうつす写像は $\mathbb{R}^2$ の線形変換である． ∎

この例題に具体的な数値を入れた例をひとつみておこう (例 1.4 も参照のこと)．

例題 5.5

(1) 例題 5.4 で，$\boldsymbol{u} = \begin{bmatrix} \cos\alpha \\ \sin\alpha \end{bmatrix}$，$\boldsymbol{v} = \begin{bmatrix} -\sin\alpha \\ \cos\alpha \end{bmatrix}$ としたとき，(s,t) を (x,y) で表せ．

(2) 点 $\mathrm{P}(x,y)$ を原点を通り $\boldsymbol{u}$ に平行な直線上に射影した点を $\mathrm{Q}(x',y')$ とする．(x,y) から (x',y') への写像は線形写像であることを示せ．

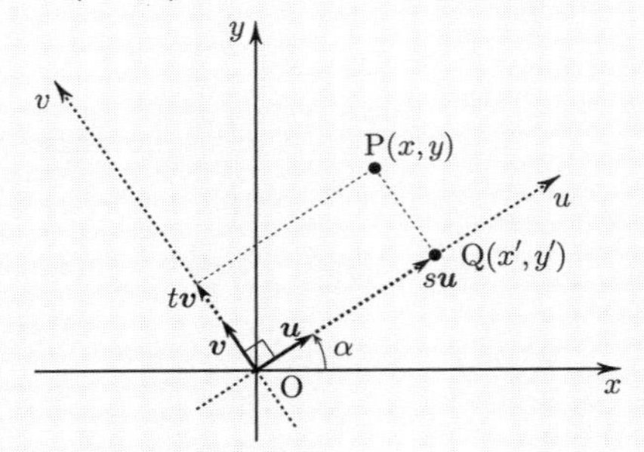

解答 (1) 例題 5.4 の結果から，

$$\begin{bmatrix} s \\ t \end{bmatrix} = \begin{bmatrix} \cos\alpha & -\sin\alpha \\ \sin\alpha & \cos\alpha \end{bmatrix}^{-1} \begin{bmatrix} x \\ y \end{bmatrix} = \begin{bmatrix} \cos\alpha & \sin\alpha \\ -\sin\alpha & \cos\alpha \end{bmatrix} \begin{bmatrix} x \\ y \end{bmatrix}.$$

(2) $\boldsymbol{u} \perp \boldsymbol{v}$ であるから，座標系 $(\mathrm{O}; \boldsymbol{u}, \boldsymbol{v})$ において，点 P の座標 (s,t) から $(s,0)$ への射影を座標系 $(\mathrm{O}; \boldsymbol{e}_1, \boldsymbol{e}_2)$ における座標で表したものが求めるものである．(1) の結果より，

$$\begin{bmatrix} x' \\ y' \end{bmatrix} = s\boldsymbol{u} = (x\cos\alpha + y\sin\alpha) \begin{bmatrix} \cos\alpha \\ \sin\alpha \end{bmatrix} = \begin{bmatrix} \cos^2\alpha & \sin\alpha\cos\alpha \\ \sin\alpha\cos\alpha & \sin^2\alpha \end{bmatrix} \begin{bmatrix} x \\ y \end{bmatrix}.$$

よって，定理 5.1 からこの射影は線形写像である． ∎

Note: (1) 座標を定めるベクトル $\boldsymbol{u}, \boldsymbol{v}$ は，ベクトル $\boldsymbol{e}_1, \boldsymbol{e}_2$ をそれぞれ原点まわり

に角 α だけ回転させたもので，$|\boldsymbol{u}| = |\boldsymbol{v}| = |\boldsymbol{e}_1| = |\boldsymbol{e}_2| = 1$ である．
(2) は，例 5.2 と同じ問題を，座標を定めるベクトルを回転させた座標に対して解いたことになる (実際，$\alpha = 0$ を代入すると同じ行列になる)．例 5.2 と結びつけて考えるなら，考える点の座標を「座標を定めるベクトルを角 α 回転した座標系での座標にうつす」⇒「射影する」⇒「もとの座標系での座標にうつす」という 3 つの手順を順に行う行列を求めれば，ここで求めた行列と一致するはずである．後にこの作業を一般化して，基底を取り替えることと，ある基底上での写像を組み合わせたらどうなるかという問題を考える (例 5.6)．

定義 5.5 (同型写像・同型)

f が線形空間 U から線形空間 V への線形写像であり，かつ全単射であるとき，f は **同型写像** という．また，このとき U と V は **同型** であるという．

同型写像は全単射であるから，写像でうつり合う線形空間のベクトルどうしが一つひとつもれなく対応していることになる．

定理 5.2

線形空間 U, V の次元が等しいとき，両者を結ぶ同型写像が存在する．

証明　$\dim U = \dim V = n$ とし，U, V の基底をそれぞれ $\{\boldsymbol{u}_1, \cdots, \boldsymbol{u}_n\}$, $\{\boldsymbol{v}_1, \cdots, \boldsymbol{v}_n\}$ とおく．線形写像 $f : U \to V$ を，$\boldsymbol{x} = c_1\boldsymbol{u}_1 + \cdots + c_n\boldsymbol{u}_n$ に対して

$$f(\boldsymbol{x}) = c_1\boldsymbol{v}_1 + \cdots + c_n\boldsymbol{v}_n$$

と定義する．すると，この写像は線形写像である．なぜなら $\boldsymbol{x} = c_1\boldsymbol{u}_1 + \cdots + c_n\boldsymbol{u}_n$, $\boldsymbol{y} = d_1\boldsymbol{u}_1 + \cdots + d_n\boldsymbol{u}_n$ のとき，

$$\begin{aligned} f(\boldsymbol{x} + \boldsymbol{y}) &= (c_1 + d_1)\boldsymbol{v}_1 + \cdots + (c_n + d_n)\boldsymbol{v}_n \\ &= (c_1\boldsymbol{v}_1 + \cdots + c_n\boldsymbol{v}_n) + (d_1\boldsymbol{v}_1 + \cdots + d_n\boldsymbol{v}_n) \\ &= f(\boldsymbol{x}) + f(\boldsymbol{y}), \\ f(p\boldsymbol{x}) &= pc_1\boldsymbol{v}_1 + \cdots + pc_n\boldsymbol{v}_n = p(c_1\boldsymbol{v}_1 + \cdots + c_n\boldsymbol{v}_n) \\ &= pf(\boldsymbol{x}) \ (p \in \mathbb{R}) \end{aligned}$$

であるからである．

次に，$c_1, \cdots, c_n \in \mathbb{R}$ のとき $\boldsymbol{x}$ の集合は U 全体を表し，$f(\boldsymbol{x})$ の集合は V 全体を表すことから $f(U) = V$ となるので f は全射．また，$f(\boldsymbol{x}) = f(\boldsymbol{y})$ と

すると定義より $c_1 = d_1, \cdots, c_n = d_n$ であるから $\boldsymbol{x} = \boldsymbol{y}$. ゆえにこの写像 f は単射であり，写像 f は全単射となる. ∎

この定理は，2つの異なる線形空間の次元が等しければ，両者を結ぶ同型写像が存在することを示している．また，証明で定義した写像は，その同型写像の具体的な構成法を示している．以下の例にみるように，1つの線形空間を数ベクトル空間にとることで線形写像の性質は行列の性質に帰着させることができる．

例 5.4

2次以下の1変数多項式関数の集合 $\mathbb{R}[x]_2 = \{a_0+a_1x+a_2x^2 \mid a_0, a_1, a_2 \in \mathbb{R}\}$ は線形空間である (例 4.4). $\mathbb{R}[x]_2$ の基底を $\{1, x, x^2\}$, $\mathbb{R}^3$ の基底を標準基底におけばわかるように $\dim \mathbb{R}[x]_2 = \dim \mathbb{R}^3 = 3$. よって定理 5.2 より両者には同型写像が存在する．具体的には $p = s + tx + ux^2$ に対して $f : \mathbb{R}[x]_2 \to \mathbb{R}^3$ を $f(p) = s\boldsymbol{e}_1 + t\boldsymbol{e}_2 + u\boldsymbol{e}_3$ により定めればよい．これは要するに，$p \in \mathbb{R}[x]_2$ に係数の組 $\boldsymbol{a} = \begin{bmatrix} s \\ t \\ u \end{bmatrix}$ を対応させる写像のことである．

Note: 例 5.4 では，f は同型写像なので，2次以下の多項式と $\mathbb{R}^3$ の元はそれぞれ1対1に対応し，逆写像も存在する．したがって両者は (それぞれの和とスカラー倍という演算に限定すれば) 同じものとみなすことができる．さらに線形変換の性質から，和・スカラー倍と線形写像 f は交換可能である．これらの性質から，多項式の性質を調べるときに一見関係がないようにも思える線形代数の知見を生かすことができるようになる．

5.3 表現行列

例 5.4 でみたように，多項式関数のつくる線形空間と数ベクトル空間の間に線形写像が存在する．このような一見抽象的な対応も，考えるベクトルを基底の1次結合で表したときの係数に着目すれば行列で書くことができる．

定義 5.6 (表現行列)

線形空間 V, V' の基底をそれぞれ $\{\boldsymbol{v}_1, \boldsymbol{v}_2, \cdots, \boldsymbol{v}_n\}$, $\{\boldsymbol{v}'_1, \boldsymbol{v}'_2, \cdots, \boldsymbol{v}'_m\}$ とする．線形写像 $f : V \to V'$ に対し，$\boldsymbol{v}_1, \boldsymbol{v}_2, \cdots, \boldsymbol{v}_n$ を f でうつしたも

のは V' のベクトルだから，$\boldsymbol{v}'_1, \boldsymbol{v}'_2, \cdots, \boldsymbol{v}'_m$ の 1 次結合として表される．つまり

$$\begin{aligned} f(\boldsymbol{v}_1) &= a_{11}\boldsymbol{v}'_1 + a_{21}\boldsymbol{v}'_2 + \cdots + a_{m1}\boldsymbol{v}'_m, \\ f(\boldsymbol{v}_2) &= a_{12}\boldsymbol{v}'_1 + a_{22}\boldsymbol{v}'_2 + \cdots + a_{m2}\boldsymbol{v}'_m, \\ &\vdots \\ f(\boldsymbol{v}_n) &= a_{1n}\boldsymbol{v}'_1 + a_{2n}\boldsymbol{v}'_2 + \cdots + a_{mn}\boldsymbol{v}'_m. \end{aligned}$$

この関係は，行列 $A = [a_{ij}]_{m\times n}$ および 1 次結合の記法を用いると

$$(f(\boldsymbol{v}_1), f(\boldsymbol{v}_2), \cdots, f(\boldsymbol{v}_n)) = (\boldsymbol{v}'_1, \boldsymbol{v}'_2, \cdots, \boldsymbol{v}'_m)A \tag{5.2}$$

と書くことができる．

この行列 A を，基底 $\{\boldsymbol{v}_1, \boldsymbol{v}_2, \cdots, \boldsymbol{v}_n\}, \{\boldsymbol{v}'_1, \boldsymbol{v}'_2, \cdots, \boldsymbol{v}'_m\}$ に関する f の **表現行列** という．

また，$V = V'$, $n = m$, $\boldsymbol{v}_i = \boldsymbol{v}'_i$ $(i = 1, 2, \cdots, n)$ の場合，行列 A を基底 $\{\boldsymbol{v}_1, \boldsymbol{v}_2, \cdots, \boldsymbol{v}_n\}$ に関する f の表現行列という．

線形写像 $f : \mathbb{R}^n \to \mathbb{R}^m$ の標準基底に関する表現行列 A を **線形写像 f に対応する行列** という．

Note: (1) 係数の添字のとり方に注意すること (連立 1 次方程式の場合とは違っている！).
(2) 定義を暗記する際に間違えやすいので，式 (5.2) の形を頭に入れておくと便利である．

例題 5.6

例題 5.1 の写像 f に対応する行列 A を求めよ．

解答 $\mathbb{R}^2$ の標準基底は $\boldsymbol{e}_1 = \begin{bmatrix} 1 \\ 0 \end{bmatrix}$，$\boldsymbol{e}_2 = \begin{bmatrix} 0 \\ 1 \end{bmatrix}$ であるから，

$$f(\boldsymbol{e}_1) = \cos\theta\, \boldsymbol{e}_1 + \sin\theta\, \boldsymbol{e}_2, \qquad f(\boldsymbol{e}_2) = -\sin\theta\, \boldsymbol{e}_1 + \cos\theta\, \boldsymbol{e}_2$$

となる．したがって，$\big[f(\boldsymbol{e}_1)\ f(\boldsymbol{e}_2)\big] = \big[\boldsymbol{e}_1\ \boldsymbol{e}_2\big]R(\theta)$ であるから $A = R(\theta)$.

∎

Note: 一般に，線形写像 f に対応する行列 A を用いると，f は $f(\boldsymbol{x}) = A\boldsymbol{x}$ と表される．

例題 5.7

2 次以下の多項式関数 $p = a_0 + a_1x + a_2x^2$ $(a_0, a_1, a_2 \in \mathbb{R})$ を微分して得られた多項式関数を q とする．p から q への写像 f は線形写像であることを示せ．また，この線形写像の基底 $\{1, x, x^2\}$ に関する表現行列を求めよ．

解答 2 次以下の多項式関数の集合 $\mathbb{R}[x]_2$ は線形空間である (例 4.4)．$p \in \mathbb{R}[x]_2$ を微分した多項式 q は，$q = dp/dx = a_1 + 2a_2x \in \mathbb{R}[x]_2$ である．ここで $p_1, p_2 \in \mathbb{R}[x]_2$ に対して $f(p_1 + p_2) = f(p_1) + f(p_2), f(cp_1) = cf(p_1)$ が満たされることは容易に確認できるので，f は線形写像である．

次に，$\mathbb{R}[x]_2$ の基底を $\{1, x, x^2\}$ とすると，

$$
\begin{aligned}
f(1) &= 0 \cdot 1 + 0 \cdot x + 0 \cdot x^2, \\
f(x) &= 1 \cdot 1 + 0 \cdot x + 0 \cdot x^2, \\
f(x^2) &= 0 \cdot 1 + 2 \cdot x + 0 \cdot x^2
\end{aligned}
$$

である．したがって定義から，$\mathbb{R}[x]_2$ の基底 $\{1, x, x^2\}$ に関する表現行列 A は，$A = \begin{bmatrix} 0 & 1 & 0 \\ 0 & 0 & 2 \\ 0 & 0 & 0 \end{bmatrix}$ である． ∎

5.4 像と核

x 軸上への射影 (例 5.2) と回転 (例題 5.1) は逆像に関してまったく異なる性質をもつ．回転の場合，写像により原点にうつる点は原点だけであり，また，逆写像が存在する．射影の場合，y 軸上の点すべてが原点にうつる．また，射影の場合は 2 次元空間全体が x 軸という空間の一部にうつるので逆写像は存在しない．こういった性質を表すのに必要となる概念が，次に定義する像と核である．

定義 5.7 (線形写像の像と核)

f が線形空間 U から V への線形写像であるとき，集合

$$
\operatorname{Im} f = \{f(\boldsymbol{u}) \mid \boldsymbol{u} \in U\} \quad (= f(U))
$$

は V の部分空間となり，これを f の**像** (image) という．また，集合

$$\operatorname{Ker} f = \{\boldsymbol{u} \in U \mid f(\boldsymbol{u}) = \boldsymbol{0}\}$$

は，U の部分空間となり，これを f の**核** (kernel) という．

$\operatorname{Im} f$, $\operatorname{Ker} f$ がそれぞれ V, U の部分空間であることの証明は，章末問題 6 を参照されたい．

例 5.2 の線形写像を例にとると，

(1) $\mathbb{R}^2$ のすべての点は x 軸上のすべての点にうつされるので，$\operatorname{Im} f = \{(x, 0) \mid x \in \mathbb{R}\}$.

(2) y 軸上のすべての点は原点にうつされ，それ以外の点は原点にうつされないことから，$\operatorname{Ker} f = \{(0, y) \mid y \in \mathbb{R}\}$.

である．また，例題 5.1 の線形写像では，

(1) $\mathbb{R}^2$ のすべての点は回転するだけなので，$\operatorname{Im} f = \{(x, y) \mid x, y \in \mathbb{R}\} = \mathbb{R}^2$.

(2) 原点にうつされる点は原点だけなので，$\operatorname{Ker} f = \{(0, 0)\}$.

定理 5.3

$f : X \to Y$ を線形写像とする．このとき，

$$\operatorname{Ker} f = \{\boldsymbol{0}\} \iff f \text{ は単射}$$

である．

証明 (⇒) $\boldsymbol{x}, \boldsymbol{y} \in X$ とする．f は線形写像なので

$$f(\boldsymbol{x}) = f(\boldsymbol{y}) \iff f(\boldsymbol{x} - \boldsymbol{y}) = \boldsymbol{0}. \qquad (*)$$

$f(\boldsymbol{x}) - f(\boldsymbol{y}) = \boldsymbol{0}$ とする．$(*)$ より，$\boldsymbol{x} - \boldsymbol{y} \in \operatorname{Ker} f$. 仮定により $\operatorname{Ker} f = \{\boldsymbol{0}\}$ であるから $\boldsymbol{x} = \boldsymbol{y}$. したがって，定義 5.2 より f は単射である．

(⇐) f を単射とすると，$\boldsymbol{0}$ にうつるベクトルは $\boldsymbol{0}$ のみである．ゆえに，$\operatorname{Ker} f = f^{-1}(\boldsymbol{0}) = \{\boldsymbol{0}\}$. ∎

例 5.5

$m \times n$ 行列 A により線形写像 $f : \mathbb{R}^n \to \mathbb{R}^m$ を $\boldsymbol{x} \to \boldsymbol{y} = f(\boldsymbol{x}) = A\boldsymbol{x}$ ($\boldsymbol{x} \in \mathbb{R}^n$, $\boldsymbol{y} \in \mathbb{R}^m$) により定める．

(1) A を列ベクトル表示で $A = \begin{bmatrix} \boldsymbol{a}_1 & \cdots & \boldsymbol{a}_n \end{bmatrix}$ と書くと，

$$\begin{aligned} \operatorname{Im} f = f(\mathbb{R}^n) &= \{x_1\boldsymbol{a}_1 + \cdots + x_n\boldsymbol{a}_n \mid x_1, \cdots, x_n \in \mathbb{R}\} \\ &= \langle \boldsymbol{a}_1, \cdots, \boldsymbol{a}_n \rangle \end{aligned}$$

と表される．定理 4.15 により，$\operatorname{Im} f$ の次元は $\boldsymbol{a}_1, \cdots, \boldsymbol{a}_n$ のうち 1 次独立なものの最大個数に等しいので $\operatorname{rank} A$ となる (定理 4.12).

$$\dim \operatorname{Im} f = \operatorname{rank} A$$

(2) $\operatorname{Ker} f$ は方程式 $A\boldsymbol{x} = \boldsymbol{0}$ の解空間に一致する．したがって，その次元は $n - \operatorname{rank} A$ に等しい (定理 4.17).

$$\dim \operatorname{Ker} f = n - \operatorname{rank} A$$

Note:　$\dim \operatorname{Im} f$ のことを $\operatorname{rank} f$ とも書く．

線形写像はすべて行列を用いて書けるので，例 5.5 から以下の定理が証明される．

定理 5.4 (次元定理)

線形写像 $f : V \to V'$ に対して，以下の等式が成り立つ．

$$\dim \operatorname{Ker} f + \dim \operatorname{Im} f = \dim V$$

例題 5.8

線形写像 $f : \mathbb{R}^3 \to \mathbb{R}^2$ を，

$$\boldsymbol{x} \to A\boldsymbol{x}, \quad A = \begin{bmatrix} 1 & -2 & 0 \\ -1 & 3 & -1 \end{bmatrix}$$

で定義するとき，以下の問いに答えよ．

(1) $\operatorname{Ker} f$ とその次元を求めよ．

(2) $\operatorname{Im} f$ とその次元を求め，定理 5.4 が成り立っていることを確認せよ．

解答　(1) A を簡約化すると $B = \begin{bmatrix} 1 & 0 & -2 \\ 0 & 1 & -1 \end{bmatrix}$ となるから，$\boldsymbol{x} = \begin{bmatrix} x_1 \\ x_2 \\ x_3 \end{bmatrix}$ として $A\boldsymbol{x} = \boldsymbol{0}$ を解くと，$x_1 = 2c$, $x_2 = c$, $x_3 = c$. したがって，

$$\operatorname{Ker} f = \left\{ c \begin{bmatrix} 2 \\ 1 \\ 1 \end{bmatrix} \middle| \; c \in \mathbb{R} \right\}, \quad \dim \operatorname{Ker} f = 1.$$

(2) A の列ベクトル表示を $A = \begin{bmatrix} \boldsymbol{a}_1 & \boldsymbol{a}_2 & \boldsymbol{a}_3 \end{bmatrix}$ とすると，A を簡約化した行列 B の形および例題 4.9 から，$\boldsymbol{a}_1, \boldsymbol{a}_2$ は 1 次独立で $\boldsymbol{a}_3$ は $\boldsymbol{a}_1, \boldsymbol{a}_2$ の線形結合で書ける．したがって，

$$\operatorname{Im} f = \{ c_1 \boldsymbol{a}_1 + c_2 \boldsymbol{a}_2 \mid c_1, c_2 \in \mathbb{R} \}, \quad \dim \operatorname{Im} f = 2.$$

したがって $\dim \operatorname{Ker} f + \dim \operatorname{Im} f = 3 = \dim \mathbb{R}^3$ となり，定理 5.4 は確かに成り立っている． ■

例題 5.9

線形空間 V の線形変換 f について以下を示せ．

(1) $\operatorname{Ker} f = \{\boldsymbol{0}\} \Longleftrightarrow f$ は全単射.

(2) W を V の部分空間とすると，

$$\dim f(W) = \dim W - \dim(\operatorname{Ker} f \cap W),$$

特に，$\dim f(W) \leq \dim W$.

解答 (1) 定理 5.3 より f は単射．また次元定理 (定理 5.4) により $\dim \operatorname{Im} f = \dim V$．したがって，$\operatorname{Im} f = V$．つまり f は全射．よって f は全単射．

(2) $\operatorname{Ker} f \cap W = \{ \boldsymbol{x} \mid f(\boldsymbol{x}) = \boldsymbol{0},\ \boldsymbol{x} \in W \}$ より，f を W に制限した線形写像 $f|_W : W \to V$ を考えると，$\operatorname{Ker} f|_W = \operatorname{Ker} f \cap W$．次元定理により

$$\begin{aligned} &\dim \operatorname{Ker} f|_W + \dim \operatorname{Im} f|_W = \dim W \\ \Longleftrightarrow\ &\dim(\operatorname{Ker} f \cap W) + \dim \operatorname{Im} f|_W = \dim W. \end{aligned}$$

これより最初の等式が示せる．

また，$\dim(\operatorname{Ker} f \cap W) \geq 0$ から不等式が示せる． ■

定理 5.5 (階数に関する諸定理)

(1) $m \times n$ 行列 A，$n \times l$ 行列 B に対して，

$$\operatorname{rank} AB \leq \operatorname{rank} A, \quad \operatorname{rank} AB \leq \operatorname{rank} B.$$

(2) $m \times n$ 行列 A, m 次正方行列 P, n 次正方行列 Q とし, P, Q は正則とする．このとき

$$\operatorname{rank} PA = \operatorname{rank} A = \operatorname{rank} AQ.$$

(3) 線形写像 $f : \mathbb{R}^n \to \mathbb{R}^m$ に対応する行列を A とすると,

(3a) $\operatorname{rank} A = n \Longrightarrow f$ は単射

(3b) $\operatorname{rank} A = m \Longrightarrow f$ は全射

証明　(1) A, B はそれぞれ線形写像 $f : \mathbb{R}^n \to \mathbb{R}^m$ および $g : \mathbb{R}^l \to \mathbb{R}^n$ を表す行列と考えることができる．すると，AB は線形写像 $f \circ g$ を表す行列であり，$W = g(\mathbb{R}^l)$ は $\mathbb{R}^n$ の部分空間であるから $W \subset \mathbb{R}^n$. これより

$$\operatorname{rank} AB = \dim f(g(\mathbb{R}^l)) = \dim f(W) \leq \dim f(\mathbb{R}^n) = \operatorname{rank} A$$

となる (例 5.5(1) も参照のこと)．また，例題 5.9 を用いることで

$$\operatorname{rank} AB = \dim f(g(\mathbb{R}^l)) = \dim f(W) \leq \dim W = \dim g(\mathbb{R}^l) = \operatorname{rank} B.$$

(2) (1) の結果より, $\operatorname{rank} AP \leq \operatorname{rank} A$. 一方, $\operatorname{rank} A = \operatorname{rank} (AP)P^{-1} \leq \operatorname{rank} AP$, したがって，$\operatorname{rank} AP = \operatorname{rank} A$. $\operatorname{rank} PA = \operatorname{rank} A$ も同様に示せる．

(3a) 次元定理 (定理 5.4) より，$\dim \operatorname{Ker} f = n - \operatorname{rank} A = 0$. したがって $\operatorname{Ker} f = \{\mathbf{0}\}$ だから，定理 5.3 より f は単射．

(3b) $\dim f(\mathbb{R}^n) = \dim \langle \boldsymbol{a}_1, \cdots, \boldsymbol{a}_n \rangle = \operatorname{rank} A = m$. ゆえに，$f(\mathbb{R}^n) = \mathbb{R}^m$. したがって f は全射． ∎

Note:　定理 5.5(2) により，行列に正則行列を掛けても階数は変わらない．

5.5　異なる基底の組に関する表現行列の関係

例 5.2 と例題 5.5 はある軸への射影という意味では同じであるが，基底が異なっているので対応する行列は違っていた．より一般的な話として，基底を取り替えると線形写像の表現行列がどう変わるのかを考えよう．

定理 5.6

線形空間 U の 2 つの基底 $\{\boldsymbol{u}_1, \cdots, \boldsymbol{u}_n\}$ から $\{\boldsymbol{u}'_1, \cdots, \boldsymbol{u}'_n\}$ への基底変換の行列を P とおく．同様に，線形空間 V の 2 つの基底 $\{\boldsymbol{v}_1, \cdots, \boldsymbol{v}_m\}$ から $\{\boldsymbol{v}'_1, \cdots, \boldsymbol{v}'_m\}$ への基底変換の行列を Q とおく．線形写像 $f: U \to V$ の，基底 $\{\boldsymbol{u}_1, \cdots, \boldsymbol{u}_n\}$, $\{\boldsymbol{v}_1, \cdots, \boldsymbol{v}_m\}$ に関する表現行列を A，基底 $\{\boldsymbol{u}'_1, \cdots, \boldsymbol{u}'_n\}$, $\{\boldsymbol{v}'_1, \cdots, \boldsymbol{v}'_m\}$ に関する表現行列を A' とすると，以下が成り立つ．

$$A' = Q^{-1}AP$$

証明 基底変換の行列の定義より

$$(\boldsymbol{u}'_1, \cdots, \boldsymbol{u}'_n) = (\boldsymbol{u}_1, \cdots, \boldsymbol{u}_n)P,$$
$$(\boldsymbol{v}'_1, \cdots, \boldsymbol{v}'_m) = (\boldsymbol{v}_1, \cdots, \boldsymbol{v}_m)Q$$

であり，P, Q は正則である．また，A, A' は定義より

$$(f(\boldsymbol{u}_1), \cdots, f(\boldsymbol{u}_n)) = (\boldsymbol{v}_1, \cdots, \boldsymbol{v}_m)A,$$
$$(f(\boldsymbol{u}'_1), \cdots, f(\boldsymbol{u}'_n)) = (\boldsymbol{v}'_1, \cdots, \boldsymbol{v}'_m)A'$$

である．したがって

$$(f(\boldsymbol{u}'_1), \cdots, f(\boldsymbol{u}'_n)) = (\boldsymbol{v}'_1, \cdots, \boldsymbol{v}'_m)A' = (\boldsymbol{v}_1, \cdots, \boldsymbol{v}_m)QA'. \tag{5.3}$$

また，列ベクトル表示で $P = \begin{bmatrix}\boldsymbol{p}_1 & \cdots & \boldsymbol{p}_n\end{bmatrix}$ と書くと，

$$(\boldsymbol{u}_1, \cdots, \boldsymbol{u}_n)P = \big((\boldsymbol{u}_1, \cdots, \boldsymbol{u}_n)\boldsymbol{p}_1, (\boldsymbol{u}_1, \cdots, \boldsymbol{u}_n)\boldsymbol{p}_2, \cdots, (\boldsymbol{u}_1, \cdots, \boldsymbol{u}_n)\boldsymbol{p}_n\big)$$

であるから，f が線形写像であることを考えると以下が成り立つ．

$$f(\boldsymbol{u}'_j) = f((\boldsymbol{u}_1, \cdots, \boldsymbol{u}_n)\boldsymbol{p}_j) = (f(\boldsymbol{u}_1), \cdots, f(\boldsymbol{u}_n))\boldsymbol{p}_j \quad (j = 1, \cdots, n)$$

したがって，

$$(f(\boldsymbol{u}'_1), \cdots, f(\boldsymbol{u}'_n)) = (f(\boldsymbol{u}_1), \cdots, f(\boldsymbol{u}_n))P = (\boldsymbol{v}_1, \cdots, \boldsymbol{v}_m)AP. \tag{5.4}$$

式 (5.3), (5.4) および，$\boldsymbol{v}_1, \cdots, \boldsymbol{v}_m$ は 1 次独立であるから，定理 4.8 より $QA' = AP$，すなわち

$$A' = Q^{-1}AP.$$

∎

この定理で $U=V$ とすると，線形変換に関する基底の変換を定める次の公式が得られる．

定理 5.7

線形空間 U の 2 つの基底 $\{\boldsymbol{u}_1,\cdots,\boldsymbol{u}_n\}$ から $\{\boldsymbol{u}'_1,\cdots,\boldsymbol{u}'_n\}$ への基底変換の行列を P とおく．線形変換 $f:U\to U$ の，基底 $\{\boldsymbol{u}_1,\cdots,\boldsymbol{u}_n\}$ に関する表現行列を A，基底 $\{\boldsymbol{u}'_1,\cdots,\boldsymbol{u}'_n\}$ に関する表現行列を A' とすると，以下が成り立つ．

$$A'=P^{-1}AP$$

例題 5.10

$\mathbb{R}^2$ の線形変換の，標準基底に関する表現行列を $A=\begin{bmatrix}1&2\\4&-1\end{bmatrix}$ とおき，別の基底 $\{\boldsymbol{u}_1,\boldsymbol{u}_2\}$ を $\boldsymbol{u}_1=\begin{bmatrix}1\\1\end{bmatrix}$, $\boldsymbol{u}_2=\begin{bmatrix}-1\\2\end{bmatrix}$ により定める．

(1) 標準基底から $\{\boldsymbol{u}_1,\boldsymbol{u}_2\}$ への基底変換の行列 P を求めよ．

(2) 基底 $\{\boldsymbol{u}_1,\boldsymbol{u}_2\}$ に関する表現行列 A' を求めよ．

解答 (1) 基底変換の行列は $[\boldsymbol{u}_1\ \boldsymbol{u}_2]=[\boldsymbol{e}_1\ \boldsymbol{e}_2]P$ より，$P=\begin{bmatrix}1&-1\\1&2\end{bmatrix}$ である．

(2) $P^{-1}=\dfrac{1}{3}\begin{bmatrix}2&1\\-1&1\end{bmatrix}$ であるから，定理 5.7 により

$$A'=P^{-1}AP=\begin{bmatrix}3&0\\0&-3\end{bmatrix}.$$

∎

Note: この場合 A' は対角行列となった．つまり基底 $\{\boldsymbol{u}_1,\boldsymbol{u}_2\}$ で表すと，この線形変換はそれぞれの軸の方向に 3 倍，(-3) 倍するだけという非常に見通しのよい形になったことになる．行列 A に対して $\boldsymbol{u}_1,\boldsymbol{u}_2$ や A' の対角成分が求められる条件や一般的な方法については第 7 章で詳しく学ぶ．

この定理を，射影の問題に適用してみよう．

例 5.6

平面において標準基底を $\{\boldsymbol{e}_1, \boldsymbol{e}_2\}$，これを角 α だけ回転させた基底を $\{\boldsymbol{u}_1, \boldsymbol{u}_2\}$ とする (具体的な表式は例 5.2)．基底 $\{\boldsymbol{u}_1, \boldsymbol{u}_2\}$ において，与えられた点を u_1 軸上に射影する写像を f とすると，その表現行列 B は

$$f(\boldsymbol{u}_1) = 1\boldsymbol{u}_1 + 0\boldsymbol{u}_2, \quad f(\boldsymbol{u}_2) = 0\boldsymbol{u}_1 + 0\boldsymbol{u}_2$$

なので $B = \begin{bmatrix} 1 & 0 \\ 0 & 0 \end{bmatrix}$ である (例 5.2 参照)．同じ写像の基底 $\{\boldsymbol{e}_1, \boldsymbol{e}_2\}$ に関する表現行列 A を求めよう．$\{\boldsymbol{e}_1, \boldsymbol{e}_2\}$ から $\{\boldsymbol{u}_1, \boldsymbol{u}_2\}$ への基底変換の行列 P は $P = \begin{bmatrix} \cos\alpha & -\sin\alpha \\ \sin\alpha & \cos\alpha \end{bmatrix}$ であるから，定理 5.7 より $B = P^{-1}AP$．したがって，

$$A = PBP^{-1} = \begin{bmatrix} \cos^2\alpha & \sin\alpha\cos\alpha \\ \sin\alpha\cos\alpha & \sin^2\alpha \end{bmatrix}$$

となり，例 5.5 の結果と同じ行列を得た．

定理 5.8

線形変換 f が同型写像であることと，f に対応する行列 A が正則であることは同値である．

証明 $\dim V = n$ とする．f が同型写像 $\Leftrightarrow$ f は全射かつ単射 $\Leftrightarrow \dim \mathrm{Ker}\, f = 0$ (例題 5.9(1)) $\Leftrightarrow \dim \mathrm{Im}\, f = n$ (定理 5.4) $\Leftrightarrow \dim f(\mathbb{R}^n) = n \Leftrightarrow \mathrm{rank}\, A = n$ (例 5.5(1)) $\Leftrightarrow$ A は正則． ∎

例 5.7

(1) 例 5.2 の行列 A と例 5.6 の行列 A は実質的に同じものを表すが，表現は異なる．これらの行列はともに正則でないので対応する写像 f は同型写像でない．事実，例 5.2 の射影 f では $\begin{bmatrix} 1 \\ 0 \end{bmatrix}$ の逆像は $\begin{bmatrix} 1 \\ s \end{bmatrix}$ $(s \in \mathbb{R})$ となるので，$f(\boldsymbol{x}) = f(\boldsymbol{y})$ であっても $\boldsymbol{x} = \boldsymbol{y}$ は成り立たない．したがって，f は同型写像ではない．

(2) 例題 5.7 の行列 A も正則ではないので 2 次以下の多項式関数を微分する写像は同型写像ではない．

章末問題

□ **1.** 写像 $f:[-\pi,\pi]\to[-1,1]$ を $f(x)=\sin x$ により定めるとき，f は全射か？ また，f は単射か？

□ **2.** ある月は 30 日まであり，第 1 日は月曜日だった．$D=\{1,2,\cdots,30\}$, $X=\{0,1,\cdots,6\}$, $Y=\{$ 日曜日, 月曜日, $\cdots$, 土曜日 $\}$ とするとき，この月の日付を曜日に変換する写像を構成せよ．(ヒント：$f:D\to X$, $g:X\to Y$ を定義して合成写像を用いる．)

□ **3.** 平面上の点 P を角 θ だけ反時計回りに回転させる写像 f と角 ψ だけ反時計回りに回転させる写像 g の合成写像 $g\circ f$ を表す行列を求めよ．

□ **4.** 次の写像のうち，線形写像であるものは定義を満たしていることを示し，線形写像でないものは反例を 1 つあげよ．

(1) $f:\mathbb{R}\to\mathbb{R}$ で，$f(x)=2x$.

(2) $f:\mathbb{R}\to\mathbb{R}$ で，$f(x)=2x+1$.

(3) $f:\mathbb{R}^2\to\mathbb{R}$ で，$\boldsymbol{x}=(x,y)$ に対して $f(\boldsymbol{x})=ax+by$ $(a,b\in\mathbb{R})$.

(4) $f:\mathbb{R}^2\to\mathbb{R}^2$ で，$\boldsymbol{x}=(x,y)$ に対して $f(\boldsymbol{x})=(x+2y+3,4x+5y+6)$.

(5) $f:\mathbb{R}\to\mathbb{R}$ で，$f(x)=x^2+1$.

(6) $f:\mathbb{C}\to\mathbb{C}$ で，$f(z)=(1+i)z$.

(7) $f:\mathbb{C}\to\mathbb{R}$ で，$f(z)=\mathrm{Re}\,z+3\,\mathrm{Im}\,z$. ($\mathrm{Re}\,z$, $\mathrm{Im}\,z$ はそれぞれ z の実部，虚部を表す．)

□ **5.** 行列 A を用いて $\mathbb{R}^2$ 上の線形写像を $\boldsymbol{y}=A\boldsymbol{x}$ により定義する．以下の行列 A の定める線形写像がどのような写像であるか説明せよ．

(1) $A=\begin{bmatrix}1&0\\0&2\end{bmatrix}$　　(2) $A=\begin{bmatrix}2&0\\0&-2\end{bmatrix}$

(3) $A=\begin{bmatrix}0&1\\-1&0\end{bmatrix}$　　(4) $A=\begin{bmatrix}1&1\\-1&2\end{bmatrix}$

□ **6.** 線形写像 $f:U\to V$ に対して $\mathrm{Im}\,f$, $\mathrm{Ker}\,f$ がそれぞれ V, U の部分空間になっていることを示せ．

□ **7.** 以下の行列 A で定まる線形写像 f について，$\mathrm{Ker}\,f$, $\mathrm{Im}\,f$ および，それらの次元を求めよ．

(1) $A=\begin{bmatrix}1&2\\3&4\end{bmatrix}$　　(2) $A=\begin{bmatrix}1&3\\3&9\end{bmatrix}$

(3) $A = \begin{bmatrix} 1 & -1 & -1 \\ 3 & -2 & 0 \\ 1 & 1 & 5 \end{bmatrix}$ (4) $A = \begin{bmatrix} 1 & -1 & -1 \\ 3 & -2 & 0 \\ 1 & 2 & 5 \end{bmatrix}$

□ **8.** $m \times n$ 行列 A, B に対して，次を示せ．

$$\operatorname{rank}(A+B) \leq \operatorname{rank} A + \operatorname{rank} B$$

□ **9.** (1) 正方行列 A により定まる線形写像 f は，A が正則ならば単射であることを示せ．

(2) 回転行列 $R(\theta)$ により定まる線形写像は単射であることを示せ．

(3) 正方行列 A により定まる線形写像 f が単射でないとすると，連立方程式 $A\boldsymbol{x} = \boldsymbol{0}$ は非自明な解をもつことを示せ．

□ **10.** $c_0 + c_1 e^x + c_2 x e^x$ の形で書ける関数の集合 V は線形空間となることを示せ．この関数からその導関数を与える V の線形変換を f とするとき，基底 $\{1, e^x, xe^x\}$ に関する表現行列を求めよ．さらに，f が同型写像かどうか調べよ．

□ **11.** (1) n 次以下の多項式関数の微分に対して，$\mathbb{R}[x]_n$ の基底 $\{1, x, \cdots, x^n\}$ に関する表現行列を求めよ．

(2) $c_0 e^x + c_1 x e^x$ $(c_0, c_1 \in \mathbb{R})$ の形で書ける関数の集合 V は線形空間をなす．この関数の導関数も V のベクトルであることを示し，基底 $\{e^x, xe^x\}$ に関する表現行列を求めよ．

□ **12.** $I = [a, b]$ で連続な関数全体のつくる線形空間 $C^0(I)$ において，

$$f(x) \longrightarrow \int_a^b f(x)\, dx$$

で定義される写像 $\Phi : C^0(I) \to \mathbb{R}$ が線形写像であることを示せ．

□ **13.** (1) 以下の式で定義される線形写像 $f : \mathbb{R}^4 \to \mathbb{R}^3$，すなわち

$$f(\begin{bmatrix} x_1 \\ x_2 \\ x_3 \\ x_4 \end{bmatrix}) = \begin{bmatrix} x_1 + 2x_2 - x_3 + 4x_4 \\ x_2 + 2x_3 + 3x_4 \\ 2x_1 + 3x_2 - 4x_3 + 5x_4 \end{bmatrix}$$

の $\operatorname{Im} f$ と $\operatorname{Ker} f$ のそれぞれの次元と基底を求めよ．

(2) また，$\mathbb{R}^4$ の標準基底 $\{\boldsymbol{e}_1, \boldsymbol{e}_2, \boldsymbol{e}_3, \boldsymbol{e}_4\}$，$\mathbb{R}^3$ の基底

$$\left\{ \begin{bmatrix} 1 \\ 1 \\ 2 \end{bmatrix}, \begin{bmatrix} 3 \\ 5 \\ 4 \end{bmatrix}, \begin{bmatrix} 1 \\ 1 \\ 1 \end{bmatrix} \right\}$$

に関する f の表現行列を求めよ．

6
内積空間

本章では，第 4 章で定義した線形空間において，長さや直交性といった概念を扱えるようにするために **内積** を導入する．これまでの議論では，簡単のために実数体 $\mathbb{R}$ を中心に扱ったが，多くの議論は一般の「体」の場合にも成立する．しかし，内積を定義するためには，実数体 $\mathbb{R}$ や複素数体 $\mathbb{C}$ のような限られた体の上に定義された線形空間を考えなければならない．以下では，簡単のため主に実数体 $\mathbb{R}$ 上の線形空間について議論する．

6.1 内　積

● 内積の定義

定義 6.1 (内積)

$\mathbb{R}$ 上の線形空間 V の 2 つのベクトル $\boldsymbol{u}, \boldsymbol{v}$ に対して，次の 4 条件を満たす実数 $(\boldsymbol{u}, \boldsymbol{v})$ を対応させることができるとき，$(\boldsymbol{u}, \boldsymbol{v})$ を $\boldsymbol{u}$ と $\boldsymbol{v}$ の **内積** という．

(1) $(\boldsymbol{u}, \boldsymbol{v}) = (\boldsymbol{v}, \boldsymbol{u})$

(2) $(\boldsymbol{u} + \boldsymbol{v}, \boldsymbol{w}) = (\boldsymbol{u}, \boldsymbol{w}) + (\boldsymbol{v}, \boldsymbol{w})$

(3) $(c\boldsymbol{u}, \boldsymbol{v}) = c(\boldsymbol{u}, \boldsymbol{v})$

(4) $\boldsymbol{u} \neq \boldsymbol{0}$ ならば $(\boldsymbol{u}, \boldsymbol{u}) > 0$.

ここで，$\boldsymbol{u}, \boldsymbol{v}, \boldsymbol{w} \in V$, $c \in \mathbb{R}$ である．

Note: (3) で $c = 0$ とすると，$(\boldsymbol{0}, \boldsymbol{v}) = 0$ となる．特に，$(\boldsymbol{0}, \boldsymbol{0}) = 0$ である．

Note: 線形空間 V が複素線形空間の場合には，内積のとる値は複素数となり，$c \in \mathbb{C}$ とし，上記の 4 条件のうち (1) を

(1)$'$ $(\boldsymbol{u}, \boldsymbol{v}) = \overline{(\boldsymbol{v}, \boldsymbol{u})}$

で置き換える必要がある ($\overline{}$ は複素共役を表す). このときの内積を **エルミート内積** ともいう.

定義 6.2 (内積空間)

内積が定義された線形空間を **内積空間** という.

例 6.1

$\mathbb{R}^n$ のベクトル $\boldsymbol{a} = \begin{bmatrix} a_1 \\ a_2 \\ \vdots \\ a_n \end{bmatrix}$ と $\boldsymbol{b} = \begin{bmatrix} b_1 \\ b_2 \\ \vdots \\ b_n \end{bmatrix}$ に対して,

$$(\boldsymbol{a}, \boldsymbol{b}) = {}^t\boldsymbol{a}\boldsymbol{b} = a_1b_1 + a_2b_2 + \cdots + a_nb_n$$

と定義すると, これは $\mathbb{R}^n$ の内積になる. この内積を **$\mathbb{R}^n$ の標準内積** という.

本書では, 以後 $\mathbb{R}^n$ の内積を用いるとき, 特に断らなければ標準内積を用いる.

例題 6.1

$\mathbb{R}^n$ の標準内積が, 内積の定義の 4 条件を満たすことを確かめよ.

解答　$\boldsymbol{a}, \boldsymbol{b}, \boldsymbol{c} \in \mathbb{R}^n$ とし, $\alpha \in \mathbb{R}$ とする.

(1) $(\boldsymbol{a}, \boldsymbol{b}) = {}^t\boldsymbol{a}\boldsymbol{b} = {}^t\boldsymbol{b}\boldsymbol{a} = (\boldsymbol{b}, \boldsymbol{a})$

(2) $(\boldsymbol{a} + \boldsymbol{b}, \boldsymbol{c}) = {}^t(\boldsymbol{a} + \boldsymbol{b})\boldsymbol{c} = {}^t\boldsymbol{a}\boldsymbol{c} + {}^t\boldsymbol{b}\boldsymbol{c} = (\boldsymbol{a}, \boldsymbol{c}) + (\boldsymbol{b}, \boldsymbol{c})$

(3) $(\alpha\boldsymbol{a}, \boldsymbol{b}) = {}^t(\alpha\boldsymbol{a})\boldsymbol{b} = \alpha\, {}^t\boldsymbol{a}\boldsymbol{b} = \alpha(\boldsymbol{a}, \boldsymbol{b})$

(4) ${}^t\boldsymbol{a} = \begin{bmatrix} a_1 & a_2 & \cdots & a_n \end{bmatrix}$ とすると, 標準内積の定義から

$$(\boldsymbol{a}, \boldsymbol{a}) = a_1^2 + a_2^2 + \cdots + a_n^2$$

である. $\boldsymbol{a} \neq \boldsymbol{0}$ ならば, $a_i \neq 0$ となる i があるから $(\boldsymbol{a}, \boldsymbol{a}) > 0$ である. ∎

Note:　A を n 次実正方行列とすると, 標準内積に関して

$$(A\boldsymbol{a}, \boldsymbol{b}) = (\boldsymbol{a}, {}^tA\boldsymbol{b})$$

が成り立つ. 実際,

$$(A\boldsymbol{a}, \boldsymbol{b}) = {}^t(A\boldsymbol{a})\boldsymbol{b} = ({}^t\boldsymbol{a}\,{}^tA)\boldsymbol{b} = {}^t\boldsymbol{a}({}^tA\boldsymbol{b}) = (\boldsymbol{a}, {}^tA\boldsymbol{b})$$

となる．

例 6.2

$\mathbb{C}^n$ のベクトル $\boldsymbol{a} = \begin{bmatrix} a_1 \\ a_2 \\ \vdots \\ a_n \end{bmatrix}$ と $\boldsymbol{b} = \begin{bmatrix} b_1 \\ b_2 \\ \vdots \\ b_n \end{bmatrix}$ に対して，

$$(\boldsymbol{a}, \boldsymbol{b}) = {}^t\boldsymbol{a}\overline{\boldsymbol{b}} = a_1\overline{b}_1 + a_2\overline{b}_2 + \cdots + a_n\overline{b}_n$$

と定義すると，これは $\mathbb{C}^n$ の内積になる．この内積を **$\mathbb{C}^n$ の標準内積** という．

例 6.3

区間 $I = [a, b]$ で連続な実数値関数全体のつくる線形空間 $C(I)$ の任意の関数 $f, g \in C(I)$ に対して，

$$(f, g) = \int_a^b f(x)g(x)\,dx$$

と定義すると，これは $C(I)$ の内積である．

● ノルム

定義 6.3 (ベクトルのノルム)

内積空間 V のベクトル $\boldsymbol{u}$ に対して，

$$||\boldsymbol{u}|| = \sqrt{(\boldsymbol{u}, \boldsymbol{u})}$$

をベクトル $\boldsymbol{u}$ の **ノルム** または **長さ** という．

Note: $(\boldsymbol{u}, \boldsymbol{u}) \geq 0$ だから，ノルム $||\boldsymbol{u}||$ はいつでも計算可能である．

内積の定義から $||\boldsymbol{u}|| \geq 0$ であり，等号は $\boldsymbol{u} = \boldsymbol{0}$ のときに限る．つまり，$||\boldsymbol{u}|| \neq 0$ ならば $\boldsymbol{u} \neq \boldsymbol{0}$ である．

例 6.4

$\mathbb{R}^3$ の標準内積では, ベクトル $\boldsymbol{a} = \begin{bmatrix} 1 \\ 2 \\ 3 \end{bmatrix}$ に対して, $||\boldsymbol{a}|| = \sqrt{1^2 + 2^2 + 3^2} = \sqrt{14}$ である.

定理 6.1 (ノルムの性質)

内積空間 V の任意のベクトル $\boldsymbol{u}, \boldsymbol{v} \in V$ と任意の $c \in \mathbb{R}$ に対して，次が成り立つ.

(1) $||c\boldsymbol{u}|| = |c|\,||\boldsymbol{u}||$

(2) $|(\boldsymbol{u}, \boldsymbol{v})| \leq ||\boldsymbol{u}||\,||\boldsymbol{v}||$　　(シュヴァルツの不等式)

(3) $||\boldsymbol{u} + \boldsymbol{v}|| \leq ||\boldsymbol{u}|| + ||\boldsymbol{v}||$　　(三角不等式)

証明　(1) $||c\boldsymbol{u}||^2 = (c\boldsymbol{u}, c\boldsymbol{u}) = c^2(\boldsymbol{u}, \boldsymbol{u}) = c^2||\boldsymbol{u}||^2$ であるから，この両辺の平方根をとればこの等式が成り立つことがわかる.

(2) $\boldsymbol{u} = \boldsymbol{0}$ のとき，両辺が 0 となるので等号が成り立つ. $\boldsymbol{u} \neq \boldsymbol{0}$ と仮定する. いま，$f(t) = ||t\boldsymbol{u} + \boldsymbol{v}||^2$ (≥ 0) とおくと,

$$f(t) = (t\boldsymbol{u} + \boldsymbol{v}, t\boldsymbol{u} + \boldsymbol{v}) = t^2||\boldsymbol{u}||^2 + 2t(\boldsymbol{u}, \boldsymbol{v}) + ||\boldsymbol{v}||^2$$

と書ける. ここで，$||\boldsymbol{u}||^2 > 0$ であるから，$f(t) \geq 0$ であるためには，t の 2 次方程式 $f(t) = 0$ の判別式 D が 0 以下でなければならない. つまり,

$$\frac{D}{4} = (\boldsymbol{u}, \boldsymbol{v})^2 - ||\boldsymbol{u}||^2||\boldsymbol{v}||^2 \leq 0$$

が成り立たなければならない. したがって，$(\boldsymbol{u}, \boldsymbol{v})^2 \leq ||\boldsymbol{u}||^2||\boldsymbol{v}||^2$，すなわち，$|(\boldsymbol{u}, \boldsymbol{v})| \leq ||\boldsymbol{u}||\,||\boldsymbol{v}||$ である.

(3) 左辺の 2 乗は，(2) を用いると

$$\begin{aligned} ||\boldsymbol{u} + \boldsymbol{v}||^2 &= (\boldsymbol{u} + \boldsymbol{v}, \boldsymbol{u} + \boldsymbol{v}) \\ &= ||\boldsymbol{u}||^2 + 2(\boldsymbol{u}, \boldsymbol{v}) + ||\boldsymbol{v}||^2 \\ &\leq ||\boldsymbol{u}||^2 + 2|(\boldsymbol{u}, \boldsymbol{v})| + ||\boldsymbol{v}||^2 \\ &\leq ||\boldsymbol{u}||^2 + 2||\boldsymbol{u}||\,||\boldsymbol{v}|| + ||\boldsymbol{v}||^2 = (||\boldsymbol{u}|| + ||\boldsymbol{v}||)^2 \end{aligned}$$

となるから，$||\boldsymbol{u} + \boldsymbol{v}|| \leq ||\boldsymbol{u}|| + ||\boldsymbol{v}||$ である. ∎

● 2つのベクトルのなす角

実内積空間の $\mathbf{0}$ でないベクトル $\boldsymbol{u}$ と $\boldsymbol{v}$ に対して，シュヴァルツの不等式から $-||\boldsymbol{u}||\,||\boldsymbol{v}|| \leq (\boldsymbol{u}, \boldsymbol{v}) \leq ||\boldsymbol{u}||\,||\boldsymbol{v}||$ がわかる．この式を $||\boldsymbol{u}||\,||\boldsymbol{v}||$ で割ると

$$-1 \leq \frac{(\boldsymbol{u}, \boldsymbol{v})}{||\boldsymbol{u}||\,||\boldsymbol{v}||} \leq 1$$

を得る．そこで

$$\cos\theta = \frac{(\boldsymbol{u}, \boldsymbol{v})}{||\boldsymbol{u}||\,||\boldsymbol{v}||} \quad (0 \leq \theta \leq \pi)$$

とおき，幾何ベクトルと同じようにこの θ を **ベクトル $\boldsymbol{u}$ と $\boldsymbol{v}$ のなす角** ということにする (例題 4.1 の後も参照のこと)．このことから，例えば 2 次以下の多項式関数がなす線形空間 $\mathbb{R}[x]_2$ に内積が定義されていれば，「(2 次以下の) 多項式関数どうしのなす角」が定義できることになる．

特に，$\theta = \dfrac{\pi}{2}$ のとき，$(\boldsymbol{u}, \boldsymbol{v}) = 0$ となる．このことから，一般の内積空間においても直交を内積を使って以下のように定義する．

定義 6.4 (内積空間での直交)

内積空間の 2 つのベクトル $\boldsymbol{u}$ と $\boldsymbol{v}$ の内積が $(\boldsymbol{u}, \boldsymbol{v}) = 0$ となるとき，ベクトル $\boldsymbol{u}$ と $\boldsymbol{v}$ は **直交する** といい，$\boldsymbol{u} \perp \boldsymbol{v}$ で表す．

Note: 零ベクトル $\mathbf{0}$ はどんなベクトルと内積をとっても 0 になるので，すべてのベクトルと直交するものと考える．

6.2 正規直交基底

● 直交系と正規直交系

定義 6.5 (直交系)

内積空間 V の $\mathbf{0}$ でないベクトル $\boldsymbol{u}_1, \cdots, \boldsymbol{u}_r$ のどの 2 つも直交しているとき，すなわち

$$(\boldsymbol{u}_i, \boldsymbol{u}_j) = 0 \quad (i \neq j,\ 1 \leq i, j \leq r)$$

が成り立つとき，$\boldsymbol{u}_1, \cdots, \boldsymbol{u}_r$ は **直交系** であるという．

例 6.5

$\mathbb{R}^3$ の 3 つのベクトル $\boldsymbol{a} = \begin{bmatrix} 1 \\ 1 \\ -1 \end{bmatrix}$, $\boldsymbol{b} = \begin{bmatrix} 1 \\ -2 \\ -1 \end{bmatrix}$, $\boldsymbol{c} = \begin{bmatrix} 1 \\ 0 \\ 1 \end{bmatrix}$ は直交系である．

例題 6.2

区間 $[-\pi, \pi]$ で連続な関数全体のつくる線形空間に内積を

$$(f, g) = \int_{-\pi}^{\pi} f(x)g(x)\,dx$$

で定義すると，

$$1,\ \cos x,\ \sin x,\ \cos(2x),\ \sin(2x),\ \cdots,\ \cos(nx),\ \sin(nx)$$

は直交系になることを示せ．

解答　cos 関数，sin 関数の 1 周期にわたる積分は 0 であるから，

$$\left.\begin{aligned} (1, \cos(kx)) &= \int_{-\pi}^{\pi} \cos(kx)\,dx = 0, \\ (1, \sin(kx)) &= \int_{-\pi}^{\pi} \sin(kx)\,dx = 0 \end{aligned}\right. \quad (k = 1, 2, \cdots)$$

である．また，三角関数の加法定理から，k, l を自然数として，

$$\int_{-\pi}^{\pi} \cos(kx)\sin(lx)\,dx = 0,$$

$$\int_{-\pi}^{\pi} \cos(kx)\cos(lx)\,dx = \int_{-\pi}^{\pi} \sin(kx)\sin(lx)\,dx = 0 \quad (k \neq l)$$

となるので，$(\cos(kx), \sin(lx)) = 0$, $(\cos(kx), \cos(lx)) = (\sin(kx), \sin(lx)) = 0$ $(k \neq l)$．したがって，$1, \cos x, \sin x, \cos(2x), \sin(2x), \cdots, \cos(nx), \sin(nx)$ は互いに直交する．つまり，これらは直交系である．∎

定理 6.2

内積空間 V のベクトル $\boldsymbol{u}_1, \cdots, \boldsymbol{u}_r$ が直交系ならば，$\boldsymbol{u}_1, \cdots, \boldsymbol{u}_r$ は 1 次独立である．

証明　仮定より，$i \neq j$ ならば $(\boldsymbol{u}_i, \boldsymbol{u}_j) = 0$ である．1 次独立であることを示

すため，1次関係

$$c_1\boldsymbol{u}_1 + \cdots + c_r\boldsymbol{u}_r = \boldsymbol{0}$$

を考える．両辺と $\boldsymbol{u}_i$ の内積を考えると，任意の i $(1 \leq i \leq r)$ について $(\boldsymbol{u}_i, \boldsymbol{0}) = 0$ であるから

$$0 = (\boldsymbol{u}_i, c_1\boldsymbol{u}_1 + \cdots + c_r\boldsymbol{u}_r) = \sum_{j=1}^{r} c_j(\boldsymbol{u}_i, \boldsymbol{u}_j) = c_i(\boldsymbol{u}_i, \boldsymbol{u}_i) = c_i||\boldsymbol{u}_i||^2$$

である．直交系の仮定より $\boldsymbol{u}_i \neq \boldsymbol{0}$ であるから，$||\boldsymbol{u}_i||^2 \neq 0$ となるので，$c_i = 0$ $(1 \leq i \leq r)$ である．したがって，$\boldsymbol{u}_1, \cdots, \boldsymbol{u}_r$ は1次独立である． ■

定義 6.6 (正規直交系と正規直交基底)

内積空間 V のベクトル $\boldsymbol{u}_1, \cdots, \boldsymbol{u}_r$ がすべて単位ベクトルであり，しかも直交系であるとき，すなわち，

$$(\boldsymbol{u}_i, \boldsymbol{u}_j) = \delta_{ij} = \begin{cases} 1 & (i = j), \\ 0 & (i \neq j) \end{cases}$$

となるとき，$\boldsymbol{u}_1, \cdots, \boldsymbol{u}_r$ は **正規直交系** であるという．

また，V の基底 $\{\boldsymbol{u}_1, \cdots, \boldsymbol{u}_r\}$ が正規直交系であるとき，この基底を **正規直交基底** という．

Note: 正規直交基底を構成するベクトルのノルムは1にそろえられている．

内積空間のベクトルに，あるスカラーを掛けてノルムが1のベクトルをつくることを**正規化**という．

例 6.6

$\mathbb{R}^n$ の標準基底 $\{\boldsymbol{e}_1, \cdots, \boldsymbol{e}_n\}$ は正規直交基底である．

例 6.7

例題6.2では，区間 $[-\pi, \pi]$ で連続な関数全体のつくる線形空間に内積を

$$(f, g) = \int_{-\pi}^{\pi} f(x)g(x)\,dx$$

で定義すると，$1, \cos x, \sin x, \cos(2x), \sin(2x), \cdots, \cos(nx), \sin(nx)$ は直交系になることを示した．したがって，これらの関数をそのノルムで割って 1 に正規化すれば正規直交系が得られる．ここで，k を自然数とすると

$$\int_{-\pi}^{\pi} 1^2\,dx = 2\pi, \quad \int_{-\pi}^{\pi} \sin^2(kx)\,dx = \pi, \quad \int_{-\pi}^{\pi} \cos^2(kx)\,dx = \pi$$

である．これらは関数 1，$\sin(kx)$，$\cos(kx)$ のノルムの 2 乗なので，

$$\frac{1}{\sqrt{2\pi}}, \ \frac{\cos x}{\sqrt{\pi}}, \ \frac{\sin x}{\sqrt{\pi}}, \ \frac{\cos(2x)}{\sqrt{\pi}}, \ \frac{\sin(2x)}{\sqrt{\pi}}, \ \ldots, \ \frac{\cos(nx)}{\sqrt{\pi}}, \ \frac{\sin(nx)}{\sqrt{\pi}}$$

は正規直交系となる．これらのベクトルを利用した関数の近似手法は **フーリエ級数展開** とよばれている．

例 6.8

n を奇数として，例 6.7 で示したベクトルの線形結合により定義される関数

$$f(x) = \frac{4}{\pi}\sin x + \frac{4}{3\pi}\sin(3x) + \cdots + \frac{4}{n\pi}\sin(nx)$$

を考えよう．図 6.1 には，$n = 5, 21$ の場合の $y = f(x)$ のグラフを示している．一見してわかるように，この関数は n が大きくなると矩形波 (図の太実線) に近づいていることがわかる．

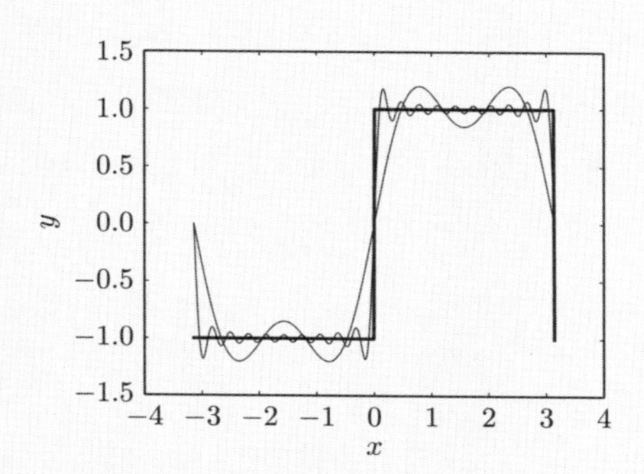

図 6.1　$y = f(x)$ のグラフを $n = 5, 21$ の場合に描いたもの．ある関数に近づいている．

● グラム・シュミットの直交化

n 次元内積空間 V の与えられた一組の基底 $\{\boldsymbol{v}_1, \boldsymbol{v}_2, \cdots, \boldsymbol{v}_n\}$ から，以下の定理で示すような手続きを用いて，V の正規直交基底を構成することができる．この方法を **グラム・シュミットの直交化** という．

定理 6.3 (グラム・シュミットの直交化)

n 次元内積空間 V の一組の基底 $\{\boldsymbol{v}_1, \boldsymbol{v}_2, \cdots, \boldsymbol{v}_n\}$ から正規直交基底 $\{\boldsymbol{u}_1, \boldsymbol{u}_2, \cdots, \boldsymbol{u}_n\}$ を構成することができる．

証明 まず，$\boldsymbol{u}_1 = \dfrac{\boldsymbol{v}_1}{||\boldsymbol{v}_1||}$ とおくと，$||\boldsymbol{u}_1|| = 1$ となる．次に，

$$\boldsymbol{v}_2' = \boldsymbol{v}_2 - (\boldsymbol{v}_2, \boldsymbol{u}_1)\boldsymbol{u}_1, \quad \boldsymbol{u}_2 = \frac{\boldsymbol{v}_2'}{||\boldsymbol{v}_2'||}$$

とおくと，$(\boldsymbol{u}_1, \boldsymbol{u}_2) = 0$ かつ $||\boldsymbol{u}_2|| = 1$ となることは容易に確認できる．$\boldsymbol{v}_1, \boldsymbol{v}_2$ が 1 次独立であるから，$\boldsymbol{v}_2' \neq \boldsymbol{0}$ であることに注意する．このとき，$\boldsymbol{v}_1, \boldsymbol{v}_2$ が生成する空間と $\boldsymbol{u}_1, \boldsymbol{u}_2$ が生成する空間が等しくなる．つまり，

$$\langle \boldsymbol{u}_1, \boldsymbol{u}_2 \rangle = \langle \boldsymbol{v}_1, \boldsymbol{v}_2 \rangle$$

となる．同様に $\boldsymbol{u}_1, \boldsymbol{u}_2, \cdots, \boldsymbol{u}_r$ $(1 \leq r < n)$ が求まったとき，

$$\boldsymbol{v}_{r+1}' = \boldsymbol{v}_{r+1} - \sum_{i=1}^{r} (\boldsymbol{v}_{r+1}, \boldsymbol{u}_i)\boldsymbol{u}_i, \quad \boldsymbol{u}_{r+1} = \frac{\boldsymbol{v}_{r+1}'}{||\boldsymbol{v}_{r+1}'||}$$

とおくと，$(\boldsymbol{u}_{r+1}, \boldsymbol{u}_i) = 0$ $(1 \leq i \leq r)$ かつ $||\boldsymbol{u}_{r+1}|| = 1$ となる．このとき，

$$\langle \boldsymbol{u}_1, \boldsymbol{u}_2, \cdots, \boldsymbol{u}_{r+1} \rangle = \langle \boldsymbol{v}_1, \boldsymbol{v}_2, \cdots, \boldsymbol{v}_{r+1} \rangle$$

となる．この手続きを $r = n-1$ まで繰り返せば，$\boldsymbol{u}_1, \boldsymbol{u}_2, \cdots, \boldsymbol{u}_n$ は V を生成するので，求める正規直交基底が得られる． ∎

例題 6.3

$\mathbb{R}^3$ の基底

$$\left\{ \boldsymbol{a}_1 = \begin{bmatrix} 1 \\ 2 \\ -1 \end{bmatrix},\ \boldsymbol{a}_2 = \begin{bmatrix} -1 \\ 3 \\ 1 \end{bmatrix},\ \boldsymbol{a}_3 = \begin{bmatrix} 4 \\ 0 \\ -1 \end{bmatrix} \right\}$$

をグラム・シュミットの直交化を用いて正規直交化せよ．

解答 グラム・シュミットの直交化を用いて，$\boldsymbol{u}_1, \boldsymbol{u}_2, \boldsymbol{u}_3$ を順番に求める．まず，

$$\boldsymbol{u}_1 = \frac{\boldsymbol{a}_1}{||\boldsymbol{a}_1||} = \frac{1}{\sqrt{6}}\begin{bmatrix}1\\2\\-1\end{bmatrix}$$

となる．次に，

$$\begin{aligned}\boldsymbol{a}_2' &= \boldsymbol{a}_2 - (\boldsymbol{a}_2, \boldsymbol{u}_1)\boldsymbol{u}_1\\ &= \begin{bmatrix}-1\\3\\1\end{bmatrix} - \frac{4}{\sqrt{6}}\frac{1}{\sqrt{6}}\begin{bmatrix}1\\2\\-1\end{bmatrix} = \frac{5}{3}\begin{bmatrix}-1\\1\\1\end{bmatrix}\end{aligned}$$

であるから，

$$\boldsymbol{u}_2 = \frac{\boldsymbol{a}_2'}{||\boldsymbol{a}_2'||} = \frac{1}{\sqrt{3}}\begin{bmatrix}-1\\1\\1\end{bmatrix}$$

となる．さらに，

$$\begin{aligned}\boldsymbol{a}_3' &= \boldsymbol{a}_3 - (\boldsymbol{a}_3, \boldsymbol{u}_1)\boldsymbol{u}_1 - (\boldsymbol{a}_3, \boldsymbol{u}_2)\boldsymbol{u}_2\\ &= \begin{bmatrix}4\\0\\-1\end{bmatrix} - \frac{5}{\sqrt{6}}\frac{1}{\sqrt{6}}\begin{bmatrix}1\\2\\-1\end{bmatrix} - \frac{-5}{\sqrt{3}}\frac{1}{\sqrt{3}}\begin{bmatrix}-1\\1\\1\end{bmatrix} = \frac{3}{2}\begin{bmatrix}1\\0\\1\end{bmatrix}\end{aligned}$$

であるから，

$$\boldsymbol{u}_3 = \frac{\boldsymbol{a}_3'}{||\boldsymbol{a}_3'||} = \frac{1}{\sqrt{2}}\begin{bmatrix}1\\0\\1\end{bmatrix}$$

となる．これで，$\{\boldsymbol{u}_1, \boldsymbol{u}_2, \boldsymbol{u}_3\}$ は $\mathbb{R}^3$ の正規直交基底となる． ■

例 6.9 (QR 分解)

実数を成分とする n 次正方行列 A の列ベクトルを $\boldsymbol{a}_1, \boldsymbol{a}_2, \cdots, \boldsymbol{a}_n$ とし，それらにグラム・シュミットの直交化を適用して得られる正規直交基底を $\boldsymbol{q}_1, \boldsymbol{q}_2, \cdots, \boldsymbol{q}_n$ とする．例題6.3からわかるように，各 $\boldsymbol{q}_k$ $(k = 1, 2, \cdots, n)$ は，$\boldsymbol{a}_1, \boldsymbol{a}_2, \cdots, \boldsymbol{a}_k$ の線形結合として表される．これより，逆に各 $\boldsymbol{a}_k$ $(k =$

$1, 2, \cdots, n)$ は，$\boldsymbol{q}_1, \boldsymbol{q}_2, \cdots, \boldsymbol{q}_k$ の線形結合として表されるといえる．すなわち，適当な定数 r_{ij} $(1 \leq i < j \leq n)$ を用いて，

$$\begin{aligned} \boldsymbol{a}_1 &= r_{11}\boldsymbol{q}_1, \\ \boldsymbol{a}_2 &= r_{12}\boldsymbol{q}_1 + r_{22}\boldsymbol{q}_2, \\ &\ \vdots \\ \boldsymbol{a}_n &= r_{1n}\boldsymbol{q}_1 + r_{2n}\boldsymbol{q}_2 + \cdots + r_{nn}\boldsymbol{q}_n \end{aligned}$$

と表される．これを行列で表すと

$$\begin{bmatrix} \boldsymbol{a}_1 & \boldsymbol{a}_2 & \cdots & \boldsymbol{a}_n \end{bmatrix} = \begin{bmatrix} \boldsymbol{q}_1 & \boldsymbol{q}_2 & \cdots & \boldsymbol{q}_n \end{bmatrix} \begin{bmatrix} r_{11} & r_{12} & \cdots & r_{1n} \\ 0 & r_{22} & \cdots & r_{2n} \\ \vdots & \vdots & \ddots & \vdots \\ 0 & 0 & \cdots & r_{nn} \end{bmatrix}$$

となる．ここで，$Q = \begin{bmatrix} \boldsymbol{q}_1 & \boldsymbol{q}_2 & \cdots & \boldsymbol{q}_n \end{bmatrix}$ とし，右辺の上三角行列を R とすると，Q は直交行列とよばれる行列 (定義 6.8，定理 6.4 も参照のこと) であり，

$$A = QR$$

となる．この分解を **QR 分解** とよぶ．

例題 6.4

実数を係数とする 2 次以下の多項式のなす線形空間 $\mathbb{R}[x]_2$ に対して，内積を

$$(f, g) = \int_{-1}^{1} f(x)g(x)\,dx$$

で定義する．このとき，$\mathbb{R}[x]_2$ の基底 $\{1, x, x^2\}$ からグラム・シュミットの直交化を行い，正規直交基底 (f_0, f_1, f_2) を求めよ．

解答 グラム・シュミットの直交化法を，$1, x, x^2$ の順に適用する．まず，

$$(1, 1) = \int_{-1}^{1} dx = 2 \quad \text{から} \quad f_0(x) = \frac{1}{\sqrt{2}}$$

を得る．次に，

$$(x, f_0) = \int_{-1}^{1} x \frac{1}{\sqrt{2}}\, dx = 0 \quad から \quad \widetilde{f_1}(x) = x - (x, f_0)f_0(x) = x$$

となるので,

$$(\widetilde{f_1}, \widetilde{f_1}) = \int_{-1}^{1} x^2\, dx = \left[\frac{x^3}{3}\right]_{-1}^{1} = \frac{2}{3} \quad より \quad f_1(x) = \frac{x}{\sqrt{(\widetilde{f_1}, \widetilde{f_1})}} = \sqrt{\frac{3}{2}}x$$

を得る．同様に,

$$(x^2, f_0) = \int_{-1}^{1} \frac{x^2}{\sqrt{2}}\, dx = \frac{\sqrt{2}}{3}, \quad (x^2, f_1) = \int_{-1}^{1} \sqrt{\frac{3}{2}}x^3\, dx = 0$$

であるから,

$$\widetilde{f_2}(x) = x^2 - (x^2, f_0)f_0(x) - (x^2, f_1)f_1(x) = x^2 - \frac{\sqrt{2}}{3}\frac{1}{\sqrt{2}} = x^2 - \frac{1}{3}$$

となる．これから

$$f_2(x) = \frac{\widetilde{f_2}(x)}{\sqrt{(\widetilde{f_2}, \widetilde{f_2})}} = \sqrt{\frac{5}{8}}(3x^2 - 1)$$

を得る． ∎

Note: 一般に，$\{1, x, x^2, \cdots\}$ に対して，グラム・シュミットの直交化により得られる多項式は，**ルジャンドル多項式**

$$P_n(x) = \frac{1}{2^n n!}\frac{d^n(x^2-1)^n}{dx^n} \quad (n = 0, 1, 2, \cdots)$$

を用いて,

$$f_n(x) = \sqrt{\frac{2n+1}{2}}P_n(x) \quad (n = 0, 1, 2, \cdots)$$

のように表すことができる．(証明は省略)

Note: 内積の定義として,

$$(f, g) = \int_{-\infty}^{\infty} f(x)g(x)e^{-x^2}\, dx$$

を用い，$\{1, x, x^2, \cdots\}$ に対して，グラム・シュミットの直交化により得られる多項式は，$\{1, 2x, 4x^2 - 2, \cdots\}$ となる．このような多項式は **エルミート多項式** とよばれ，例えば，量子力学における調和振動子の波動関数に現れる．

● 直交補空間

定義 6.7 (直交補空間)

内積空間 V の部分空間 W に対して，W のすべてのベクトルと直交する V のベクトル全体，すなわち，

$$W^{\perp} = \{\boldsymbol{v} \in V \mid \text{任意の } \boldsymbol{w} \in W \text{ に対して } (\boldsymbol{v}, \boldsymbol{w}) = 0\}$$

は，V の部分空間である．この部分空間 $W^{\perp}$ を W の **直交補空間** という．

Note: $W^{\perp}$ が V の部分空間となることは，和とスカラー倍について閉じていることを確かめればよい (定義 4.8)．$W^{\perp}$ のベクトル $\boldsymbol{v}_1, \boldsymbol{v}_2 \in W^{\perp}$ とスカラー c をとれば，任意の $\boldsymbol{w} \in W$ に対して，

$$(\boldsymbol{v}_1 + \boldsymbol{v}_2, \boldsymbol{w}) = (\boldsymbol{v}_1, \boldsymbol{w}) + (\boldsymbol{v}_2, \boldsymbol{w}) = 0 + 0 = 0,$$
$$(c\boldsymbol{v}_1, \boldsymbol{w}) = c(\boldsymbol{v}_1, \boldsymbol{w}) = c0 = 0$$

が成り立つので，$\boldsymbol{v}_1 + \boldsymbol{v}_2 \in W^{\perp}$，$c\boldsymbol{v}_1 \in W^{\perp}$ となる．したがって，$W^{\perp}$ は V の部分空間である．

例題 6.5

2 つのベクトル

$$\boldsymbol{a}_1 = \begin{bmatrix} 1 \\ -2 \\ 0 \\ 3 \end{bmatrix}, \quad \boldsymbol{a}_2 = \begin{bmatrix} 1 \\ -1 \\ 1 \\ 2 \end{bmatrix}$$

で生成される $\mathbb{R}^4$ の部分空間 $W = \langle \boldsymbol{a}_1, \boldsymbol{a}_2 \rangle$ の直交補空間 $W^{\perp}$ を求めよ．

解答 $W^{\perp}$ のベクトルを $\boldsymbol{x} = \begin{bmatrix} x_1 \\ x_2 \\ x_3 \\ x_4 \end{bmatrix}$ とおく．$(\boldsymbol{x}, \boldsymbol{a}_1) = 0$ および $(\boldsymbol{x}, \boldsymbol{a}_2) = 0$ が成り立つから，

$$\begin{cases} x_1 - 2x_2 \qquad\quad + 3x_4 = 0 \\ x_1 - \ \ x_2 + x_3 + 2x_4 = 0 \end{cases}$$

が成り立つ必要がある．これは，x_1, x_2, x_3, x_4 に関する連立 1 次方程式である．その係数行列を簡約化すると

$$\begin{bmatrix} 1 & -2 & 0 & 3 \\ 1 & -1 & 1 & 2 \end{bmatrix} \longrightarrow \begin{bmatrix} 1 & 0 & 2 & 1 \\ 0 & 1 & 1 & -1 \end{bmatrix}$$

となる．任意定数を c_1, c_2 とすると，一般解は，

$$\boldsymbol{x} = c_1 \begin{bmatrix} -2 \\ -1 \\ 1 \\ 0 \end{bmatrix} + c_2 \begin{bmatrix} -1 \\ 1 \\ 0 \\ 1 \end{bmatrix}$$

となる．したがって，直交補空間は，

$$W^{\perp} = \left\langle \begin{bmatrix} -2 \\ -1 \\ 1 \\ 0 \end{bmatrix}, \begin{bmatrix} -1 \\ 1 \\ 0 \\ 1 \end{bmatrix} \right\rangle$$

となる． ∎

6.3 直交行列とユニタリ行列

● 直 交 行 列

定義 6.8 (直交行列)

実数を成分とする n 次正方行列 A が

$${}^t\!AA = A\,{}^t\!A = E$$

を満たすとき，A を **直交行列** という．

定義より，直交行列 A は正則行列であり，逆行列は $A^{-1} = {}^t\!A$ である．また，定義式の両辺の行列式をとると，

$$\begin{aligned} &\det({}^t\!AA) = \det E = 1 \\ &\quad \Longleftrightarrow \det({}^t\!A) \det A = (\det A)^2 = 1 \quad (\text{定理 3.4 を用いた}) \end{aligned}$$

であるから，$\det A = 1$ または $\det A = -1$ となる．

例 6.10

$\begin{bmatrix}1 & 0\\0 & 1\end{bmatrix}$, $\begin{bmatrix}0 & -1\\1 & 0\end{bmatrix}$, $\begin{bmatrix}\cos\theta & -\sin\theta\\\sin\theta & \cos\theta\end{bmatrix}$, $\begin{bmatrix}\cos\theta & \sin\theta\\\sin\theta & -\cos\theta\end{bmatrix}$ は，直交行列である．

定理 6.4

n 次正方行列 A の列ベクトル表示を $\begin{bmatrix}\boldsymbol{a}_1 & \boldsymbol{a}_2 & \cdots & \boldsymbol{a}_n\end{bmatrix}$ とする．このとき，以下の 4 条件は同値である．

(1) A は直交行列である．

(2) $||A\boldsymbol{a}|| = ||\boldsymbol{a}|| \quad (\boldsymbol{a} \in \mathbb{R}^n)$

(3) $(A\boldsymbol{a}, A\boldsymbol{b}) = (\boldsymbol{a}, \boldsymbol{b}) \quad (\boldsymbol{a}, \boldsymbol{b} \in \mathbb{R}^n)$

(4) $\{\boldsymbol{a}_1, \boldsymbol{a}_2, \cdots, \boldsymbol{a}_n\}$ は $\mathbb{R}^n$ の正規直交基底である．

証明　(1) ⇒ (2)　A が直交行列ならば，${}^tAA = E$ であるから

$$||A\boldsymbol{a}||^2 = (A\boldsymbol{a}, A\boldsymbol{a}) = (\boldsymbol{a}, {}^tAA\boldsymbol{a}) = (\boldsymbol{a}, \boldsymbol{a}) = ||\boldsymbol{a}||^2$$

となる．したがって，$||A\boldsymbol{a}|| = ||\boldsymbol{a}||$ である．

(2) ⇒ (3)　(2) より，

$$||A(\boldsymbol{a}+\boldsymbol{b})||^2 - ||A(\boldsymbol{a}-\boldsymbol{b})||^2 = ||\boldsymbol{a}+\boldsymbol{b}||^2 - ||\boldsymbol{a}-\boldsymbol{b}||^2$$

である．この左辺は，

$$(A\boldsymbol{a}+A\boldsymbol{b}, A\boldsymbol{a}+A\boldsymbol{b}) - (A\boldsymbol{a}-A\boldsymbol{b}, A\boldsymbol{a}-A\boldsymbol{b}) = 4(A\boldsymbol{a}, A\boldsymbol{b})$$

となる．一方，右辺は，

$$(\boldsymbol{a}+\boldsymbol{b}, \boldsymbol{a}+\boldsymbol{b}) - (\boldsymbol{a}-\boldsymbol{b}, \boldsymbol{a}-\boldsymbol{b}) = 4(\boldsymbol{a}, \boldsymbol{b})$$

となる．したがって，$(A\boldsymbol{a}, A\boldsymbol{b}) = (\boldsymbol{a}, \boldsymbol{b})$ である．

(3) ⇒ (4)　$\mathbb{R}^n$ の標準基底 $\{\boldsymbol{e}_1, \boldsymbol{e}_2, \cdots, \boldsymbol{e}_n\}$ に対して，$A\boldsymbol{e}_1 = \boldsymbol{a}_1, A\boldsymbol{e}_2 = \boldsymbol{a}_2, \cdots, A\boldsymbol{e}_n = \boldsymbol{a}_n$ である．これと (3) から，

$$(\boldsymbol{a}_i, \boldsymbol{a}_j) = (A\boldsymbol{e}_i, A\boldsymbol{e}_j) = (\boldsymbol{e}_i, \boldsymbol{e}_j) = \delta_{ij}$$

となる．つまり，$\boldsymbol{a}_1, \boldsymbol{a}_2, \cdots, \boldsymbol{a}_n$ は互いに直交する．このことと定理 6.2 から，$\boldsymbol{a}_1, \boldsymbol{a}_2, \cdots, \boldsymbol{a}_n$ は 1 次独立である．つまり，$\{\boldsymbol{a}_1, \boldsymbol{a}_2, \cdots, \boldsymbol{a}_n\}$ は $\mathbb{R}^n$ の正規直交基底となる (定理 4.18)．

(4) ⇒ (1)　$\{\boldsymbol{a}_1, \boldsymbol{a}_2, \cdots, \boldsymbol{a}_n\}$ が $\mathbb{R}^n$ の正規直交基底ならば，$(\boldsymbol{a}_i, \boldsymbol{a}_j) = \delta_{ij}$ である．また，${}^tAA$ の (i,j) 成分は，${}^t\boldsymbol{a}_i\boldsymbol{a}_j = (\boldsymbol{a}_i, \boldsymbol{a}_j)$ であるから (定義 1.6 の後の Note 参照)，${}^tAA = E$ となり，A は直交行列である． ∎

例 6.11

定理 6.4 から，例題 6.3 で得られた正規直交基底を並べた行列

$$A = \begin{bmatrix} \frac{1}{\sqrt{6}} & \frac{-1}{\sqrt{3}} & \frac{1}{\sqrt{2}} \\ \frac{2}{\sqrt{6}} & \frac{1}{\sqrt{3}} & 0 \\ \frac{-1}{\sqrt{6}} & \frac{1}{\sqrt{3}} & \frac{1}{\sqrt{2}} \end{bmatrix}$$

は直交行列である．

● 直 交 変 換

定義 6.9 (直交変換)

内積空間 V の線形変換 T が，V のベクトル $\boldsymbol{u}, \boldsymbol{v}$ に対して

$$(T(\boldsymbol{u}), T(\boldsymbol{v})) = (\boldsymbol{u}, \boldsymbol{v})$$

を満たすとき，T を **直交変換** という．

例 6.12

$\mathbb{R}^2$ の線形変換 $T(\boldsymbol{x}) = \begin{bmatrix} 0 & -1 \\ 1 & 0 \end{bmatrix} \boldsymbol{x}$ は直交変換である．実際，$\boldsymbol{a} = \begin{bmatrix} a_1 \\ a_2 \end{bmatrix}$，$\boldsymbol{b} = \begin{bmatrix} b_1 \\ b_2 \end{bmatrix}$ とおくと，

$$T(\boldsymbol{a}) = \begin{bmatrix} -a_2 \\ a_1 \end{bmatrix}, \quad T(\boldsymbol{b}) = \begin{bmatrix} -b_2 \\ b_1 \end{bmatrix}$$

であるから，

$$(T(\boldsymbol{a}), T(\boldsymbol{b})) = (-a_2)(-b_2) + a_1 b_1 = (\boldsymbol{a}, \boldsymbol{b})$$

が成り立つ．

定理 6.5

$\{\boldsymbol{u}_1, \boldsymbol{u}_2, \cdots, \boldsymbol{u}_n\}$ を内積空間 V の正規直交基底とする．このとき，V の線形変換 T に対して以下が成り立つ．

T が直交変換 $\Longleftrightarrow$ $\{T(\boldsymbol{u}_1), T(\boldsymbol{u}_2), \cdots, T(\boldsymbol{u}_n)\}$ が V の正規直交基底

証明 ($\Rightarrow$) T が直交変換であるから，

$$(T(\boldsymbol{u}_i), T(\boldsymbol{u}_j)) = (\boldsymbol{u}_i, \boldsymbol{u}_j) = \delta_{ij}$$

となる．つまり $\{T(\boldsymbol{u}_1), T(\boldsymbol{u}_2), \cdots, T(\boldsymbol{u}_n)\}$ は正規直交系であり，したがって，1 次独立である (定理 6.2)．また，$\{\boldsymbol{u}_1, \boldsymbol{u}_2, \cdots, \boldsymbol{u}_n\}$ が V の正規直交基底であるから，V の次元は n である．したがって，定理 4.18 より $\{T(\boldsymbol{u}_1), T(\boldsymbol{u}_2), \cdots, T(\boldsymbol{u}_n)\}$ は V の正規直交基底である．

($\Leftarrow$) $\{\boldsymbol{u}_1, \boldsymbol{u}_2, \cdots, \boldsymbol{u}_n\}$ が V の正規直交基底であるから，V の任意のベクトルは，それらの 1 次結合として表すことができる．いま，V の 2 つのベクトル $\boldsymbol{u}$ と $\boldsymbol{v}$ が

$$\boldsymbol{u} = a_1\boldsymbol{u}_1 + a_2\boldsymbol{u}_2 + \cdots + a_n\boldsymbol{u}_n,$$
$$\boldsymbol{v} = b_1\boldsymbol{u}_1 + b_2\boldsymbol{u}_2 + \cdots + b_n\boldsymbol{u}_n$$

のように表されたとする．このとき，

$$(\boldsymbol{u}, \boldsymbol{v}) = \sum_{j=1}^{n}\sum_{i=1}^{n} a_i b_j (\boldsymbol{u}_i, \boldsymbol{u}_j)$$
$$= a_1b_1 + a_2b_2 + \cdots + a_nb_n$$

となる．一方，

$$T(\boldsymbol{u}) = a_1T(\boldsymbol{u}_1) + a_2T(\boldsymbol{u}_2) + \cdots + a_nT(\boldsymbol{u}_n),$$
$$T(\boldsymbol{v}) = b_1T(\boldsymbol{u}_1) + b_2T(\boldsymbol{u}_2) + \cdots + b_nT(\boldsymbol{u}_n)$$

であるから，$\{T(\boldsymbol{u}_1), T(\boldsymbol{u}_2), \cdots, T(\boldsymbol{u}_n)\}$ が V の正規直交基底ならば，同様に，

$$(T(\boldsymbol{u}), T(\boldsymbol{v})) = a_1b_1 + a_2b_2 + \cdots + a_nb_n$$

となる．つまり，

$$(T(\boldsymbol{u}), T(\boldsymbol{v})) = (\boldsymbol{u}, \boldsymbol{v})$$

となり，T は直交変換である． ∎

定理 6.6

n 次実正方行列 A に対して，$\mathbb{R}^n$ の線形変換を $T_A(\boldsymbol{x}) = A\boldsymbol{x}$ $(\boldsymbol{x} \in \mathbb{R}^n)$ で定義すると，以下が成り立つ．

$$A \text{ が直交行列} \iff T_A \text{ が直交変換}$$

証明 行列 A の列ベクトル表示を $A = \begin{bmatrix} \boldsymbol{a}_1 & \boldsymbol{a}_2 & \cdots & \boldsymbol{a}_n \end{bmatrix}$ とすると，

$$T_A(\boldsymbol{e}_1) = A\boldsymbol{e}_1 = \boldsymbol{a}_1, \ \cdots, \ T_A(\boldsymbol{e}_n) = A\boldsymbol{e}_n = \boldsymbol{a}_n$$

である．定理 6.5 から，T_A が直交変換であることは，$\{\boldsymbol{a}_1, \cdots, \boldsymbol{a}_n\}$ が正規直交基底であることと同値である．さらに，定理 6.4 から，$\{\boldsymbol{a}_1, \cdots, \boldsymbol{a}_n\}$ が正規直交基底であることは，A が直交行列であることと同値である． ∎

例 6.13

2 次元空間内の点を別の点にうつす変換 $T : \mathbb{R}^2 \to \mathbb{R}^2$ が直交変換であったとしよう．このとき変換前後で内積が保存するので，変換前後で位置ベクトルの長さが保存する．さらに，空間の 2 点の間の距離も保存する．実際，空間の 2 点を $\mathrm{P}_1, \mathrm{P}_2$ とし，$\overrightarrow{\mathrm{OP}_1} = \boldsymbol{a}_1$，$\overrightarrow{\mathrm{OP}_2} = \boldsymbol{a}_2$ とすると，$\overline{\mathrm{P}_1\mathrm{P}_2} = ||\boldsymbol{a}_1 - \boldsymbol{a}_2||$ であり，変換後の 2 点の距離は $||T(\boldsymbol{a}_1) - T(\boldsymbol{a}_2)||$ となる．この 2 乗を計算すると，

$$\begin{aligned} ||T(\boldsymbol{a}_1) - T(\boldsymbol{a}_2)||^2 &= ||T(\boldsymbol{a}_1)||^2 + ||T(\boldsymbol{a}_2)||^2 - 2(T(\boldsymbol{a}_1), T(\boldsymbol{a}_2)) \\ &= ||\boldsymbol{a}_1||^2 + ||\boldsymbol{a}_2||^2 - 2(\boldsymbol{a}_1, \boldsymbol{a}_2) \\ &= ||\boldsymbol{a}_1 - \boldsymbol{a}_2||^2 \end{aligned}$$

となるので変換後の 2 点の距離は $\overline{\mathrm{P}_1\mathrm{P}_2}$ に等しい．

また，内積とベクトルの長さが保存することから，ベクトルどうしのなす角も変換前後で保存する．例えば，例題 5.1 で扱った回転変換 $R(\theta)$ は直交変換の例である．

● ユニタリ行列とユニタリ変換

直交行列は実数を成分とする行列を用いて定義されたが，複素数を成分とする行列に対しても同様の性質をもつ行列を定義することができる．

定義 6.10 (随伴行列)

複素数を成分とする n 次正方行列 $A = \left[a_{ij}\right]$ に対して，各成分 a_{ij} の共役複素数 $\bar{a}_{ij}$ を成分にもつ行列 $\bar{A} = \left[\bar{a}_{ij}\right]$ の転置行列 $A^* = {}^t\bar{A}$ を A の **随伴行列** という．

定義 6.11 (ユニタリ行列)

複素数を成分とする n 次正方行列 A が

$$A^*A = AA^* = E$$

を満たすとき，A を **ユニタリ行列** という．

Note: A が実数を成分とする行列ならば，$A^* = {}^tA$ となるので，上の条件は直交行列の条件と同じになる．その意味で，ユニタリ行列は直交行列の複素数を成分とする行列への自然な拡張になっている．また，定義より $|\det A| = 1$ である．

例 6.14

行列 $A = \begin{bmatrix} \frac{i}{\sqrt{2}} & -\frac{i}{\sqrt{2}} \\ \frac{1}{\sqrt{2}} & \frac{1}{\sqrt{2}} \end{bmatrix}$ はユニタリ行列である．実際，A の随伴行列は，

$$A^* = \begin{bmatrix} -\frac{i}{\sqrt{2}} & \frac{1}{\sqrt{2}} \\ \frac{i}{\sqrt{2}} & \frac{1}{\sqrt{2}} \end{bmatrix}$$

であり，$A^*A = E$ および $AA^* = E$ となる．したがって，A はユニタリ行列である．

定義 6.12 (ユニタリ変換の定義)

複素内積空間 V の線形変換 T が，

$$(T(\boldsymbol{u}), T(\boldsymbol{v})) = (\boldsymbol{u}, \boldsymbol{v}) \quad (\boldsymbol{u}, \boldsymbol{v} \in V)$$

を満たすとき，T を **ユニタリ変換** という．

Note: 直交変換の場合と同様に，n 次複素正方行列 A に対して，$\mathbb{C}^n$ の線形変換を $T_A(\boldsymbol{x}) = A\boldsymbol{x}$ と定義すると，

$$A \text{ がユニタリ行列} \iff T_A \text{ がユニタリ変換}$$

が成り立つ．

章末問題

□**1.** n 次実正方行列 A, B が，$\mathbb{R}^n$ の任意ベクトル $\boldsymbol{a}, \boldsymbol{b}$ に対し，$(A\boldsymbol{a}, \boldsymbol{b}) = (\boldsymbol{a}, B\boldsymbol{b})$ ならば，$B = {}^tA$ であることを示せ．ただし，内積は標準内積とする．

□**2.** $\mathbb{R}^n$ のベクトル $\boldsymbol{a}$ と $\boldsymbol{b}$ について，以下が成り立つことを示せ．ただし，内積は標準内積とする．

(1) $(\boldsymbol{a}, \boldsymbol{b}) = 0 \iff ||\boldsymbol{a}+\boldsymbol{b}||^2 = ||\boldsymbol{a}||^2 + ||\boldsymbol{b}||^2$

(2) $(\boldsymbol{a}+\boldsymbol{b}, \boldsymbol{a}-\boldsymbol{b}) = 0 \iff ||\boldsymbol{a}|| = ||\boldsymbol{b}||$

□**3.** $\mathbb{R}^3$ の 2 つのベクトル $\boldsymbol{a} = \begin{bmatrix} 1 \\ 1 \\ -1 \end{bmatrix}$ と $\boldsymbol{b} = \begin{bmatrix} 1 \\ -2 \\ 1 \end{bmatrix}$ と直交し，ノルムが 1 のベクトルを求めよ．ただし，内積は標準内積とする．

□**4.** $\mathbb{R}^3$ のベクトルで生成される空間 $W = \left\langle \begin{bmatrix} 1 \\ 2 \\ -2 \end{bmatrix}, \begin{bmatrix} -2 \\ 1 \\ -1 \end{bmatrix}, \begin{bmatrix} -1 \\ 4 \\ 7 \end{bmatrix} \right\rangle$ の一組の正規直交基底をグラム・シュミットの直交化法を用いて求めよ．ただし，内積は標準内積とする．

□**5.** $\mathbb{R}^3$ の部分空間 $W = \left\{ \begin{bmatrix} x_1 \\ x_2 \\ x_3 \end{bmatrix} \middle| \; x_1 + x_2 - x_3 = 0 \right\}$ の一組の正規直交基底を求めよ．ただし，内積は標準内積とする．

□**6.** $\mathbb{R}^4$ の部分空間 $W = \left\{ \begin{bmatrix} x_1 \\ x_2 \\ x_3 \\ x_4 \end{bmatrix} \middle| \; \begin{array}{l} x_1 + 2x_2 = 0, \\ 2x_1 - x_3 = 0 \end{array} \right\}$ の直交補空間の次元と一組の基底を求めよ．ただし，内積は標準内積とする．

□**7.** 内積空間 V の部分空間 W, W_1, W_2 に対して，以下が成り立つことを示せ．

(1) $W \cap W^{\perp} = \{\boldsymbol{0}\}$

(2) $W_1 \supset W_2 \iff W_1^{\perp} \subset W_2^{\perp}$

□**8.** A, B が直交行列のとき，A^{-1} および AB も直交行列となることを示せ．

□**9.** 線形空間 V の線形変換 T が直交変換であるための必要十分条件は，V のすべての $\boldsymbol{u} \in V$ に対して $||T(\boldsymbol{u})|| = ||\boldsymbol{u}||$ であることを示せ．

7
固有値・固有ベクトル

第5章では，正方行列により線形変換が定まることを学んだ．しかし，線形変換の本質は正方行列の成分とは直接関係していなかった．実際，ある直線への射影を表す行列は，直線の傾きが変わると形を変え，行列をみてどのような変換かを理解することは簡単ではない (例題5.5)．本章では，線形変換の本質のひとつである固有値・固有ベクトルという概念を学ぶ．

その動機づけとして2次元の線形変換を考えよう．2次元空間 ($\mathbb{R}^2$) の線形変換でもっとも簡単なものは「恒等写像」であろう．これは単位行列 E_2 が定める線形変換と考えられるので「恒等変換」ともよぶ．$\mathbb{R}^2$ の任意の点はこの変換で不変である．

次に，E_2 から少しずれた行列，すなわち行列 $E_2 + X$ (X は2次の正方行列で，すべての成分は1に比べて十分小さいとする) が定める線形変換を考える．任意の行列は対称行列と交代行列の和で表せる (第1章の章末問題6) ので，

$$X = S + A, \quad S = \begin{bmatrix} a & b \\ b & c \end{bmatrix}, \quad A = \begin{bmatrix} 0 & d \\ -d & 0 \end{bmatrix}$$

と書ける．S と A を分けて考えよう．

まず，$M_S = E_2 + S$ が定める線形変換 T_{M_S} を考える．この変換により，ベクトル $\boldsymbol{v}$ は $T_{M_S}(\boldsymbol{v}) = \boldsymbol{v} + S\boldsymbol{v}$ にうつる．M_S は恒等変換に近いので，$\boldsymbol{v}$ と $T_{M_S}(\boldsymbol{v})$ は近いと期待される．そこで変化量 $T_{M_S}(\boldsymbol{v}) - \boldsymbol{v}$ を考え，さまざまな $\boldsymbol{v}$ に対して，この変化量を $\boldsymbol{v}$ を位置ベクトルにもつ点を始点とする幾何ベクトルとして図示する．例が図7.1(左) に示されている．この図から，

(1) 矢印の方向は場所によって異なり，つないでいくと双曲線になるように見える．

(2) 双曲線でいう漸近線に相当する特別な方向 (図の点線) が2つある．

という特徴があることがわかる．

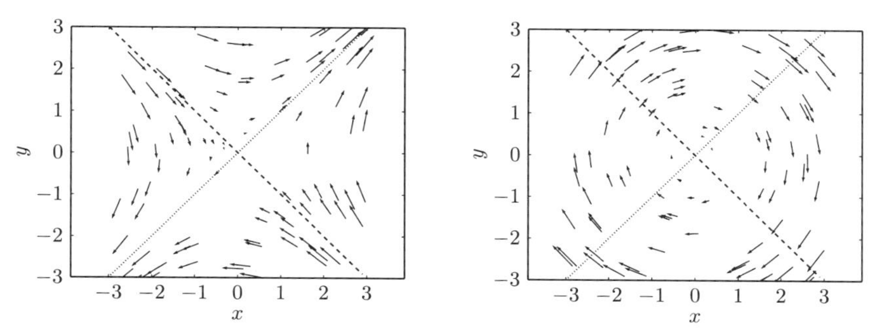

図 7.1　左：M_S による線形変換 T_{M_S} がつくる変化量のベクトル $(a = c = 0,\ b = 0.1)$．右：M_A による線形変換 T_{M_A} がつくる変化量のベクトル $(d = 0.1)$.

次に $M_A = E_2 + A$ が定める線形変換 T_{M_A} $(T_{M_A}(\boldsymbol{v}) = \boldsymbol{v} + A\boldsymbol{v})$ を考える．図 7.1(右) には，$T_{M_A}(\boldsymbol{v}) - \boldsymbol{v}$ をさまざまな $\boldsymbol{v}$ に対して左図と同じように図示している．今度は，

(3) 矢印をつなぐと円 (楕円) になるように見える.

(4) 漸近線のような特別な方向は見当たらない.

という特徴がある.

ここで例示した線形変換は，一般的な線形変換の特徴的な部分を抽出したものである．特に，(2) のような特別な方向のベクトルは $T_{M_S}(\boldsymbol{v}) - \boldsymbol{v}$ と $\boldsymbol{v}$ が平行，つまり $T_{M_S}(\boldsymbol{v})$ と $\boldsymbol{v}$ が平行になるという特徴がある．こういう特別なベクトルや，$T_{M_S}(\boldsymbol{v})$ が $\boldsymbol{v}$ の何倍かということが，固有値や固有ベクトルの考え方につながる.

7.1　固有値と固有ベクトル

● 正方行列の場合

まず正方行列の固有値，固有ベクトルを次のように定義する.

定義 7.1 (正方行列の固有値・固有ベクトル・固有空間)

任意の n 次複素正方行列 A に対して，

$$A\boldsymbol{v} = \lambda\boldsymbol{v} \quad (\boldsymbol{v} \in \mathbb{C}^n \backslash \{\boldsymbol{0}\},\ \lambda \in \mathbb{C})$$

を満たす $\lambda, \boldsymbol{v}$ が存在するとき，λ を A の **固有値** といい，$\boldsymbol{v}$ を A の **固有ベクトル** という．また，

$$W_A(\lambda) = \{\boldsymbol{v} \in \mathbb{C}^n \mid A\boldsymbol{v} = \lambda\boldsymbol{v}\}$$

を，A の **固有空間** という．

Note: 集合 $\mathbb{C}^n \setminus \{\mathbf{0}\}$ は，$\{\boldsymbol{v} \in \mathbb{C}^n \mid \boldsymbol{v} \neq \mathbf{0}\}$ を表す．$W_A(\lambda)$ は，固有値 λ に対応する A の固有ベクトル全体に，零ベクトル $\mathbf{0}$ を加えることで得られる集合である．

定義にあるように，零ベクトル $\mathbf{0}$ は通常，固有ベクトルに含めない．

行列 A は線形変換 $T : \mathbb{C}^n \to \mathbb{C}^n$ を定める．$\boldsymbol{v}_1, \boldsymbol{v}_2, \boldsymbol{v}_3 \in W_A(\lambda)$ とすると，

$$T(\boldsymbol{v}_1 + \boldsymbol{v}_2) = T(\boldsymbol{v}_1) + T(\boldsymbol{v}_2) = \lambda\boldsymbol{v}_1 + \lambda\boldsymbol{v}_2 = \lambda(\boldsymbol{v}_1 + \boldsymbol{v}_2),$$
$$T(\alpha\boldsymbol{v}_3) = \alpha\, T(\boldsymbol{v}_3) = \alpha\lambda\boldsymbol{v}_3 = \lambda(\alpha\boldsymbol{v}_3) \quad (\alpha \in \mathbb{C})$$

が成り立つ．これらから

$$\boldsymbol{v}_1 + \boldsymbol{v}_2 \in W_A(\lambda), \quad \alpha\boldsymbol{v}_3 \in W_A(\lambda)$$

である．したがって，$W_A(\lambda)$ は，$\mathbb{C}^n$ の部分空間である．

固有値・固有ベクトル・固有空間を具体的に求めるにはどうすればよいだろうか．その手順を説明するために，まず固有多項式を定義する必要がある．

定義 7.2 (正方行列の固有多項式)

任意の n 次複素正方行列 $A = [a_{ij}]_{n\times n}$ に対して，

$$\begin{aligned}\Phi_A(\lambda) &= \det(\lambda E_n - A) \\ &= \det\begin{bmatrix} \lambda - a_{11} & \cdots & -a_{1n} \\ \vdots & \ddots & \vdots \\ -a_{n1} & \cdots & \lambda - a_{nn} \end{bmatrix} \quad (\lambda \in \mathbb{C})\end{aligned}$$

とおく．これを A の **固有多項式** (あるいは **特性多項式**) という．

行列式の定義から，$\Phi_A(\lambda)$ は λ を (複素) 変数とする次数 n の複素係数多項式である．特に，A が実正方行列ならば，多項式 $\Phi_A(\lambda)$ の係数はすべて実数となる．

定理 7.1 (行列の固有多項式による固有値・固有ベクトルの計算)

正方行列 A に対して，次が成り立つ.

(1) λ は A の固有値である $\iff \Phi_A(\lambda) = 0$

(2) A の固有値 λ に対する固有ベクトル $\boldsymbol{v}$ は，同次連立 1 次方程式 $(\lambda E - A)\boldsymbol{v} = \boldsymbol{0}$ の非自明な解に等しい.

証明 (1) λ が A の固有値であることは，ある複素数ベクトル $\boldsymbol{v} \in \mathbb{C}^n \setminus \{\boldsymbol{0}\}$ が存在して，$\lambda\boldsymbol{v} - A\boldsymbol{v} = \boldsymbol{0}$ すなわち $(\lambda E_n - A)\boldsymbol{v} = \boldsymbol{0}$ が成り立つことと同値である．この同次連立 1 次方程式 $(\lambda E_n - A)\boldsymbol{v} = \boldsymbol{0}$ に非自明な解 $\boldsymbol{v} \neq \boldsymbol{0}$ が存在することは，定理 2.7，定理 2.9 と定理 3.9 から $\Phi_A(\lambda) = \det(\lambda E_n - A) = 0$ が成り立つことと同値である.

(2) (1) の証明における $\boldsymbol{v}$ が求める固有ベクトルである. ∎

方程式 $\Phi_A(\lambda) = 0$ を行列 A の **固有方程式** という．定理 7.1 は，固有方程式 $\Phi_A(\lambda) = \det(\lambda E_n - A) = 0$ を解けば固有値 λ が求まり，求まったそれぞれの λ に対して同次連立 1 次方程式 $(\lambda E_n - A)\boldsymbol{x} = \boldsymbol{0}$ を解けば固有ベクトルが求まることを表している.

Note: $\Phi_A(\lambda) = 0$ は λ の n 次方程式であるので，**代数学の基本定理** により，複素数の範囲で (重複を込めて) n 個の解をもつことが知られている．したがって，n 次正方行列 A は一般に最大 n 個の複素数の固有値をもつ．ただし，A が実正方行列であっても固有値がすべて実数とは限らない (したがって，固有ベクトルも実数ベクトルとは限らない) 点に注意が必要である．第 7 章冒頭の M_S は固有値が実数になる例，M_A は固有値が複素数になる例である.

A の相異なるすべての固有値を $\lambda_1, \cdots, \lambda_r$ $(1 \leq r \leq n)$ とし，固有方程式 $\Phi_A(\lambda) = 0$ の解が，

$$\underbrace{\overbrace{\lambda_1, \cdots, \lambda_1}^{n_1 \text{個}}, \cdots, \overbrace{\lambda_r, \cdots, \lambda_r}^{n_r \text{個}}}_{n}$$

と表されるとき，各 $i = 1, \cdots, r$ に対して n_i を固有値 λ_i の **重複度** という.

例題 7.1

次の 2 次正方行列 A の固有値をすべて求めよ．

(1) $A = \begin{bmatrix} 1 & -1 \\ 3 & -2 \end{bmatrix}$ (2) $A = \begin{bmatrix} 1 & 2 \\ 2 & 4 \end{bmatrix}$

解答 (1) A の固有多項式は

$$\Phi_A(\lambda) = \det(\lambda E_2 - A) = \det \begin{bmatrix} \lambda - 1 & 1 \\ -3 & \lambda + 2 \end{bmatrix} = \lambda^2 + \lambda + 1$$

である．定理 7.1 より，$\Phi_A(\lambda) = 0$ を解いて $\lambda = \dfrac{-1 \pm \sqrt{3}\,i}{2}$ である．

(2) A の固有多項式は

$$\Phi_A(\lambda) = \det(\lambda E_2 - A) = \det \begin{bmatrix} \lambda - 1 & -2 \\ -2 & \lambda - 4 \end{bmatrix} = \lambda(\lambda - 5)$$

である．(1) と同様にして，A の固有値は $\lambda = 0, 5$ である．■

例 7.1

上三角行列 $A = \begin{bmatrix} a_{11} & \cdots & a_{1n} \\ & \ddots & \vdots \\ \text{\huge 0} & & a_{nn} \end{bmatrix}$ の固有多項式は

$$\Phi_A(\lambda) = \det \begin{bmatrix} \lambda - a_{11} & \cdots & -a_{1n} \\ & \ddots & \vdots \\ \text{\huge 0} & & \lambda - a_{nn} \end{bmatrix} = (\lambda - a_{11}) \cdots (\lambda - a_{nn})$$

である (例 3.12)．定理 7.1 より，A のすべての固有値は $a_{11}, a_{22}, \cdots, a_{nn}$ である．したがって，上三角行列の固有値は，その対角成分に等しい．同様に考えると，下三角行列の固有値も，その対角成分に等しいことがわかる．

例題 7.2

行列 $A = \begin{bmatrix} 1 & 1 \\ -1 & 3 \end{bmatrix}$ の固有値，固有空間をすべて求めよ．

解答 A の固有多項式は

$$\Phi_A(\lambda) = \det(\lambda E_2 - A) = \det\begin{bmatrix} \lambda - 1 & -1 \\ 1 & \lambda - 3 \end{bmatrix} = (\lambda - 2)^2$$

である．したがって，定理 7.1(1) より，A の固有値は $\lambda = 2$ (重解) である．また，

$$2E_2 - A = \begin{bmatrix} 1 & -1 \\ 1 & -1 \end{bmatrix} \xrightarrow{\text{行基本変形}} \begin{bmatrix} 1 & -1 \\ 0 & 0 \end{bmatrix}$$

となることに注意すると，

$$(2E_2 - A)\begin{bmatrix} x \\ y \end{bmatrix} = \begin{bmatrix} 0 \\ 0 \end{bmatrix} \iff \begin{bmatrix} 1 & -1 \\ 0 & 0 \end{bmatrix}\begin{bmatrix} x \\ y \end{bmatrix} = \begin{bmatrix} 0 \\ 0 \end{bmatrix}$$

である．したがって，定理 7.1(2) より，固有空間は

$$W_A(2) = \left\{ \begin{bmatrix} x \\ y \end{bmatrix} \in \mathbb{R}^2 \,\middle|\, x = y \right\} = \left\{ \alpha \begin{bmatrix} 1 \\ 1 \end{bmatrix} \,\middle|\, \alpha \in \mathbb{R} \right\}.$$

■

例題 7.3

行列 $A = \begin{bmatrix} 1 & 1 & 2 \\ -1 & 2 & 1 \\ 2 & -1 & 1 \end{bmatrix}$ の固有値，固有空間をすべて求めよ．

解答 A の固有多項式は

$$\begin{aligned} \Phi_A(\lambda) &= \det(\lambda E_3 - A) \\ &= \det\begin{bmatrix} \lambda - 1 & -1 & -2 \\ 1 & \lambda - 2 & -1 \\ -2 & 1 & \lambda - 1 \end{bmatrix} = \lambda(\lambda - 1)(\lambda - 3) \end{aligned}$$

である．したがって，定理 7.1(1) より，A の固有値は $\lambda = 0, 1, 3$ である．まず，

$$0E_3 - A = -A = \begin{bmatrix} -1 & -1 & -2 \\ 1 & -2 & -1 \\ -2 & 1 & -1 \end{bmatrix} \xrightarrow{\text{行基本変形}} \begin{bmatrix} 1 & 0 & 1 \\ 0 & 1 & 1 \\ 0 & 0 & 0 \end{bmatrix}$$

となることに注意すると，定理 7.1(2) から，固有空間は

$$W_A(0) = \left\{ \begin{bmatrix} x \\ y \\ z \end{bmatrix} \in \mathbb{R}^3 \;\middle|\; \begin{array}{l} x+z=0, \\ y+z=0 \end{array} \right\} = \left\{ \alpha \begin{bmatrix} 1 \\ 1 \\ -1 \end{bmatrix} \;\middle|\; \alpha \in \mathbb{R} \right\}.$$

また，

$$E_3 - A = \begin{bmatrix} 0 & -1 & -2 \\ 1 & -1 & -1 \\ -2 & 1 & 0 \end{bmatrix} \xrightarrow{\text{行基本変形}} \begin{bmatrix} 1 & 0 & 1 \\ 0 & 1 & 2 \\ 0 & 0 & 0 \end{bmatrix}$$

となることから，固有空間は

$$W_A(1) = \left\{ \begin{bmatrix} x \\ y \\ z \end{bmatrix} \in \mathbb{R}^3 \;\middle|\; \begin{array}{l} x+z=0, \\ y+2z=0 \end{array} \right\} = \left\{ \beta \begin{bmatrix} 1 \\ 2 \\ -1 \end{bmatrix} \;\middle|\; \beta \in \mathbb{R} \right\}.$$

同様に，

$$3E_3 - A = \begin{bmatrix} 2 & -1 & -2 \\ 1 & 1 & -1 \\ -2 & 1 & 2 \end{bmatrix} \xrightarrow{\text{行基本変形}} \begin{bmatrix} 1 & 0 & -1 \\ 0 & 1 & 0 \\ 0 & 0 & 0 \end{bmatrix}$$

となることから，固有空間は

$$W_A(3) = \left\{ \begin{bmatrix} x \\ y \\ z \end{bmatrix} \in \mathbb{R}^3 \;\middle|\; \begin{array}{r} x-z=0, \\ y=0 \end{array} \right\} = \left\{ \gamma \begin{bmatrix} 1 \\ 0 \\ 1 \end{bmatrix} \;\middle|\; \gamma \in \mathbb{R} \right\}.$$

∎

● 線形変換の場合

より抽象的な有限次元線形空間上の線形変換の場合に対しても固有値と固有ベクトルは同様に定義される．以下では，スカラー全体のなす体として複素数体 $\mathbb{C}$ を採用して，V は $\mathbb{C}$ 上に定義された有限次元 (複素) 線形空間であると仮定したうえで議論する．

定義 7.3 (線形変換の固有値・固有ベクトル)

V 上に定義された線形変換 $T : V \to V,\ \boldsymbol{v} \mapsto T(\boldsymbol{v})$ に対して，

$$T(\boldsymbol{v}) = \lambda \boldsymbol{v}$$

となるスカラー $\lambda \in \mathbb{C}$ とベクトル $\boldsymbol{v} \in V \setminus \{\boldsymbol{0}\}$ の組が存在するとき，λ を

T の **固有値** といい，また，$\boldsymbol{v}$ を固有値 λ に対応する T の **固有ベクトル** という．

定義 7.4 (線形変換の固有空間)

任意の線形変換 $T: V \to V$ および，その固有値 λ に対して，以下のように定義される V の部分空間 $W_T(\lambda)$ を T の固有値 λ に対応する (狭義) **固有空間** という．

$$W_T(\lambda) = \{\boldsymbol{v} \in V \mid T(\boldsymbol{v}) = \lambda \boldsymbol{v}\}$$

ここで核の定義 (定義 5.7) を思い出してもらいたい．恒等変換を 1 と書くと，$\boldsymbol{v} \in W_T(\lambda) \Leftrightarrow \lambda\boldsymbol{v} - T(\boldsymbol{v}) = \boldsymbol{0} \Leftrightarrow (\lambda 1 - T)(\boldsymbol{v}) = \boldsymbol{0}$ であるから，$W_T(\lambda) = \mathrm{Ker}(\lambda 1 - T)$ である．したがって，固有空間 $W_T(\lambda)$ は V の部分空間である．これは，正方行列 A の定める線形変換の場合に，固有空間が $(\lambda E - A)\boldsymbol{v} = \boldsymbol{0}$ を満たすベクトルの集合として定義されていたことと対応する．

一般の線形変換の固有値を求めるには，固有多項式を計算する必要がある．その定義は以下のように与えられる．

定義 7.5 (線形変換の固有多項式)

線形変換 $T: V \to V$ に対して，V の基底 $\{\boldsymbol{v}_1, \cdots, \boldsymbol{v}_n\}$ に関する T の表現行列を A とする．つまり A は n 次複素正方行列で

$$(T(\boldsymbol{v}_1), \cdots, T(\boldsymbol{v}_n)) = (\boldsymbol{v}_1, \cdots, \boldsymbol{v}_n)A$$

を満たす．このとき T の **固有多項式** (あるいは **特性多項式**) $\Phi_T(\lambda)$ を次のように定義する．

$$\Phi_T(\lambda) = \Phi_A(\lambda) = \det(\lambda E_n - A) \quad (\lambda \in \mathbb{C})$$

Note: この定義では，基底に依存した形で固有多項式が定義されているが，後で，固有多項式は基底のとり方によらないことが示される (定理 7.6)．

定理 7.2

線形変換 $T: V \to V$ およびスカラー λ に対して以下が成り立つ．

$$\lambda \text{ は } T \text{ の固有値である} \iff \Phi_T(\lambda) = 0$$

証明　λ が T の固有値ならば，ある $\boldsymbol{v} \in V$ に対して $T(\boldsymbol{v}) = \lambda\boldsymbol{v} \Leftrightarrow \lambda\boldsymbol{v} - T(\boldsymbol{v}) = \boldsymbol{0}$ が成り立つ．V の基底 $\{\boldsymbol{v}_1, \cdots, \boldsymbol{v}_n\}$ に関する T の表現行列を A とする．このとき $\boldsymbol{v} = (\boldsymbol{v}_1, \cdots, \boldsymbol{v}_n)\boldsymbol{x}$ ($\boldsymbol{x} \in \mathbb{C}^n$) と表すことができ，

$$\begin{aligned}\lambda\boldsymbol{v} - T(\boldsymbol{v}) &= \lambda(\boldsymbol{v}_1, \cdots, \boldsymbol{v}_n)\boldsymbol{x} - (T(\boldsymbol{v}_1), \cdots, T(\boldsymbol{v}_n))\boldsymbol{x} \\ &= (\boldsymbol{v}_1, \cdots, \boldsymbol{v}_n)(\lambda\boldsymbol{x} - A\boldsymbol{x}) \\ &= (\boldsymbol{v}_1, \cdots, \boldsymbol{v}_n)(\lambda E_n - A)\boldsymbol{x} = \boldsymbol{0}\end{aligned}$$

である．これは定理 4.8 より，同次連立 1 次方程式 $(\lambda E_n - A)\boldsymbol{x} = \boldsymbol{0}$ に等しい．したがって，λ が固有値であることは，この方程式に非自明な解が存在することと同値であり，その必要十分条件は $\det(\lambda E_n - A) = 0$ である (定理 2.7，定理 2.9，定理 3.9 参照)．■

さて，線形変換 T の固有値 λ に対応する T の固有空間 $W_T(\lambda)$ を求めるには，

$$T(\boldsymbol{v}) = \lambda\boldsymbol{v} \Longleftrightarrow A\boldsymbol{x} = \lambda\boldsymbol{x} \Longleftrightarrow (\lambda E_n - A)\boldsymbol{x} = \boldsymbol{0}$$

により，選んだ基底に対応する $\boldsymbol{x}$ の成分を求めればよいので，以下の定理が成り立つ．

定理 7.3

線形変換 $T : V \to V$ に対して，V の基底 $\{\boldsymbol{v}_1, \cdots, \boldsymbol{v}_n\}$ に関する T の表現行列を A とすると，T の固有空間は

$$W_T(\lambda) = \left\{ \boldsymbol{v} = x_1\boldsymbol{v}_1 + \cdots + x_n\boldsymbol{v}_n \;\middle|\; \boldsymbol{x} = \begin{bmatrix} x_1 \\ \vdots \\ x_n \end{bmatrix} \in \mathbb{C}^n,\ (\lambda E_n - A)\boldsymbol{x} = \boldsymbol{0} \right\}$$

となる．

例題 7.4

3 次元実線形空間

$$\mathbb{R}[x]_2 = \{a_0 + a_1x + a_2x^2 \mid a_0, a_1, a_2 \in \mathbb{R}\}$$

に対して，次の線形変換 $T : \mathbb{R}[x]_2 \to \mathbb{R}[x]_2$ の固有値，固有空間をすべて

求めよ．

$$T(f(x)) = f''(x) - 2x\,f'(x) - f(x) \quad (\,f(x) \in \mathbb{R}[x]_2\,)$$

(ただし，$f'(x)$, $f''(x)$ は，それぞれ $f(x)$ の 1 階微分，2 階微分とする．)

解答 定義より，

$$T(1) = -1, \quad T(x) = -3x, \quad T(x^2) = 2 - 5x^2$$

であることから，

$$(T(1), T(x), T(x^2)) = (1, x, x^2)\begin{bmatrix} -1 & 0 & 2 \\ 0 & -3 & 0 \\ 0 & 0 & -5 \end{bmatrix}$$

である．すなわち，$\mathbb{R}[x]_2$ の基底 $\{1, x, x^2\}$ に関する T の表現行列は

$$A = \begin{bmatrix} -1 & 0 & 2 \\ 0 & -3 & 0 \\ 0 & 0 & -5 \end{bmatrix}$$

であることから，例 7.1 より，T の固有値は $\lambda = -1, -3, -5$ である．

一方，行列 $\lambda E_3 - A$ $(\lambda = -1, -3, -5)$ の掃き出し法の計算により，

$$W_A(-1) = \left\{ \alpha_0 \begin{bmatrix} 1 \\ 0 \\ 0 \end{bmatrix} \middle| \, \alpha_0 \in \mathbb{R} \right\}, \quad W_A(-3) = \left\{ \alpha_1 \begin{bmatrix} 0 \\ 1 \\ 0 \end{bmatrix} \middle| \, \alpha_1 \in \mathbb{R} \right\},$$

$$W_A(-5) = \left\{ \alpha_2 \begin{bmatrix} -1 \\ 0 \\ 2 \end{bmatrix} \middle| \, \alpha_2 \in \mathbb{R} \right\}$$

であることが容易にわかる．したがって，定理 7.3 より，

$$\begin{aligned} W_T(-1) &= \{f(x) = \alpha_0 \,|\, \alpha_0 \in \mathbb{R}\}, \\ W_T(-3) &= \{f(x) = \alpha_1 x \,|\, \alpha_1 \in \mathbb{R}\}, \\ W_T(-5) &= \{f(x) = 2\alpha_2 x^2 - \alpha_2 = \alpha_2\,(2x^2 - 1) \,|\, \alpha_2 \in \mathbb{R}\} \end{aligned}$$

である． ∎

7.2 固有値の性質

ここまでに固有値・固有ベクトルの定義と具体的な計算の方法を学んだ．本節では，固有値のもつ代数的な性質や，抽象的な線形変換を考える．

定理 7.4

任意の n 次正方行列 A および n 次正則行列 P に対して，A と $P^{-1}AP$ の固有多項式は等しい．

$$\Phi_A(\lambda) = \Phi_{P^{-1}AP}(\lambda)$$

証明　$\lambda E_n = \lambda(P^{-1}P) = P^{-1}(\lambda E_n)P$ となることから，

$$\begin{aligned}(\text{右辺}) &= \det(\lambda E_n - P^{-1}AP)\\ &= \det(P^{-1}(\lambda E_n)P - P^{-1}AP) = \det(P^{-1}(\lambda E_n - A)P)\\ &= \det P^{-1}\det(\lambda E_n - A)\det P = \det(\lambda E_n - A) = (\text{左辺}).\end{aligned}$$ ∎

定理 7.5

任意の正方行列 A に対して，転置行列 ${}^tA$ と A の固有多項式は等しい．

$$\Phi_A(\lambda) = \Phi_{{}^tA}(\lambda)$$

証明　定理 3.4 により，行列式は転置操作によって不変である．よって

$$\begin{aligned}(\text{右辺}) &= \det(\lambda E_n - {}^tA)\\ &= \det{}^t(\lambda E_n - A) = \det(\lambda E_n - A) = (\text{左辺}).\end{aligned}$$ ∎

さて，定義 7.5 の後で述べたように，$\Phi_T(\lambda)$ 自体は基底のとり方によらない．

定理 7.6 (固有多項式の一意性)

線形変換 $T: V \to V$ に対して，その固有多項式 $\Phi_T(\lambda)$ は，V の基底のとり方によらずただ一つ定まる．

証明　V に対して任意に与えられた二組の基底 $\{\boldsymbol{u}_1, \cdots, \boldsymbol{u}_n\}$, $\{\boldsymbol{v}_1, \cdots, \boldsymbol{v}_n\}$ に対して，それぞれに対応する T の表現行列を A, B とすると，ある n 次正則行列 P が存在して，$B = P^{-1}AP$ が成り立つ (定理 5.7)．したがって，定理

7.4 より，$\Phi_B(\lambda) = \Phi_{P^{-1}AP}(\lambda) = \Phi_A(\lambda)$ である． ■

正方行列 A が定める線形変換 T_A において，$\dim W_T(\lambda) = \dim W_A(\lambda)$ であることに注意すると，同次連立 1 次方程式の解空間の次元の公式 (定理 4.17)，あるいは，次元定理 (定理 5.4) から，次のような $W_T(\lambda)$ の次元公式が得られる．

定理 7.7 (固有空間の次元公式)

線形変換 $T : V \to V$ およびその固有値 λ に対して，

$$\dim W_T(\lambda) = \dim W_A(\lambda) = n - \operatorname{rank}(\lambda E_n - A)$$

が成り立つ．ただし，A は V の任意の基底 $\{\boldsymbol{v}_1, \cdots, \boldsymbol{v}_n\}$ に関する T の表現行列とする．特に，次が成り立つ．

$$\dim W_T(\lambda) = \dim W_A(\lambda) > 0 \iff 0 \leq \operatorname{rank}(\lambda E_n - A) < n$$

一般に，任意の線形変換に対して，相異なる固有値に対応する固有ベクトルの間には，次の関係が成り立つ．

定理 7.8

n 次元線形空間 V 上の線形変換 $T : V \to V$ に対して，$\lambda_1, \cdots, \lambda_r$ $(1 \leq r \leq n)$ を T の相異なるすべての固有値とする．このとき，次が成り立つ．

(1) 各 $i = 1, \cdots, r$ に対して，$\boldsymbol{v}_i \in W_T(\lambda_i) \setminus \{\boldsymbol{0}\}$ (すなわち，λ_i に対応する T の固有ベクトル) とすると，$\{\boldsymbol{v}_1, \cdots, \boldsymbol{v}_r\}$ は 1 次独立である．

(2) $\displaystyle\sum_{i=1}^{r} \dim W_T(\lambda_i) \leq n$

証明 (1) 背理法を用いる．$\{\boldsymbol{v}_1, \cdots, \boldsymbol{v}_r\}$ が 1 次従属とすると，$\boldsymbol{v}_1 \neq \boldsymbol{0}$ であることから，ある i $(1 \leq i < r)$ に対して以下の 2 つの主張が成り立つことになる．

(i) $\{\boldsymbol{v}_1, \cdots, \boldsymbol{v}_i\}$ は 1 次独立である．

(ii) $\{\boldsymbol{v}_1, \cdots, \boldsymbol{v}_i, \boldsymbol{v}_{i+1}\}$ は 1 次従属である．

これらから，ある $\begin{bmatrix} x_1 & \cdots & x_i \end{bmatrix} \neq \begin{bmatrix} 0 & \cdots & 0 \end{bmatrix}$ が存在して，

$$\boldsymbol{v}_{i+1} = x_1\boldsymbol{v}_1 + \cdots + x_i\boldsymbol{v}_i \tag{7.1}$$

が成り立つ．両辺に T を施し，$T(\boldsymbol{v}_j) = \lambda_j \boldsymbol{v}_j$ $(j = 1, \cdots, i+1)$ をふまえると，

$$\lambda_{i+1}\boldsymbol{v}_{i+1} = \lambda_1 x_1 \boldsymbol{v}_1 + \cdots + \lambda_i x_i \boldsymbol{v}_i. \tag{7.2}$$

一方，等式 (7.1) の両辺を λ_{i+1} 倍することで，

$$\lambda_{i+1}\boldsymbol{v}_{i+1} = \lambda_{i+1} x_1 \boldsymbol{v}_1 + \cdots + \lambda_{i+1} x_i \boldsymbol{v}_i. \tag{7.3}$$

したがって，等式 (7.2), (7.3) の差をとることで，

$$(\lambda_{i+1} - \lambda_1) x_1 \boldsymbol{v}_1 + \cdots + (\lambda_{i+1} - \lambda_i) x_i \boldsymbol{v}_i = \boldsymbol{0}.$$

(i) より $\{\boldsymbol{v}_1, \cdots, \boldsymbol{v}_i\}$ は 1 次独立であるから

$$(\lambda_{i+1} - \lambda_1) x_1 = \cdots = (\lambda_{i+1} - \lambda_i) x_i = 0.$$

仮定より，$\lambda_{i+1} - \lambda_j \neq 0$ $(j = 1, \cdots, i)$ であるから，$x_1 = \cdots = x_i = 0$，すなわち $\boldsymbol{v}_{i+1} = \boldsymbol{0}$ が導かれる．しかし，これは $\boldsymbol{v}_{i+1} \neq \boldsymbol{0}$ であることに矛盾する．以上より，$\{\boldsymbol{v}_1, \cdots, \boldsymbol{v}_r\}$ は 1 次独立である．

(2) 各 $i = 1, \cdots, r$ に対して，$d_i = \dim W_T(\lambda_i)$ とおき，$\{\boldsymbol{w}_1^{(i)}, \cdots, \boldsymbol{w}_{d_i}^{(i)}\}$ を $W_T(\lambda_i)$ の基底とすると，これらすべての基底をあわせることで得られる $(d_1 + \cdots + d_r)$ 個のベクトル

$$\{\boldsymbol{w}_1^{(i)}, \cdots, \boldsymbol{w}_{d_i}^{(i)} \,|\, i = 1, \cdots, r\}$$

は，上で示した (1) から，1 次独立であることが直ちに導かれる．したがって，V において 1 次独立なベクトルの最大個数が $\dim V = n$ であったことに注意すると，$d_1 + \cdots + d_r \leq n$ であることがわかる． ∎

7.3 行列の対角化

正方行列は線形変換を定めるが，考える座標によりその形が変わるので標準的な形を定めておくと便利である．本節は，行列の標準的な形について学ぶ．

定義 7.6 (正方行列の三角化可能性・対角化可能性)

正方行列 A に対して，ある正則行列 P が存在して $P^{-1}AP$ が三角行列となるとき，A は (P によって) **三角化可能** であるという．特に，$P^{-1}AP$ が対角行列となるとき，A は (P によって) **対角化可能** であるという．

Note: A が三角化 (あるいは対角化) 可能であっても，その三角化 (あるいは対角化) を与える正則行列 P が A に対してただ一つ存在するとは限らない．

以下では，固有値と固有ベクトルに着目することで対角化可能な条件を考える．

定理 7.9

任意の n 次 (複素) 正方行列 A に対して，$\Phi_A(\lambda) = 0$ の解を $\lambda_1, \cdots, \lambda_n$ ($\in \mathbb{C}$) とする (重複を含む)．このとき，各 $i = 1, \cdots, n$ に対して，A の固有ベクトル $\boldsymbol{x}_i \in W_A(\lambda_i) \setminus \{\boldsymbol{0}\}$ を任意に選び，それらを横一列に並べてできる n 次正方行列 $P = \begin{bmatrix} \boldsymbol{x}_1 & \cdots & \boldsymbol{x}_n \end{bmatrix}$ に対して，

$$AP = P \begin{bmatrix} \lambda_1 & & 0 \\ & \ddots & \\ 0 & & \lambda_n \end{bmatrix}$$

が成り立つ．

証明 仮定より，各 $i = 1, \cdots, n$ に対して，λ_i に対応する A の固有ベクトル $\boldsymbol{x}_i \neq \boldsymbol{0}$ が必ず存在する．そこで，$P = \begin{bmatrix} \boldsymbol{x}_1 & \cdots & \boldsymbol{x}_n \end{bmatrix}$ とおくと，

$$\begin{aligned} AP &= A\begin{bmatrix} \boldsymbol{x}_1 & \cdots & \boldsymbol{x}_n \end{bmatrix} = \begin{bmatrix} A\boldsymbol{x}_1 & \cdots & A\boldsymbol{x}_n \end{bmatrix} = \begin{bmatrix} \lambda_1\boldsymbol{x}_1 & \cdots & \lambda_n\boldsymbol{x}_n \end{bmatrix} \\ &= \begin{bmatrix} \boldsymbol{x}_1 & \cdots & \boldsymbol{x}_n \end{bmatrix} \begin{bmatrix} \lambda_1 & & 0 \\ & \ddots & \\ 0 & & \lambda_n \end{bmatrix} = P \begin{bmatrix} \lambda_1 & & 0 \\ & \ddots & \\ 0 & & \lambda_n \end{bmatrix} \end{aligned}$$

となる． ∎

固有値の重複度と対角化可能性に関して，以下の定理が成り立つ．

定理 7.10 (正方行列の対角化可能性)

任意の n 次 (複素) 正方行列 A に対して，その相異なるすべての固有値を $\lambda_1, \cdots, \lambda_r$ $(1 \leq r \leq n)$ とし，n_i を λ_i の重複度とする．このとき，以下の 3 つは互いに同値である．

(1) $\dim W_A(\lambda_i) = n_i$ $(i = 1, \cdots, r)$

(2) $\sum_{i=1}^{r} \dim W_A(\lambda_i) = n$

(3) A は対角化可能である.

証明 (1) $\Rightarrow$ (2) $\Phi_A(\lambda) = 0$ のすべての解の個数は重複度を含めると n となるので，明らかである.

(2) $\Rightarrow$ (3) もし，$\dim W_A(\lambda_1) + \cdots + \dim W_A(\lambda_r) = n$ であったとすると，各 $i = 1, \cdots, r$ に対して $W_A(\lambda_i)$ の基底 $\{\boldsymbol{x}_1^{(i)}, \cdots, \boldsymbol{x}_{n_i}^{(i)}\}$ をとり，それらすべてをあわせることで得られる n 個のベクトル

$$\{\boldsymbol{x}_1^{(1)}, \cdots, \boldsymbol{x}_{n_1}^{(1)}, \cdots\cdots, \boldsymbol{x}_1^{(r)}, \cdots, \boldsymbol{x}_{n_r}^{(r)}\}$$

は，定理 7.8(1) より，$\mathbb{C}^n$ の基底を与えることになる．このとき行列

$$P = \begin{bmatrix} \boldsymbol{x}_1^{(1)} & \cdots & \boldsymbol{x}_{n_1}^{(1)} & \cdots\cdots & \boldsymbol{x}_1^{(r)} & \cdots & \boldsymbol{x}_{n_r}^{(r)} \end{bmatrix} \tag{7.4}$$

は正則である．したがって，定理 7.9 から得られる等式の両辺に，左から逆行列 P^{-1} を掛けることで，

$$P^{-1}AP = \begin{bmatrix} \lambda_1 E_{n_1} & & 0 \\ & \ddots & \\ 0 & & \lambda_r E_{n_r} \end{bmatrix} \tag{7.5}$$

となる．すなわち，A は P によって対角化可能である.

(3) $\Rightarrow$ (1) A は P によって対角化可能であるとすると，定理 7.4 より A と $P^{-1}AP$ の固有値は等しいから，正則行列 P をうまく選んで，

$$P^{-1}AP = \begin{bmatrix} \lambda_1 E_{n_1} & & 0 \\ & \ddots & \\ 0 & & \lambda_r E_{n_r} \end{bmatrix} \Longleftrightarrow AP = P \begin{bmatrix} \lambda_1 E_{n_1} & & 0 \\ & \ddots & \\ 0 & & \lambda_r E_{n_r} \end{bmatrix} \tag{7.6}$$

という形にすることができる．正則行列 P を，(7.4) と同じように選ぶと，

$$A\boldsymbol{x}_{j(i)}^{(i)} = \lambda_i \boldsymbol{x}_{j(i)}^{(i)} \quad (i = 1, \cdots, r;\ j(i) = 1, \cdots, n_i)$$

となる．これより $\{\boldsymbol{x}_1^{(i)}, \cdots, \boldsymbol{x}_{j(i)}^{(i)}\}$ は固有値 λ_i に対応する A の固有ベクトルである．また，$\{\boldsymbol{x}_1^{(i)}, \cdots, \boldsymbol{x}_{j(i)}^{(i)}\}$ は 1 次独立であるから，これらのベクトルは

n_i 次元の部分空間を生成するので，$\dim W_A(\lambda_i) \geq n_i$. これより，

$$\sum_{i=1}^{r} \dim W_A(\lambda_i) \geq \sum_{i=1}^{r} n_i = n.$$

これと定理 7.8(2) から $\sum_{i=1}^{r} \dim W_A(\lambda_i) = n$ となり，定理 7.10 から，$\dim W_A(\lambda_i) = n_i$ となる. ∎

Note: 実正方行列 A に対して，もし，その固有値がすべて実数ならば，定理 7.9 とまったく同じ主張が $\mathbb{R}$ 上のものとして成立する.

また，定理 7.9 の特別な場合として，次の定理が得られる.

定理 7.11

n 次正方行列 A に対して，A の n 個の固有値がすべて異なるとき，A は対角化可能である.

証明 A の固有値 $\lambda_1, \cdots, \lambda_n$ がすべて異なるとすると，どの固有値の重複度も 1 であるから，$\dim W_A(\lambda_i) \geq 1$. したがって $\sum_{i=1}^{r} \dim W_A(\lambda_i) \geq n$ となり，定理 7.8(2) より $\sum_{i=1}^{r} \dim W_A(\lambda_i) = n$ がわかる. これは定理 7.10 の (2) であるから，定理 7.10 より A は対角化可能である. ∎

例題 7.5

次の 2 次正方行列 A が対角化可能か. もし対角化可能であれば対角化せよ.

(1) $A = \begin{bmatrix} 4 & -3 \\ 2 & -1 \end{bmatrix}$ (2) $A = \begin{bmatrix} 2 & -1 \\ 1 & 4 \end{bmatrix}$

解答 (1) $\Phi_A(\lambda) = (\lambda - 1)(\lambda - 2)$ より，A の固有値は $\lambda = 1, 2$ であることから，定理 7.11 より，A は対角化可能である. 実際，

$$W_A(1) = \left\{ \alpha \begin{bmatrix} 1 \\ 1 \end{bmatrix} \middle| \alpha \in \mathbb{R} \right\}, \quad W_A(2) = \left\{ \beta \begin{bmatrix} 3 \\ 2 \end{bmatrix} \middle| \beta \in \mathbb{R} \right\}$$

であるから，$P = \begin{bmatrix} 1 & 3 \\ 1 & 2 \end{bmatrix}$ とおくと，$P^{-1} = \begin{bmatrix} -2 & 3 \\ 1 & -1 \end{bmatrix}$. ゆえに

$$P^{-1}AP = \begin{bmatrix} -2 & 3 \\ 1 & -1 \end{bmatrix} \begin{bmatrix} 4 & -3 \\ 2 & -1 \end{bmatrix} \begin{bmatrix} 1 & 3 \\ 1 & 2 \end{bmatrix} = \begin{bmatrix} 1 & 0 \\ 0 & 2 \end{bmatrix}$$

と対角化できる.

(2) $\Phi_A(\lambda) = (\lambda - 3)^2$ より，A の固有値は $\lambda = 3$ (重解) である．また，

$$3E_2 - A = \begin{bmatrix} 1 & 1 \\ -1 & -1 \end{bmatrix} \xrightarrow{\text{行基本変形}} \begin{bmatrix} 1 & 1 \\ 0 & 0 \end{bmatrix}$$

となることから，定理 7.7 より，

$$\dim W_A(3) = 2 - \operatorname{rank}(3E_2 - A) = 2 - 1 = 1.$$

したがって，定理 7.10(1) より，A は対角化不可能である. ∎

もし，与えられた正方行列 A が対角化可能であるならば，そのべき乗 A^m $(m \geq 2)$ が簡単に計算できる．実際，ある正則行列 P が存在して，

$$P^{-1}AP = \begin{bmatrix} \lambda_1 & & 0 \\ & \ddots & \\ 0 & & \lambda_n \end{bmatrix}$$

となるとき，

$$(P^{-1}AP)^m = \overbrace{(P^{-1}AP)(P^{-1}AP)\cdots(P^{-1}AP)}^{m} = P^{-1}A^mP$$

であることから，

$$A^m = P \begin{bmatrix} \lambda_1^m & & 0 \\ & \ddots & \\ 0 & & \lambda_n^m \end{bmatrix} P^{-1} \tag{7.7}$$

のように計算できる.

例 7.2

行列 $A = \begin{bmatrix} 9 & -6 \\ 7 & -4 \end{bmatrix}$ に対して，固有多項式は

$$\Phi_A(\lambda) = \lambda^2 - 5\lambda + 6 = (\lambda - 2)(\lambda - 3)$$

であり，各固有値に対する固有空間は

$$W_A(2) = \left\{ \alpha \begin{bmatrix} 6 \\ 7 \end{bmatrix} \middle| \alpha \in \mathbb{R} \right\}, \quad W_A(3) = \left\{ \beta \begin{bmatrix} 1 \\ 1 \end{bmatrix} \middle| \beta \in \mathbb{R} \right\}$$

であることから，$P = \begin{bmatrix} 6 & 1 \\ 7 & 1 \end{bmatrix}$ とおくことで，$P^{-1}AP = \begin{bmatrix} 2 & 0 \\ 0 & 3 \end{bmatrix}$ と対角化される．ここで，$P^{-1} = \begin{bmatrix} -1 & 1 \\ 7 & -6 \end{bmatrix}$ であることに注意すると，

$$\begin{aligned} A^m &= P \begin{bmatrix} 2^m & 0 \\ 0 & 3^m \end{bmatrix} P^{-1} \\ &= \begin{bmatrix} 6 & 1 \\ 7 & 1 \end{bmatrix} \begin{bmatrix} 2^m & 0 \\ 0 & 3^m \end{bmatrix} \begin{bmatrix} -1 & 1 \\ 7 & -6 \end{bmatrix} \\ &= \begin{bmatrix} 3(3^{m-1} \cdot 7 - 2^{m+1}) & -6(3^m - 2^m) \\ 7(3^m - 2^m) & -2(3^{m+1} - 2^{m-1} \cdot 7) \end{bmatrix}. \end{aligned}$$

7.4 行列の三角化

対角化できない行列は存在するが，任意の正方行列は三角化可能である．

定理 7.12 (正方行列の三角化可能性)

任意の n 次複素正方行列 A に対して，$\lambda_1, \cdots, \lambda_n$ $(\in \mathbb{C})$ を A の重複を込めたすべての固有値とする．このとき，ある正則行列 P が存在して，

$$P^{-1}AP = \begin{bmatrix} \lambda_1 & & * \\ & \ddots & \\ 0 & & \lambda_n \end{bmatrix} \tag{7.8}$$

となる．すなわち，任意の複素正方行列 A は (上) 三角化可能である．

証明 n に関する帰納法を用いて示す．

(i) $n = 1$ の場合，定理の主張が成り立つことは明らかである．

(ii) $n > 1$ として，任意の $(n-1)$ 次正方行列 A_1 に対して，主張が成り立つと仮定する．すなわち，ある $(n-1)$ 次正則行列 P_1 が存在して，

$$P_1^{-1} A_1 P_1 = \begin{bmatrix} \mu_1 & & * \\ & \ddots & \\ 0 & & \mu_{n-1} \end{bmatrix} \qquad (*)$$

となるとする．ただし，$\mu_1, \cdots, \mu_{n-1} \in \mathbb{C}$ は A_1 のすべての固有値とする．

さて，λ_1 は A の固有値であることから，必ずある固有ベクトル $\boldsymbol{x}_1 \in W_A(\lambda_1) \setminus \{\boldsymbol{0}\}$ $(\subset \mathbb{C}^n \setminus \{\boldsymbol{0}\})$ が存在する．定理 4.19 より，この固有ベクトル $\boldsymbol{x}_1$ を含む $\mathbb{C}^n$ の基底 $\{\boldsymbol{x}_1, \boldsymbol{x}_2, \cdots, \boldsymbol{x}_n\}$ をとることができる．ここで $P_2 = \begin{bmatrix} \boldsymbol{x}_1 & \boldsymbol{x}_2 & \cdots & \boldsymbol{x}_n \end{bmatrix}$ とおくと，P_2 は正則である．また，$A\boldsymbol{x}_1 = \lambda_1 \boldsymbol{x}_1$ であることに注意すると，

$$AP_2 = \begin{bmatrix} A\boldsymbol{x}_1 & A\boldsymbol{x}_2 & \cdots & A\boldsymbol{x}_n \end{bmatrix} = \begin{bmatrix} \lambda_1 \boldsymbol{x}_1 & A\boldsymbol{x}_2 & \cdots & A\boldsymbol{x}_n \end{bmatrix}$$

である．ここで，$\{\boldsymbol{x}_1, \boldsymbol{x}_2, \cdots, \boldsymbol{x}_n\}$ は $\mathbb{C}^n$ の基底であるから，$A\boldsymbol{x}_i$ $(i = 2, \cdots, n)$ は $\boldsymbol{x}_1, \boldsymbol{x}_2, \cdots, \boldsymbol{x}_n$ の線形結合として表される．これらをまとめると，ある $(n-1)$ 次正方行列 A_1 が存在して，

$$\begin{bmatrix} \lambda_1 \boldsymbol{x}_1 & A\boldsymbol{x}_2 & \cdots & A\boldsymbol{x}_n \end{bmatrix} = \begin{bmatrix} \boldsymbol{x}_1 & \boldsymbol{x}_2 & \cdots & \boldsymbol{x}_n \end{bmatrix} \left[\begin{array}{c|ccc} \lambda_1 & * & \cdots & * \\ \hline 0 & & & \\ \vdots & & A_1 & \\ 0 & & & \end{array} \right]$$

と表されることになる．すなわち，$AP_2 = P_2 \left[\begin{array}{c|ccc} \lambda_1 & * & \cdots & * \\ \hline 0 & & & \\ \vdots & & A_1 & \\ 0 & & & \end{array} \right]$．したがって，帰納法の仮定から，等式 $(*)$ のような正則行列 P_1 をとり，

$$P = P_2 \left[\begin{array}{c|ccc} 1 & 0 & \cdots & 0 \\ \hline 0 & & & \\ \vdots & & P_1 & \\ 0 & & & \end{array} \right]$$

とおくと，P は正則であり，さらに，

$$P^{-1}AP = \left[\begin{array}{c|ccc} 1 & 0 & \cdots & 0 \\ \hline 0 & & & \\ \vdots & & P_1^{-1} & \\ 0 & & & \end{array}\right] (P_2^{-1}AP_2) \left[\begin{array}{c|ccc} 1 & 0 & \cdots & 0 \\ \hline 0 & & & \\ \vdots & & P_1 & \\ 0 & & & \end{array}\right]$$

$$= \left[\begin{array}{c|ccc} 1 & 0 & \cdots & 0 \\ \hline 0 & & & \\ \vdots & & P_1^{-1} & \\ 0 & & & \end{array}\right] \left[\begin{array}{c|ccc} \lambda_1 & * & \cdots & * \\ \hline 0 & & & \\ \vdots & & A_1 & \\ 0 & & & \end{array}\right] \left[\begin{array}{c|ccc} 1 & 0 & \cdots & 0 \\ \hline 0 & & & \\ \vdots & & P_1 & \\ 0 & & & \end{array}\right]$$

$$= \left[\begin{array}{c|ccc} \lambda_1 & * & \cdots & * \\ \hline 0 & & & \\ \vdots & & P_1^{-1}A_1P_1 & \\ 0 & & & \end{array}\right] = \left[\begin{array}{c|ccc} \lambda_1 & * & \cdots & * \\ \hline 0 & \mu_1 & & * \\ \vdots & & \ddots & \\ 0 & 0 & & \mu_{n-1} \end{array}\right]$$

と三角化できる．右辺の対角成分は A の固有値だから，$\{\mu_1, \cdots, \mu_{n-1}\} = \{\lambda_2, \cdots, \lambda_n\}$ となり，

$$P^{-1}AP = \left[\begin{array}{c|ccc} \lambda_1 & * & \cdots & * \\ \hline 0 & \lambda_2 & & * \\ \vdots & & \ddots & \\ 0 & 0 & & \lambda_n \end{array}\right]$$

がいえる．したがって，すべての自然数 n に対して主張は成り立つ．■

Note: 同様にして，正則行列を用いて下三角行列にすることができる．

Note: 上で与えた証明の議論から，実正方行列 A に対して，そのすべての固有値が実数であるならば，上の定理 7.12 と同様の定理が実数体 $\mathbb{R}$ 上のものとして成立することがわかる．

それでは，簡単な行列に対して，実際に三角化を考えてみよう．

例題 7.6

行列 $A = \begin{bmatrix} 2 & -1 \\ 1 & 4 \end{bmatrix}$ を三角化せよ．

解答　例題 7.5(2) より，A の固有値は $\lambda = 3$ (重解) であり，$W_A(3) = \left\{\alpha \begin{bmatrix} 1 \\ -1 \end{bmatrix} \middle| \alpha \in \mathbb{R}\right\}$. そこで，$\boldsymbol{x}_1 = \begin{bmatrix} 1 \\ -1 \end{bmatrix}$ とおくと，$A\boldsymbol{x}_1 = 3\boldsymbol{x}_1$ である．また，$\boldsymbol{x}_1$ と線形独立なベクトル，例えば $\boldsymbol{x}_2 = \begin{bmatrix} 1 \\ 1 \end{bmatrix}$ をとると，$\{\boldsymbol{x}_1, \boldsymbol{x}_2\}$ は $\mathbb{R}^2$ の基底となる．このとき，天下り的ではあるが，次の計算を行う．

$$A\boldsymbol{x}_2 - 3\boldsymbol{x}_2 = (A - 3E_2)\boldsymbol{x}_2 = \begin{bmatrix} -1 & -1 \\ 1 & 1 \end{bmatrix} \begin{bmatrix} 1 \\ 1 \end{bmatrix} = \begin{bmatrix} -2 \\ 2 \end{bmatrix} = -2\boldsymbol{x}_1$$

ゆえに，$A\boldsymbol{x}_2 = -2\boldsymbol{x}_1 + 3\boldsymbol{x}_2$ である．以上をまとめると，

$$A\begin{bmatrix} \boldsymbol{x}_1 & \boldsymbol{x}_2 \end{bmatrix} = \begin{bmatrix} 3\boldsymbol{x}_1 & -2\boldsymbol{x}_1 + 3\boldsymbol{x}_2 \end{bmatrix} = \begin{bmatrix} \boldsymbol{x}_1 & \boldsymbol{x}_2 \end{bmatrix} \begin{bmatrix} 3 & -2 \\ 0 & 3 \end{bmatrix}$$

である．したがって，$P = \begin{bmatrix} \boldsymbol{x}_1 & \boldsymbol{x}_2 \end{bmatrix} = \begin{bmatrix} 1 & 1 \\ -1 & 1 \end{bmatrix}$ とおくと，

$$AP = P\begin{bmatrix} 3 & -2 \\ 0 & 3 \end{bmatrix} \iff P^{-1}AP = \begin{bmatrix} 3 & -2 \\ 0 & 3 \end{bmatrix}.$$

■

Note:　例えば，$\boldsymbol{x}_2 = -\boldsymbol{e}_2$ は $\boldsymbol{x}_1$ と 1 次独立なので，このようにとってもよい．この場合は，$(A - 3E_2)\boldsymbol{x}_2 = \boldsymbol{x}_1$ より，$A\boldsymbol{x}_2 = \boldsymbol{x}_1 + 3\boldsymbol{x}_2$ となる．したがって，$P = \begin{bmatrix} \boldsymbol{x}_1 & \boldsymbol{x}_2 \end{bmatrix} = \begin{bmatrix} 1 & 0 \\ -1 & -1 \end{bmatrix}$, $P^{-1}AP = \begin{bmatrix} 3 & 1 \\ 0 & 3 \end{bmatrix}$ となる．この例は正方行列 A を三角化する正則行列 P は複数とれることを示している．

● 三角化の応用

以下では，行列の演算を計算するうえでも有用ないくつかの定理を紹介する．これらは正方行列の三角化を用いることで証明される．

定理 7.13

任意の n 次正方行列 A に対して，$\lambda_1, \cdots, \lambda_n$ を A のすべての固有値とするとき，次の等式 (1), (2) が成り立つ．

(1) $\operatorname{tr} A = \lambda_1 + \cdots + \lambda_n$

(2) $\det A = \lambda_1 \cdots \lambda_n$

証明 定理 7.12 より，A に対して，ある正則行列 P が存在して，

$$P^{-1}AP = \begin{bmatrix} \lambda_1 & & * \\ & \ddots & \\ 0 & & \lambda_n \end{bmatrix}$$

となる．このとき，$\operatorname{tr}(P^{-1}AP) = \operatorname{tr} A$ (例題 1.9), $\det(P^{-1}AP) = \det A$ (定理 3.10 と例題 3.5) より，

$$\begin{aligned} \operatorname{tr} A &= \operatorname{tr}(P^{-1}AP) = \lambda_1 + \cdots + \lambda_n, \\ \det A &= \det(P^{-1}AP) = \lambda_1 \cdots \lambda_n. \end{aligned}$$

∎

多項式 $f(x)$ に対し，x の代わりに A を代入することで得られるある行列を $f(A)$ と書くことにする．例えば，$f(x) = 2x^2 + 4$ のとき $f(A) = 2A^2 + 4E$ である．このとき，次の定理が成り立つ．

定理 7.14 (ケイリー・ハミルトンの定理)

任意の n 次正方行列 A に対して，その固有多項式を $\Phi_A(\lambda)$ とするとき，等式 $\Phi_A(A) = O_n$ が成り立つ．

証明 $\lambda_1, \cdots, \lambda_n$ を A のすべての固有値とすると，定理 7.12 より，ある正則行列 P が存在して，

$$P^{-1}AP = \begin{bmatrix} \lambda_1 & & * \\ & \ddots & \\ 0 & & \lambda_n \end{bmatrix}$$

となる．このとき，$\Phi_A(\lambda) = (\lambda - \lambda_1)(\lambda - \lambda_2)\cdots(\lambda - \lambda_n)$ に対して，

$$\Phi_A(A) = (A - \lambda_1 E_n)(A - \lambda_2 E_n)\cdots(A - \lambda_n E_n)$$

であることから，

$$\begin{aligned} P^{-1}\Phi_A(A)P &= P^{-1}(A - \lambda_1 E_n)(A - \lambda_2 E_n)\cdots(A - \lambda_n E_n)P \\ &= P^{-1}(A - \lambda_1 E_n)PP^{-1}(A - \lambda_2 E_n)PP^{-1}\cdots PP^{-1}(A - \lambda_n E_n)P \\ &= (P^{-1}AP - \lambda_1 E_n)(P^{-1}AP - \lambda_2 E_n)\cdots(P^{-1}AP - \lambda_n E_n) \end{aligned}$$

となる．ここで，各 $i = 1, 2, \cdots, n$ に対して，$P^{-1}AP - \lambda_i E_n = T_i$ とおくと，T_i は上三角行列で，(i, i) 成分は 0 である．このことから $T_1 = \begin{bmatrix} \mathbf{0} & * & \cdots & * \end{bmatrix}$

($*$ はある列ベクトルを表す), $T_1T_2 = \begin{bmatrix}\mathbf{0} & \mathbf{0} & * & \cdots & *\end{bmatrix}$, $\cdots$ となるので $T_1 \cdots T_n = \begin{bmatrix}\mathbf{0} & \cdots & \mathbf{0}\end{bmatrix} = O_n$. すなわち, $P^{-1}\Phi_A(A)P = O_n$ である. この両辺に右, 左から P^{-1}, P を掛けることによって, 等式 $\Phi_A(A) = O_n$ が得られる. ∎

この定理 7.14 を用いると, 任意の正方行列 A に対して A^m が計算できる.

例題 7.7

対角化不可能な行列 $A = \begin{bmatrix} 3 & -2 \\ 2 & -1 \end{bmatrix}$ に対して, A^5 を求めよ.

解答 $\Phi_A(\lambda) = \lambda^2 - 2\lambda + 1$ から, 定理 7.14 より, $\Phi_A(A) = A^2 - 2A + E_2 = O_2$ となる. $\lambda^5 = (\lambda^3 + 2\lambda^2 + 3\lambda + 4)\Phi_A(\lambda) + 5\lambda - 4$ に $\lambda = A$ を代入して,

$$\begin{aligned} A^5 &= (A^3 + 2A^2 + 3A + 4E_2)(A^2 - 2A + E_2) + 5A - 4E_2 \\ &= O_2 + 5A - 4E_2 = 5A - 4E_2 = \begin{bmatrix} 11 & -10 \\ 10 & -9 \end{bmatrix} \end{aligned}$$

である. ∎

● 実対称行列の対角化

以下では, 実対称行列の直交行列による対角化可能性について述べる.

定義 7.7 (エルミート行列)

複素正方行列 A に対して, その随伴行列を $A^* = \overline{{}^tA}$ として,

$$A^* = A$$

が成り立つとき, A は **エルミート行列** であるという. 特に, 実正方行列 A がエルミート行列ということは, A が対称行列であるということと同値である.

定理 7.15

複素正方行列 A がエルミート行列であるとき, 次が成り立つ.

(1) A の固有値はすべて実数である.

(2) A の相異なる固有値に対応する固有ベクトルは互いに直交する.

証明 n 次エルミート行列 A の相異なるすべての固有値を $\lambda_1, \cdots, \lambda_r \in \mathbb{C}$ $(1 \leq r \leq n)$ とすると，各 $i = 1, \cdots, r$ に対して，ある固有ベクトル $\boldsymbol{x}_i \in W_A(\lambda_i) \setminus \{\boldsymbol{0}\}$ $(\subset \mathbb{C}^n \setminus \{\boldsymbol{0}\})$ が存在する．このとき，$\mathbb{C}^n$ 上に定義される標準的内積 $(\boldsymbol{x}, \boldsymbol{y}) = {}^t\boldsymbol{x}\,\overline{\boldsymbol{y}}$ $(\boldsymbol{x}, \boldsymbol{y} \in \mathbb{C}^n)$ を考えると，任意の $1 \leq i, j \leq r$ に対して，

$$(A\boldsymbol{x}_i, \boldsymbol{x}_j) = (\lambda_i\,\boldsymbol{x}_i, \boldsymbol{x}_j) = \lambda_i\,(\boldsymbol{x}_i, \boldsymbol{x}_j),$$
$$(\boldsymbol{x}_i, A\boldsymbol{x}_j) = (\boldsymbol{x}_i, \lambda_j\,\boldsymbol{x}_j) = \overline{\lambda_j}\,(\boldsymbol{x}_i, \boldsymbol{x}_j)$$

が成り立つ．また，$A^* = A$ であることから，

$$(A\boldsymbol{x}_i, \boldsymbol{x}_j) = {}^t(A\boldsymbol{x}_i)\overline{\boldsymbol{x}_j} = {}^t\boldsymbol{x}_i{}^tA\,\overline{\boldsymbol{x}_j} = (\boldsymbol{x}_i, A^*\boldsymbol{x}_j) = (\boldsymbol{x}_i, A\boldsymbol{x}_j).$$

したがって，$(\lambda_i - \overline{\lambda_j})\,(\boldsymbol{x}_i, \boldsymbol{x}_j) = 0$ $(1 \leq i, j \leq r)$ が成り立つ．

(1) $i = j$ の場合を考えると $(\lambda_i - \overline{\lambda_i})\,\|\boldsymbol{x}_i\|^2 = 0$ $(i = 1, \cdots, r)$ であり，$\boldsymbol{x}_i \neq \boldsymbol{0}$ から，$\lambda_i = \overline{\lambda_i}$ つまり $\lambda_i \in \mathbb{R}$.

(2) $i \neq j$ の場合，先に示した $\lambda_i, \lambda_j \in \mathbb{R}$ と $\lambda_i \neq \lambda_j$ を考えると，$(\lambda_i - \overline{\lambda_j})\,(\boldsymbol{x}_i, \boldsymbol{x}_j) = 0$ から $(\boldsymbol{x}_i, \boldsymbol{x}_j) = 0$ が成り立つ． ∎

n 次実対称行列 A の固有値 $\lambda_1, \cdots, \lambda_n\,(\in \mathbb{R})$ がすべて異なるとき，固有ベクトル $\boldsymbol{x}_i \in W_A(\lambda_i) \setminus \{\boldsymbol{0}\}$ $(i = 1, \cdots, n)$ に対して，$\boldsymbol{u}_i = \dfrac{\boldsymbol{x}_i}{||\boldsymbol{x}_i||}$ とおくと，$\{\boldsymbol{u}_1, \cdots, \boldsymbol{u}_n\}$ は $\mathbb{R}^n$ の正規直交基底となることから，A は直交行列 $U = \begin{bmatrix} \boldsymbol{u}_1 & \cdots & \boldsymbol{u}_n \end{bmatrix}$ によって対角化可能である．

定理 7.16 (実対称行列の直交行列による対角化可能性)

n 次実正方行列 A に対して，以下の (1), (2) は同値である．

(1) A は実対称行列である．

(2) ある直交行列 U によって A は対角化可能である．

証明 (1) $\Rightarrow$ (2) 定理 7.15 より，実対称行列 A のすべての固有値 $\lambda_1, \cdots, \lambda_n$ は実数である．したがって，ある正則行列 P が存在して，$P^{-1}AP$ が上三角行列になる (定理 7.12)．次に，P の QR 分解 (例 6.9) $P = UR$ を考える．ここで，U は直交行列，R は上三角行列である．このとき，

$$P^{-1}AP = (UR)^{-1}AUR = R^{-1}(U^{-1}AU)R,$$

したがって，

$$U^{-1}AU = R(P^{-1}AP)R^{-1}$$

となる．この右辺は上三角行列の積である．

$$U^{-1}AU = \begin{bmatrix} \lambda_1 & & * \\ & \ddots & \\ 0 & & \lambda_n \end{bmatrix}$$

となる．ここで，${}^tU = U^{-1}$, ${}^tA = A$ であることから，

$${}^t(U^{-1}AU) = {}^t({}^tUAU) = {}^tU\,{}^tAU = U^{-1}AU.$$

すなわち，$U^{-1}AU$ は対称行列である．したがって，

$$U^{-1}AU = \begin{bmatrix} \lambda_1 & & 0 \\ & \ddots & \\ 0 & & \lambda_n \end{bmatrix}. \tag{7.9}$$

(2) ⇒ (1)　A に対して，ある直交行列 U が存在して，等式 (7.9) のような形に対角化可能であると仮定すると，

$$A = U \begin{bmatrix} \lambda_1 & & 0 \\ & \ddots & \\ 0 & & \lambda_n \end{bmatrix} U^{-1} = U \begin{bmatrix} \lambda_1 & & 0 \\ & \ddots & \\ 0 & & \lambda_n \end{bmatrix} {}^tU$$

であることから，明らかに ${}^tA = A$ である． ∎

Note: 同様の議論から，任意のエルミート行列はユニタリ行列によって対角化可能であることが示される．

章末問題

□ **1.** 次の行列 A に対して固有多項式とすべての固有値を求めよ．

(1) $A = \begin{bmatrix} 1 & 2 \\ 1 & 1 \end{bmatrix}$　(2) $A = \begin{bmatrix} 1 & 2 \\ 2 & 2 \end{bmatrix}$　(3) $A = \begin{bmatrix} -3 & 4 & 4 \\ -2 & 3 & 4 \\ -2 & 2 & 4 \end{bmatrix}$

(4) $A = \begin{bmatrix} 2 & 1 & 1 \\ 1 & 2 & 1 \\ 1 & 1 & 2 \end{bmatrix}$　(5) $A = \begin{bmatrix} 1 & 1 & 0 \\ 1 & 1 & 1 \\ 0 & 1 & 1 \end{bmatrix}$　(6) $A = \begin{bmatrix} 0 & 0 & 1 \\ 0 & 1 & 0 \\ -1 & 0 & 0 \end{bmatrix}$

□**2.** 次の正方行列の固有値と各固有値に対する固有空間を求めよ．

(1) $\begin{bmatrix} 1 & 1 & 0 \\ 1 & 0 & 1 \\ 0 & 1 & 1 \end{bmatrix}$　(2) $\begin{bmatrix} 3 & -1 & 1 \\ -1 & 5 & -1 \\ 1 & -1 & 3 \end{bmatrix}$　(3) $\begin{bmatrix} 3 & 2 & 1 \\ 4 & 1 & 1 \\ 5 & 2 & -1 \end{bmatrix}$

(4) $\begin{bmatrix} 5 & 2 & 1 \\ 1 & 4 & -1 \\ -1 & -2 & 3 \end{bmatrix}$　(5) $\begin{bmatrix} 2 & -1 & 1 \\ -2 & 3 & -2 \\ 1 & -1 & 2 \end{bmatrix}$　(6) $\begin{bmatrix} 1 & -1 & 1 \\ 1 & 2 & -1 \\ 1 & 0 & 1 \end{bmatrix}$

□**3.** 行列 $A = \begin{bmatrix} 0 & 0 & -1 \\ 1 & 0 & -3 \\ 0 & 1 & -3 \end{bmatrix}$ のすべての固有値と対応する固有空間を求め，A が対角化不可能であることを示せ．

□**4.** 行列 $A = \begin{bmatrix} 3 & 2 & 8 & 5 \\ -4 & -5 & -28 & -18 \\ 2 & 4 & 18 & 10 \\ -2 & -4 & -14 & -6 \end{bmatrix}$ の固有値は，$\lambda = 1, 2, 3, 4$ である．

(1) $E - 3A$ の固有値をすべて求めよ．

(2) A が正則行列であることを示せ．

(3) A^{-1} の固有値をすべて求めよ．

(4) $\det(E + A^{-1})$ を求めよ．

□**5.** a を実数とする．行列 $A = \begin{bmatrix} 1+a & a & 0 \\ a & 1 & a \\ 0 & a & 1+a \end{bmatrix}$ のすべての固有値と対応する固有空間を求めよ．

□**6.** 対角成分がすべて 0 で，それ以外の成分がすべて 1 の n 次正方行列

$$A = \begin{bmatrix} 0 & 1 & \cdots & 1 \\ 1 & 0 & \cdots & 1 \\ \vdots & \vdots & \ddots & \vdots \\ 1 & 1 & \cdots & 0 \end{bmatrix}$$

の固有値と対応する固有空間を求めよ．

□**7.** a, b $(b \neq 0)$ を実数とする．このとき実行列 $A = \begin{bmatrix} a & -b \\ b & a \end{bmatrix}$ のすべての固有値と固有ベクトルを求めよ．

□**8.** 次の正方行列を対角化し，A^k を求めよ．

(1) $A = \begin{bmatrix} 1 & 1 & 0 \\ 1 & 0 & 1 \\ 0 & 1 & 1 \end{bmatrix}$　(2) $A = \begin{bmatrix} 3 & -1 & -2 \\ 1 & 5 & 2 \\ -1 & 1 & 4 \end{bmatrix}$

□ **9.** n 変数 $\boldsymbol{x} = (x_1, x_2, \cdots, x_n)$ の実係数の 2 次式

$$Q(\boldsymbol{x}) = \sum_{i=1}^{n} \sum_{j=1}^{n} a_{ij} x_i x_j \quad (a_{ij} = a_{ji})$$

を **2 次形式** という．これは，n 次実対称行列 $A = \left[a_{ij}\right]$ を用いて，

$$Q(\boldsymbol{x}) = {}^t\boldsymbol{x} A \boldsymbol{x}$$

と表すことができる．このとき，適当な直交行列 T を用いて，$\boldsymbol{x} = T\boldsymbol{y}$ と変数変換すると，

$$Q(\boldsymbol{x}) = Q(T\boldsymbol{y}) = \lambda_1 y_1^2 + \lambda_2 y_2^2 + \cdots + \lambda_n y_n^2$$

のように表すことができることを示せ．ただし，$\lambda_1, \lambda_2, \cdots, \lambda_n$ は，A の固有値である．これを 2 次形式の **標準形** という．

□ **10.** 2 次形式を

$$Q(\boldsymbol{x}) = x_1^2 + 2x_2^2 + x_3^2 + 2x_1x_2 + 4x_1x_3 + 2x_2x_3$$

とする．

(1) この 2 次形式の標準形を求めよ．

(2) $\boldsymbol{x}$ が $||\boldsymbol{x}||^2 = 1$ を満たして動くとき，$Q(\boldsymbol{x})$ の最大値と最小値を求めよ．また，それを与える $\boldsymbol{x}$ を求めよ．

参 考 文 献

本書の執筆にあたり参考にした書籍は多数あるが，特に参考にしたものを以下にあげる．

1) 「線型代数入門 (基礎数学 1)」齋藤正彦 著，東京大学出版会，1966 年
2) 「線型代数学 (数学選書 1)」佐武一郎 著，裳華房，1974 年
3) 「入門線形代数」三宅敏恒 著，培風館，1991 年
4) 「理工系の基礎 線形代数学」硲野敏博・加藤芳文 共著，学術図書出版社，1995 年

章末問題の解答

第1章

1. (1) $(3,4)$

(2) $A=\begin{bmatrix}\boldsymbol{a}_1 & \boldsymbol{a}_2 & \boldsymbol{a}_3 & \boldsymbol{a}_4\end{bmatrix}$, $\boldsymbol{a}_1=\begin{bmatrix}1\\2\\3\end{bmatrix}, \boldsymbol{a}_2=\begin{bmatrix}4\\5\\6\end{bmatrix}, \boldsymbol{a}_3=\begin{bmatrix}7\\8\\9\end{bmatrix}, \boldsymbol{a}_4=\begin{bmatrix}10\\11\\12\end{bmatrix}$.

(3) $A=\begin{bmatrix}\boldsymbol{a}'_1\\\boldsymbol{a}'_2\\\boldsymbol{a}'_3\end{bmatrix}$, $\boldsymbol{a}'_1=\begin{bmatrix}1 & 4 & 7 & 10\end{bmatrix}$, $\boldsymbol{a}'_2=\begin{bmatrix}2 & 5 & 8 & 11\end{bmatrix}$,

$\boldsymbol{a}'_3=\begin{bmatrix}3 & 6 & 9 & 12\end{bmatrix}$.

2. (1) $AB=\begin{bmatrix}2 & b\\2 & a^2+b\end{bmatrix}$, $BA=\begin{bmatrix}2+b & ab\\a & a^2\end{bmatrix}$, $CA=\begin{bmatrix}-1 & -2a\\7 & 3a\\1 & a\end{bmatrix}$,

$CB=\begin{bmatrix}2 & -2a+b\\8 & 3a+4b\\0 & a\end{bmatrix}$, $DC=\begin{bmatrix}6 & -1\\7 & 9\\-4 & -1\end{bmatrix}$.

(2) $a=2,\ b=0$.

(3) $pA+{}^tB^2-4E=\begin{bmatrix}p & 0\\p+2b+ab & ap+a^2-4\end{bmatrix}=O_2$ の成分を比較すると，

$(a,p,b)=(-2,0,\text{任意}),(2,0,0)$.

(4) 上三角行列は B，下三角行列は A.

3. (1) $\begin{bmatrix}D\boldsymbol{y}_1 & D\boldsymbol{y}_2 & D\boldsymbol{y}_3\end{bmatrix}$

(2) $E_3=\begin{bmatrix}\boldsymbol{e}_1 & \boldsymbol{e}_2 & \boldsymbol{e}_3\end{bmatrix}$ であるから，DY の列ベクトル表示と対応する列ベクトルを比較して $D\boldsymbol{y}_i=\boldsymbol{e}_i\ (i=1,2,3)\ (*)$ を得る．$\boldsymbol{y}_i=\begin{bmatrix}y_{1i}\\y_{2i}\\y_{3i}\end{bmatrix}$ などとおくと，$(*)$ は3つの (3変数の) 連立方程式である．これらを解くことで，$Y=\frac{1}{12}\begin{bmatrix}5 & -2 & 1\\2 & 4 & -2\\1 & 2 & 5\end{bmatrix}$.

4. (1) A,E は可換だから，$(A+E)^m$ の展開は文字式と同様に行うことができる．2項定理より与式が示せる．

(2) $B \neq O, B^2 = \begin{bmatrix} 0 & 0 & 1 \\ 0 & 0 & 0 \\ 0 & 0 & 0 \end{bmatrix} \neq O, B^3 = O$ より B はべき零行列である．

(3) $P = B + E$ であることと，(2) より，$B^k = O$ $(k \geq 3)$ であることをふまえて，(1) の結果に代入すると

$$P^n = {}_n\mathrm{C}_{n-2}B^2 + {}_n\mathrm{C}_{n-1}B + E = \begin{bmatrix} 1 & n & \frac{1}{2}n(n-1+2a) \\ 0 & 1 & n \\ 0 & 0 & 1 \end{bmatrix}.$$

5. (1) $A = \begin{bmatrix} B & B \\ O & B \end{bmatrix}$

(2) $A^n = \begin{bmatrix} B^n & nB^n \\ O & B^n \end{bmatrix}$ であることを数学的帰納法を用いて示す．(i) $n = 1$ のときは自明．(ii) $n = k$ のとき $A^k = \begin{bmatrix} B^k & kB^k \\ O & B^k \end{bmatrix}$ と仮定すると，$A^{k+1} = A^kA = \begin{bmatrix} B^k & kB^k \\ O & B^k \end{bmatrix}\begin{bmatrix} B & B \\ O & B \end{bmatrix} = \begin{bmatrix} B^{k+1} & (k+1)B^{k+1} \\ O & B^{k+1} \end{bmatrix}$．よって $n = k+1$ のときも成立する．よって，すべての自然数に対して成立する．

(3) 同様に数学的帰納法を用いて，$B^n = \begin{bmatrix} 1 & n & \frac{1}{2}n(n+1) \\ 0 & 1 & n \\ 0 & 0 & 1 \end{bmatrix}$ を示すことができる．これを (2) の結果に代入すると，

$$A^n = \begin{bmatrix} 1 & n & \frac{1}{2}n(n+1) & n & n^2 & \frac{1}{2}n^2(n+1) \\ 0 & 1 & n & 0 & n & n^2 \\ 0 & 0 & 1 & 0 & 0 & n \\ 0 & 0 & 0 & 1 & n & \frac{1}{2}n(n+1) \\ 0 & 0 & 0 & 0 & 1 & n \\ 0 & 0 & 0 & 0 & 0 & 1 \end{bmatrix}.$$

6. X を正方行列とすると $S = \frac{1}{2}(X + {}^tX)$ は対称行列，$A = \frac{1}{2}(X - {}^tX)$ は交代行列となる．$X = S + A$ であるからこのように書けばよい．

7. (1) $\begin{bmatrix} 1 & 1 & 1 & 1 \\ 2 & 2 & 2 & 2 \\ 3 & 3 & 3 & 3 \\ 4 & 4 & 4 & 4 \end{bmatrix}$ (2) $\begin{bmatrix} 1 & -1 & 1 & -1 \\ -1 & 1 & -1 & 1 \\ 1 & -1 & 1 & -1 \\ -1 & 1 & -1 & 1 \end{bmatrix}$ (3) $\begin{bmatrix} 1 & 1 & 1 & 1 \\ x_1 & x_2 & x_3 & x_4 \\ x_1^2 & x_2^2 & x_3^2 & x_4^2 \\ x_1^3 & x_2^3 & x_3^3 & x_4^3 \end{bmatrix}$

(4) $\begin{bmatrix} 1 & -1 & 0 & 0 \\ -1 & 1 & -1 & 0 \\ 0 & -1 & 1 & -1 \\ 0 & 0 & -1 & 1 \end{bmatrix}$

8. $X = -\frac{4}{3}C = -\frac{4}{3}\begin{bmatrix} 1 & -2 \\ 4 & 3 \\ 0 & 1 \end{bmatrix}$, $Y = 10E_3 - 5D = \begin{bmatrix} 0 & -5 & 0 \\ 5 & 0 & -5 \\ 0 & 5 & 0 \end{bmatrix}$.

また，$Z = \begin{bmatrix} x & z \\ y & w \end{bmatrix}$ とすると，方程式から $\begin{bmatrix} x-2y & z-2w \\ 4x+3y & 4z+3w \\ y & w \end{bmatrix} = \begin{bmatrix} 2 & 1 \\ -3 & 4 \\ -1 & 0 \end{bmatrix}$.
成分を比較して解くと，$(x, y, z, w) = (0, -1, 1, 0)$．逆に，こうおくとすべての成分が一致する．したがって，$Z = \begin{bmatrix} 0 & 1 \\ -1 & 0 \end{bmatrix}$.

9. (1) (a) $\boldsymbol{x} = \begin{bmatrix} x \\ y \end{bmatrix}$ とおいて成分を比較すると，いずれも $x + 3y = 0$ となる．したがって $x = -3y$ であるから，$\boldsymbol{x} = \begin{bmatrix} -3y \\ y \end{bmatrix} = y\begin{bmatrix} -3 \\ 1 \end{bmatrix}$ (y は任意のスカラー).
(b) 同様にして $(1-\lambda)x + 3y = 0$, $2x + (6-\lambda)y = 0$ を得る．これらが解をもつ条件は，$(1-\lambda) : 3 = 2 : (6-\lambda)$．これから $\lambda(\lambda - 7) = 0$．$\lambda = 0$ の場合，$\boldsymbol{x}$ は (a) と同じ．$\lambda = 7$ の場合，$2x - y = 0$ であるから $\boldsymbol{x} = s\begin{bmatrix} 1 \\ 2 \end{bmatrix}$ (s は任意のスカラー).
(2) (a) $\boldsymbol{x} = \boldsymbol{0}$ (b) $\lambda^2 - 5\lambda - 6 = (\lambda - 6)(\lambda + 1) = 0$ より，$\lambda = -1, 6$. $\lambda = -1$ の場合，$\boldsymbol{x} = s\begin{bmatrix} -3 \\ 1 \end{bmatrix}$ (s は任意のスカラー)．$\lambda = 6$ の場合，$\boldsymbol{x} = s\begin{bmatrix} 1 \\ 2 \end{bmatrix}$ (s は任意のスカラー).

10. $(a + d, ad - bc) = (-1, -6), (4, 4), (-6, 9)$

11. (1) $B = \begin{bmatrix} E_m & kA \\ O & E_n \end{bmatrix}$ (2) $B^{-1} = \begin{bmatrix} E_m & -kA \\ O & E_n \end{bmatrix}$

第2章

1. (1) $\boldsymbol{x} = \begin{bmatrix} 5 \\ -1 \end{bmatrix}$ (2) $\boldsymbol{x} = \begin{bmatrix} 2 \\ 0 \end{bmatrix}$ (3) $\boldsymbol{x} = \begin{bmatrix} 13/4 \\ 3/4 \end{bmatrix}$ (4) $\boldsymbol{x} = \begin{bmatrix} 1/2 \\ 0 \\ 1/2 \end{bmatrix}$

(5) $\boldsymbol{x} = \begin{bmatrix} -1 \\ 4 \\ 2 \end{bmatrix}$

2. (1) $\boldsymbol{x} = \begin{bmatrix} 3 \\ -4 \end{bmatrix}$ (2) $\boldsymbol{x} = \begin{bmatrix} -2 \\ 3 \\ 1 \end{bmatrix}$

3. (1) $\begin{bmatrix}1 & 0\\ 0 & 1\end{bmatrix}$，階数は 2.　(2) $\begin{bmatrix}1 & 0 & -3\\ 0 & 1 & 6\\ 0 & 0 & 0\end{bmatrix}$，階数は 2.

(3) $\begin{bmatrix}1 & 0 & 1 & -3\\ 0 & 1 & -2 & 1\\ 0 & 0 & 0 & 0\end{bmatrix}$，階数は 2.

4. (1) $\boldsymbol{x} = c_1 \begin{bmatrix}-2\\ -1\\ 1\\ 0\end{bmatrix} + c_2 \begin{bmatrix}-1\\ 1\\ 0\\ 1\end{bmatrix} + \begin{bmatrix}0\\ -1\\ 0\\ 0\end{bmatrix} \quad (c_1, c_2 \in \mathbb{R})$

(2) $\boldsymbol{x} = c \begin{bmatrix}-2\\ 1\\ 1\end{bmatrix} + \begin{bmatrix}1\\ -1\\ 0\end{bmatrix} \quad (c \in \mathbb{R})$

(3) $\boldsymbol{x} = c_1 \begin{bmatrix}-7\\ -3\\ 1\\ 0\end{bmatrix} + c_2 \begin{bmatrix}5\\ 2\\ 0\\ 1\end{bmatrix} + \begin{bmatrix}5\\ 1\\ 0\\ 0\end{bmatrix} \quad (c_1, c_2 \in \mathbb{R})$　(4) 解は存在しない.

5. (1) $\begin{bmatrix}1 & -1 & 1\\ 0 & -1 & 1\\ 1 & -1 & 0\end{bmatrix}$　(2) $\dfrac{1}{2}\begin{bmatrix}1 & -3 & 2\\ -1 & 1 & 0\\ -1 & 7 & -4\end{bmatrix}$　(3) 逆行列は存在しない.

(4) $\begin{bmatrix}1 & 1 & 1 & 1\\ 0 & 1 & 1 & 1\\ 0 & 0 & 1 & 1\\ 0 & 0 & 0 & 1\end{bmatrix}$　(5) $\begin{bmatrix}2 & -1 & 0 & 0\\ -1 & 1 & 0 & -1\\ -1 & 1 & 0 & 0\\ 0 & 0 & 1 & 1\end{bmatrix}$

6. (1) $-2a - b + c \neq 0$ のとき，解はない．$-2a - b + c = 0$ のとき，

$$\boldsymbol{x} = c \begin{bmatrix}2\\ 0\\ 1\end{bmatrix} + \begin{bmatrix}5a - 2b\\ 2a - b\\ 0\end{bmatrix} \quad (c \in \mathbb{R}).$$

(2) ・$a \neq 0$ かつ $a \neq b$ のとき，自明な解 $\boldsymbol{x} = \boldsymbol{0}$ をもつ.

・$a \neq 0$ で，$a = b$ のとき，$\boldsymbol{x} = c_1 \begin{bmatrix}-1\\ 1\\ 0\end{bmatrix} + c_2 \begin{bmatrix}-1\\ 0\\ 1\end{bmatrix} \quad (c_1, c_2 \in \mathbb{R})$.

・$a = 0$ で，$a \neq b$ のとき，$\boldsymbol{x} = c \begin{bmatrix}1\\ 0\\ 0\end{bmatrix} \quad (c \in \mathbb{R})$.

・$a = 0$ かつ $a = b$ のとき，任意の $\boldsymbol{x} \in \mathbb{R}^3$ が解となる.

(3) ・$a \neq 3b$ のとき，解は存在しない.

$\cdot\ a=3b$ のとき，$\boldsymbol{x}=c\begin{bmatrix}5\\3\\1\end{bmatrix}-b\begin{bmatrix}7\\5\\0\end{bmatrix}\quad(c\in\mathbb{R}).$

7. $\boldsymbol{x}_1,\boldsymbol{x}_2$ が同次連立１次方程式 $A\boldsymbol{x}=\boldsymbol{0}$ の解であるから，$A\boldsymbol{x}_1=A\boldsymbol{x}_2=\boldsymbol{0}$ である．よって，$A(\alpha\boldsymbol{x}_1+\beta\boldsymbol{x}_2)=\alpha A\boldsymbol{x}_1+\beta A\boldsymbol{x}_2=\alpha\boldsymbol{0}+\beta\boldsymbol{0}=\boldsymbol{0}$ となり，$\alpha\boldsymbol{x}_1+\beta\boldsymbol{x}_2$ も $A\boldsymbol{x}=\boldsymbol{0}$ の解となる．

8. $(\Rightarrow)$ $A(\boldsymbol{x}_0+\boldsymbol{x}_b)=A\boldsymbol{x}_0+A\boldsymbol{x}_b=\boldsymbol{0}+\boldsymbol{b}=\boldsymbol{b}$ となるから，$\boldsymbol{x}_0+\boldsymbol{x}_b$ は，$A\boldsymbol{x}=\boldsymbol{b}$ の解である．

$(\Leftarrow)$ $A\boldsymbol{x}=\boldsymbol{b}$ の解を $\boldsymbol{x}$ とすると，$A(\boldsymbol{x}-\boldsymbol{x}_b)=A\boldsymbol{x}-A\boldsymbol{x}_b=\boldsymbol{b}-\boldsymbol{b}=\boldsymbol{0}$ となる．いま，$\boldsymbol{x}_0=\boldsymbol{x}-\boldsymbol{x}_b$ とおくと，$\boldsymbol{x}_0$ は同次連立１次方程式 $A\boldsymbol{x}=\boldsymbol{0}$ の解である．これから，$A\boldsymbol{x}=\boldsymbol{b}$ の任意の解 $\boldsymbol{x}$ は，$\boldsymbol{x}=\boldsymbol{x}_0+\boldsymbol{x}_b$ の形に書ける．

9.
$$\begin{aligned}&(E-A)(E+A+A^2+\cdots+A^{r-1})\\&=E+A+A^2+\cdots+A^{r-1}-(A+A^2+\cdots+A^r)\\&=E-A^r=E-O=E,\end{aligned}$$

および

$$\begin{aligned}&(E+A+A^2+\cdots+A^{r-1})(E-A)\\&=E+A+A^2+\cdots+A^{r-1}-(A+A^2+\cdots+A^r)\\&=E-A^r=E-O=E\end{aligned}$$

となるから，$E-A$ の逆行列は $(E-A)^{-1}=E+A+A^2+\cdots+A^{r-1}$ である．したがって，A は正則行列である．

10. 基本変形により，A_1,A_2 を簡約化した行列を B_1,B_2 とすると，もとの行列 A は，

$$A\to\begin{bmatrix}B_1&O\\O&B_2\end{bmatrix}$$

のように変形される．このとき，$\boldsymbol{0}$ でない行の数は $\mathrm{rank}\,A_1+\mathrm{rank}\,A_2$ である．

11. (1) A の簡約行列が B,B' と２通りに求まったとする．簡約化の手続きは基本行列を掛けていくことと同等なので，それらの基本行列の積を P,P' (P,P' は正則行列) とすると，

$$A=PB=P'B'\iff B'=P'^{-1}PB=QB$$

$(Q=P'^{-1}P$ は m 次正則行列) と書くことができる．このとき $B=B'$ であることを示す．いま $n=1$ なので $B=\boldsymbol{b}_1,B=\boldsymbol{b}_1'$ (ともに m 次列ベクトル) となる．B,B' ともに簡約行列であることから，$\boldsymbol{b}_1,\boldsymbol{b}_1'$ は $\boldsymbol{0},\boldsymbol{e}_1$ のいずれかである．$\boldsymbol{b}_1=\boldsymbol{0}$ ならば $\boldsymbol{b}_1'=\boldsymbol{0}$ であるので両者は一致．$\boldsymbol{b}_1=\boldsymbol{e}_1$ ならば $\boldsymbol{b}_1'=Q\boldsymbol{e}_1=\boldsymbol{q}_1$ ($\boldsymbol{q}_1$ は，Q の第１列を取り出した列ベクトル) となるが，これが $\boldsymbol{0}$ だとすると Q が正則行列にならないので不適 (Q が正則行列ならば $XQ=E$ となる行列 X が存在するが，$\boldsymbol{q}_1=\boldsymbol{0}$ の場合，XQ の第１列は $\boldsymbol{0}$ となるので E にならない)．よっ

て $\boldsymbol{b}'_1 = \boldsymbol{e}_1$ となり，両者は一致する．

(2) $B = B'$ であることを列に関する帰納法で示す．なお，$Q = \begin{bmatrix} \boldsymbol{q}_1 & \cdots & \boldsymbol{q}_m \end{bmatrix}$ と列ベクトルで表す．(i) $n = 1$ のとき，(1) の結果より主張は成り立つ．(ii) $n = k$ のとき主張が成り立つと仮定する．このときの簡約行列を B_k, B'_k と書くと $B_k = B'_k$ である．また，$\operatorname{rank} B_k = r$ とおくと $B_k = B'_k$ の第 $i\ (> r)$ 行は零行ベクトルであるから，Q は列ベクトル表示で $Q = \begin{bmatrix} \boldsymbol{e}_1 & \cdots & \boldsymbol{e}_r & \boldsymbol{q}_{r+1} & \cdots & \boldsymbol{q}_m \end{bmatrix}$ (*) と表される．$n = k+1$ のとき，$B = \begin{bmatrix} B_k \mid \boldsymbol{b}_{k+1} \end{bmatrix}, B' = \begin{bmatrix} B'_k \mid \boldsymbol{b}'_{k+1} \end{bmatrix}$ (B_k, B'_k は $m \times k$ 行列，$\boldsymbol{b}_{k+1}, \boldsymbol{b}'_{k+1}$ は m 次列ベクトル) と表すと，仮定より $B_k = B'_k$ である．$\operatorname{rank} B_k = r$ とおくと，B が簡約行列であることから，$\operatorname{rank} B$ は r, $r+1$ のどちらかである．

(a) $\operatorname{rank} B = r$ の場合，$\boldsymbol{b}_{k+1}$ の第 $i\ (> r)$ 成分はすべて 0 となる．Q は (*) のように書かれるので計算により $\boldsymbol{b}'_{k+1} = \boldsymbol{b}_{k+1}$ となり，主張は成り立つ．

(b) $\operatorname{rank} B = r+1$ の場合，$\boldsymbol{b}_{k+1} = \boldsymbol{e}_{r+1}$ である．この場合，$\boldsymbol{b}'_{k+1} = a\boldsymbol{e}_{r+1}$ (a は $\boldsymbol{q}_{r+1}$ の第 $(r+1)$ 成分) となるが，B' が簡約行列であることから $a = 1$，つまり $\boldsymbol{b}'_{k+1} = \boldsymbol{b}_{k+1}$ となり，主張は成り立つ．

以上より $m = k+1$ のときも主張は成り立つ．

第 3 章

1. (1) $(\begin{pmatrix}1\ 3\ 2\ 6\end{pmatrix}\begin{pmatrix}4\ 5\end{pmatrix} =)\ \begin{pmatrix}1\ 6\end{pmatrix}\begin{pmatrix}1\ 2\end{pmatrix}\begin{pmatrix}1\ 3\end{pmatrix}\begin{pmatrix}4\ 5\end{pmatrix}$，符号は 1.

(2) $(\begin{pmatrix}1\ 4\ 7\ 3\end{pmatrix}\begin{pmatrix}2\ 5\ 6\end{pmatrix} =)\ \begin{pmatrix}1\ 3\end{pmatrix}\begin{pmatrix}1\ 7\end{pmatrix}\begin{pmatrix}1\ 4\end{pmatrix}\begin{pmatrix}2\ 6\end{pmatrix}\begin{pmatrix}2\ 5\end{pmatrix}$，符号は -1.

2. (1) -6　(2) -2　(3) 0

3. (1) 置換は互換の積で表せる (定理 3.1) ので，互換 $\tau = (i, j)$ による $(\tau\Delta)$ の符号をまず考える．差積は $(x_p - x_q)$ $(1 \leq p < q \leq n)$ の積であるので，差積を構成する要素 $(x_p - x_q)$ を以下の表の p 行 q 列の灰色のマスで表す．互換 τ で影響を受けるのは行または列が i, j の場合であり，破線で囲まれた領域内の灰色のマスだけである．これらの積を以下のように分ける．まず，(a)「線で結ばれた○のペア」が表す要素の積が τ で受ける影響を考える．例えば $(x_1 - x_i)$ と $(x_1 - x_j)$ の場合，これらは τ により $(x_1 - x_j)$ と $(x_1 - x_i)$ と変わるが，積は不変である．他も同様である．次に，(b)「線で結ばれた●のペア」，(c)「線で結ばれた◎のペア」も同様に，ペアの要素の積は互換で不変である．最後に，(d)「※が表す要素 $(x_i - x_j)$」は互換により符号が入れ替わる．(a)–(d) で言及した要素のみが互換で変化するが，符号が変わるのは (d) のみなので，$(\tau\Delta) = -\Delta$．置換はすべて互換の積で表すことができるので，上で示したことから $(\sigma\Delta) = (-1)^m\Delta = \operatorname{sgn}(\sigma)\Delta$ (m は置換を互換の積で表したときの個数) となり，主張は正しいことが確かめられる．

	1	2	⋯	i	$i+1$	⋯	$j-1$	j	$j+1$	⋯	n
1											
2											
⋮				⋮	⋮	⋮	⋮	⋮			
i						⋯		※		⋯	
$i+1$										⋯	
⋮								⋮		⋯	
$j-1$										⋯	
j										⋯	
⋮											
n											

(2) 置換を互換の積で 2 通りに表したときの数をそれぞれ m_1, m_2 とすると，(1) の結果より

$$(\sigma\Delta) = (-1)^{m_1}\Delta = (-1)^{m_2}\Delta \iff \Delta = (-1)^{m_1-m_2}\Delta$$

となる．これより m_1 と m_2 の偶奇は同じとなるので，置換の符号 $(-1)^{m_1}, (-1)^{m_2}$ は一致する．つまり，置換の符号は一意的に決まる．

4. 基本変形を活用して 0 を多く含む行または列をつくり，定理 3.3 あるいは余因子展開 (定理 3.13) を用いるとよい．　(1) -30　(2) 2 (基本変形 III で行を小さな数字に直した後，0 を多く含む行をつくり，定理 3.3 を使うとよい．)　(3) -150　(4) 0　(5) 16　(6) -50

5. 問題 4. と同様のやり方の他，因数定理を応用する方法で解ける場合もある．
(1) $-(a-b)(b-c)(c-a)$　(2) $2(a+b)(b+c)(c+a)$
(3) $(a-b)(b-c)(c-a)(a+b+c)$　(4) $(a-b)(a-c)(a-d)(a+b+c+d)$
(5) $(a-x)(b-y)(c-z)$

6. (1) $PQ = E$ ならば $QP = E$. 数学的帰納法を用いる．(i) $m = 1$ のときは明らか．(ii) $m = k$ で成り立つとすると，$m = k+1$ のとき

$$(PAQ)^{k+1} = (PAQ)^k(PAQ) = (PA^kQ)(PAQ) = PA^{k+1}Q$$

となり成立する．
(2) (1) より，

$$\det(PAQ)^m = \det(PA^mQ) = \det P \det(A^m) \det Q = \det(A^m) = (\det A)^m.$$

7. $(\Rightarrow)$ A の成分がすべて整数なので，A の余因子はすべて整数．よって A の余因子行列 ${}^t\widetilde{A}$ の成分はすべて整数となる．$\det A = \pm 1$ より，A は正則．また，$A^{-1} = {}^t\widetilde{A}/\det A = \pm{}^t\widetilde{A}$ となるので，A^{-1} の成分もすべて整数．
$(\Leftarrow)$ A^{-1} の成分がすべて整数ならば，上の $(\Rightarrow)$ で示したことから，$(A^{-1})^{-1} = A$ の成分もすべて整数．よって $\det A, \det A^{-1}$ は行列式の定義からともに整数．$AA^{-1} = E$ から，$(\det A)(\det A^{-1}) = 1$. $\det A, \det A^{-1}$ は整数だから $\det A = \pm 1$.

8. (1) $x = 10, y = 1, z = 6$.　(2) $x = 10, y = -1, z = -12$.

9. 第 1 行に関して行列式を展開すると，

$$(\text{左辺}) = a_0 \begin{vmatrix} x & -1 & \cdots & 0 & 0 \\ 0 & x & \cdots & 0 & 0 \\ \vdots & \vdots & \ddots & \vdots & \vdots \\ 0 & 0 & \cdots & x & -1 \\ 0 & 0 & \cdots & 0 & x \end{vmatrix} + \begin{vmatrix} a_1 & -1 & \cdots & 0 & 0 \\ a_2 & x & \cdots & 0 & 0 \\ \vdots & \vdots & \ddots & \vdots & \vdots \\ a_{n-1} & 0 & \cdots & x & -1 \\ a_n & 0 & \cdots & 0 & x \end{vmatrix}$$

$$= a_0 x^n + \begin{vmatrix} a_1 & -1 & \cdots & 0 & 0 \\ a_2 & x & \cdots & 0 & 0 \\ \vdots & \vdots & \ddots & \vdots & \vdots \\ a_{n-1} & 0 & \cdots & x & -1 \\ a_n & 0 & \cdots & 0 & x \end{vmatrix}.$$

以下，第 2 項の行列式を第 1 行に関して展開し，同様にしてゆけばよい．

第 4 章

1. 略

2. $R[x]_3$ の元を $f(x) = a_3x^3 + a_2x^2 + a_1x + a_0$ $(a_0, a_1, a_2, a_3 \in \mathbb{R})$ とおくと，W の元は $f''(x) - 2f'(x) = -6a_3x^2 + (6a_3 - 4a_2)x + 2a_2 - 2a_1 = 0$，

つまり，$\begin{bmatrix} 0 & 0 & 0 & -6 \\ 0 & 0 & -4 & 6 \\ 0 & -2 & 2 & 0 \end{bmatrix} \begin{bmatrix} a_0 \\ a_1 \\ a_2 \\ a_3 \end{bmatrix} = \mathbf{0} \quad (*)$ を満たす．つまり W の元は a_0, a_1, a_2, a_3 に関する同次連立 1 次方程式 $(*)$ の解により定められる 3 次以下の多項式関数である．これと定理 4.2 により，W が部分空間であることを示すことができる．

3. (1) ならない．反例は $A_1 = \begin{bmatrix} 1 & 0 \\ 0 & 1 \end{bmatrix}$，$A_2 = \begin{bmatrix} -1 & 1 \\ 0 & -1 \end{bmatrix}$ である．実際，$A_1, A_2 \in W$ であるが，$A_1 + A_2 = \begin{bmatrix} 0 & 1 \\ 0 & 0 \end{bmatrix}$ は正則ではないので $A_1 + A_2 \notin W$．よって，部分空間の定義を満たさない．

(2) なる．零行列 O は対称行列なので $O \in W$ である．また，$A, B \in W$ ならば $A = {}^tA, B = {}^tB$ であるので，このとき $A + B, \alpha A$ (α はスカラー) も対称行列になることは容易に示せるので，$A + B \in W$，$\alpha A \in W$．

4. (1) $M_{2,2}[\mathbb{R}]$ の零ベクトルは O_2 である．スカラー a, b, c に対して

$$a \begin{bmatrix} 1 & 1 \\ 0 & 1 \end{bmatrix} + b \begin{bmatrix} 0 & 1 \\ 1 & 0 \end{bmatrix} + c \begin{bmatrix} 1 & 1 \\ 1 & 1 \end{bmatrix} = O_2 = \begin{bmatrix} 0 & 0 \\ 0 & 0 \end{bmatrix}$$

とおき，係数を比較すると，$a + c = a + b + c = b + c = a + c = 0$ を得る．こ

れを解くと $a=b=c=0$ となるので，これら 3 つの 2 次正方行列は 1 次独立である．

(2) $C(I)$ の零ベクトルは (定数関数) 0 である．スカラー a,b,c に対して $a+be^x+ce^{2x}=0$ とおく．この式，および両辺を x で 1 回および 2 回微分した式に $x=0$ を代入すると $a+b+c=b+2c=b+4c=0$ を得る．これを解くと $a=b=c=0$ となる．これよりすべての実数 x について $a+be^x+ce^{2x}=0$ を満たすのは $a=b=c=0$ のときのみである．よって，これら 3 つのベクトルは 1 次独立である．

(3) 略

5. $A=\begin{bmatrix}\boldsymbol{a}_1 & \boldsymbol{a}_2 & \boldsymbol{a}_3\end{bmatrix}$ により 3 次正方行列を定める．問題の条件は定理 4.5 より $\operatorname{rank} A<3$ と同値である．この条件は，定理 2.8 から A が正則でない，つまり $\det A=0$ となることと同値である．$\det A=a(a+4)(a-2)$ であるから，条件を満たすのは $a=0,2,-4$.

6. (1) $\boldsymbol{v}_1=\boldsymbol{0}$ として一般性を失わない．$c_1\boldsymbol{v}_1+\cdots+c_n\boldsymbol{v}_n=\boldsymbol{0}$ とおくと，$c_1\neq 0$ でも左辺第 1 項は $\boldsymbol{0}$ であるので，$c_1=\cdots=c_n=0$ 以外でもこの関係式を満たすことが可能である．よって 1 次従属である．

(2) もし $\boldsymbol{v}_1,\cdots,\boldsymbol{v}_r$ が 1 次従属であるとすると，$c_1\boldsymbol{v}_1+\cdots+c_r\boldsymbol{v}_r=\boldsymbol{0}$ を満たすすべて 0 ではない $c_1,\cdots,c_r$ の組が存在する．このとき，$c_1\boldsymbol{v}_1+\cdots+c_r\boldsymbol{v}_r+\cdots+c_n\boldsymbol{v}_n=\boldsymbol{0}$ とおくと，$c_1,\cdots,c_r$ は先ほどの組，$c_{r+1}=\cdots=c_n=0$ としてもこの関係式を満たすことができるので仮定に反する．

(3) $c_1\boldsymbol{v}_1+c_2(\boldsymbol{v}_1+\boldsymbol{v}_2)+\cdots+c_n(\boldsymbol{v}_1+\cdots+\boldsymbol{v}_n)=\boldsymbol{0}$ とおく．変形して，$(c_1+\cdots+c_n)\boldsymbol{v}_1+(c_1+c_2)\boldsymbol{v}_2+\cdots+c_n\boldsymbol{v}_n=\boldsymbol{0}$. $\boldsymbol{v}_1,\cdots,\boldsymbol{v}_n$ の 1 次独立性から係数はすべて 0 になるので $c_1=c_2=\cdots=c_n=0$ がわかる．

7. $A=\begin{bmatrix}\boldsymbol{a}_1 & \boldsymbol{a}_2 & \boldsymbol{a}_3 & \boldsymbol{a}_4\end{bmatrix}$ とおく．A の簡約行列は $\begin{bmatrix}1&0&0&\frac{1}{3}\\0&1&0&\frac{4}{3}\\0&0&1&-\frac{1}{3}\\0&0&0&0\end{bmatrix}$ であるから，定理 4.12 より $r=\operatorname{rank} A=3$. このとき，例えば $\boldsymbol{a}_1,\boldsymbol{a}_2,\boldsymbol{a}_3$ は 1 次独立で，$\boldsymbol{a}_4=\frac{1}{3}(\boldsymbol{a}_1+4\boldsymbol{a}_2-\boldsymbol{a}_3)$.

8. 1 次結合の記法を用いると，$\left(f_1,f_2,f_3,f_4\right)=\left(1,x,x^2\right)\begin{bmatrix}1&-1&-3&3\\-2&3&8&-7\\3&-1&-5&7\end{bmatrix}$.

定理 4.13，定理 4.12 より，この行列の階数が r である．簡約化することにより，$\begin{bmatrix}1&-1&-3&2\\-2&1&6&-4\\3&-1&-9&6\end{bmatrix}\longrightarrow\begin{bmatrix}1&0&-1&2\\0&1&2&-1\\0&0&0&0\end{bmatrix}$ であるから $r=2$. 例えば f_1,f_2 は 1 次独立で，$f_3=-f_1+2f_2, f_4=2f_1-f_2$.

9. 係数行列を簡約化すると，$\begin{bmatrix} 1 & 3 & 0 & 4 \\ 0 & 2 & 3 & 3 \\ 2 & 0 & -9 & -1 \end{bmatrix} \longrightarrow \begin{bmatrix} 1 & 0 & -\frac{9}{2} & -\frac{1}{2} \\ 0 & 1 & \frac{3}{2} & \frac{3}{2} \\ 0 & 0 & 0 & 0 \end{bmatrix}$ より，次元は 2．基底は例えば $\begin{bmatrix} 9 \\ -3 \\ 2 \\ 0 \end{bmatrix}, \begin{bmatrix} 1 \\ -3 \\ 0 \\ 2 \end{bmatrix}$.

10. $(\Rightarrow)$ 直和の定義から $V = W_1 + W_2$ は明らか．もし $W_1 \cap W_2$ に 0 でないベクトル $\boldsymbol{a}$ が含まれているとすると，$\boldsymbol{a} \in V$．$\boldsymbol{a} \in W_1$，$\boldsymbol{a} \in W_2$ であるから $\boldsymbol{a} = \boldsymbol{a} + \boldsymbol{0}$ と表したとき一意的に表せないので矛盾．

$(\Leftarrow)$ 対偶を示す．V の要素が一意的に表せないとする．その要素 $\boldsymbol{v}$ を，$\boldsymbol{v} = \boldsymbol{u}_1 + \boldsymbol{u}_2 = \boldsymbol{v}_1 + \boldsymbol{v}_2$(ただし $\boldsymbol{u}_1, \boldsymbol{v}_1 \in W_1$，$\boldsymbol{u}_2, \boldsymbol{v}_2 \in W_2$，$\boldsymbol{u}_1 \neq \boldsymbol{v}_1, \boldsymbol{u}_2 \neq \boldsymbol{v}_2$) と 2 通りに表せたとすると $\boldsymbol{u}_1 - \boldsymbol{v}_1 = \boldsymbol{v}_2 - \boldsymbol{u}_2 \neq \boldsymbol{0}$. 左辺は W_1 の要素, 右辺は W_2 の要素であるのでこれは $W_1 \cap W_2$ の元であり，$W_1 \cap W_2 = \{\boldsymbol{0}\}$ は成り立たない．

11. (1) $\boldsymbol{w} + \boldsymbol{w}' = \boldsymbol{w}'' \in W$ であるとすると，$\boldsymbol{w} - \boldsymbol{w}'' = -\boldsymbol{w}'$ である．左辺は部分空間 W の要素であるが右辺は $\overline{W}$ の要素であり，定義より $W \cap \overline{W} = \emptyset$ なので矛盾．

(2) 対偶を示す．$W_1 \subset W_2$ も $W_1 \supset W_2$ も成り立たない場合，$\boldsymbol{w}_1 \in W_1, \boldsymbol{w}_1 \notin W_2$ なる $\boldsymbol{w}_1$ と，$\boldsymbol{w}_2 \in W_2, \boldsymbol{w}_2 \notin W_1$ なる $\boldsymbol{w}_2$ がともに存在する．このとき $\boldsymbol{w}_1, \boldsymbol{w}_2 \in W_1 \cup W_2$ であるが，$\boldsymbol{w}_1 + \boldsymbol{w}_2$ は (1) の結果より W_1, W_2 の要素ではないので，$W_1 \cup W_2$ は V の部分空間ではない．

第 5 章

1. 全射であるが単射ではない．

2. 写像 $f : D \to X$ を，$f(x) = x \bmod 7$ ($a \bmod b$ は，a を b で割った余りのこと) で定義する．次に，写像 $g : X \to Y$ を，例 5.1(3) と同じように定義する．問題の写像は $g \circ f : D \to Y$ により構成できる．

3. 回転を表す線形写像は回転行列 $R(\theta)$ により表されるので，例題 5.2 の結果から，$R(\psi)R(\theta)$ である．なお，これを具体的に計算すると $R(\theta + \psi)$ になっていることが確かめられる．

4. (1), (3), (6), (7) は線形写像．証明は略．

(2), (4), (5) は線形写像でない．反例は (2) では $x = 1$, $y = 2$ のとき $f(x+y) = f(3) = 7$, $f(x) + f(y) = f(1) + f(2) = 8$ なので定義 5.4(1) を満たさない．(4) では $\boldsymbol{x} = \boldsymbol{0}$, $c = 2$ のとき $f(c\boldsymbol{x}) = f(\boldsymbol{0}) = (3, 6)$, $cf(\boldsymbol{x}) = 2f(\boldsymbol{0}) = (6, 12)$ であるから定義 5.4(2) を満たさない．(5) では $x = 0$, $c = 2$ のとき $f(cx) = f(0) = 1$, $cf(x) = 2f(0) = 2$ であるから定義 5.4(2) を満たさない．

5. $\boldsymbol{x}$ の x, y 座標をそれぞれ x, y とする．

(1) x 座標はそのまま，y 座標を 2 倍した点への写像．

(2) x 座標を 2 倍，y 座標を (-2) 倍した点への写像．

(3) 反時計回りに 90° 回転した点への写像.

(4) (1) による写像と (3) による写像のベクトル和で定まる点への写像.

6. $\mathrm{Im}\, f$ については, $\boldsymbol{v}_1, \boldsymbol{v}_2 \in \mathrm{Im}\, f$ とすると, 定義より $f(\boldsymbol{u}_1) = \boldsymbol{v}_1, f(\boldsymbol{u}_2) = \boldsymbol{v}_2$ となる $\boldsymbol{u}_1, \boldsymbol{u}_2 \in U$ が存在する. ここで $\boldsymbol{v}_1 + \boldsymbol{v}_2 = f(\boldsymbol{u}_1) + f(\boldsymbol{u}_2) = f(\boldsymbol{u}_1 + \boldsymbol{u}_2)$ であり, U が線形空間であるから $\boldsymbol{u}_1 + \boldsymbol{u}_2 \in U$. したがって, $f(\boldsymbol{u}_1 + \boldsymbol{u}_2) \in \mathrm{Im}\, f$ であるから $\boldsymbol{v}_1 + \boldsymbol{v}_2 \in \mathrm{Im}\, f$. 同様に $\alpha\boldsymbol{v}_1 \in \mathrm{Im}\, f$ も示せる. よって, $\mathrm{Im}\, f$ は V の部分空間である.

$\mathrm{Ker}\, f$ については, $\boldsymbol{u}_1, \boldsymbol{u}_2 \in \mathrm{Ker}\, f$ とすると, $f(\boldsymbol{u}_1 + \boldsymbol{u}_2) = f(\boldsymbol{u}_1) + f(\boldsymbol{u}_2) = \boldsymbol{0}, f(\alpha\boldsymbol{u}_1) = \alpha f(\boldsymbol{u}_1) = \boldsymbol{0}$ であるから $\boldsymbol{u}_1 + \boldsymbol{u}_2 \in \mathrm{Ker}\, f$, $\alpha\boldsymbol{u}_1 \in \mathrm{Ker}\, f$. よって定義により $\mathrm{Ker}\, f$ は U の部分空間である.

7. (1) $\mathrm{Ker}\, f = \{\boldsymbol{0}\}$, $\dim \mathrm{Ker}\, f = 0$, $\mathrm{Im}\, f = \mathbb{R}^2$, $\dim \mathrm{Im}\, f = 2$.

(2) $\mathrm{Ker}\, f = \{c \begin{bmatrix} -3 \\ 1 \end{bmatrix}\}$ $(c \in \mathbb{R})$, $\dim \mathrm{Ker}\, f = 1$, $\mathrm{Im}\, f = \{c \begin{bmatrix} 1 \\ 3 \end{bmatrix}\}$ $(c \in \mathbb{R})$, $\dim \mathrm{Im}\, f = 1$.

(3) $\mathrm{Ker}\, f = \{c \begin{bmatrix} -2 \\ -3 \\ 1 \end{bmatrix}\}$ $(c \in \mathbb{R})$, $\dim \mathrm{Ker}\, f = 1$, $\mathrm{Im}\, f = \{c_1 \begin{bmatrix} 1 \\ 3 \\ 1 \end{bmatrix} + c_2 \begin{bmatrix} -1 \\ -2 \\ 1 \end{bmatrix}\}$ $(c_1, c_2 \in \mathbb{R})$, $\dim \mathrm{Im}\, f = 2$.

(4) $\mathrm{Ker}\, f = \{\boldsymbol{0}\}$, $\dim \mathrm{Ker}\, f = 0$, $\mathrm{Im}\, f = \mathbb{R}^3$, $\dim \mathrm{Im}\, f = 3$.

8. A, B をそれぞれ $\mathbb{R}^n$ から $\mathbb{R}^m$ への線形写像 f, g を表す行列と考えると, $(f+g)(\mathbb{R}^n) \subset f(\mathbb{R}^n) + g(\mathbb{R}^n)$ であるから (A, B の列ベクトル表示を使って例 5.5 のように書くとわかりやすい),

$$\begin{aligned} \mathrm{rank}(A+B) &= \dim((f+g)(\mathbb{R}^n)) \leq \dim(f(\mathbb{R}^n) + g(\mathbb{R}^n)) \\ &\leq \dim f(\mathbb{R}^n) + \dim g(\mathbb{R}^n) = \mathrm{rank}\, A + \mathrm{rank}\, B. \end{aligned}$$

9. (1) A は正則だから連立 1 次方程式 $A\boldsymbol{x} = \boldsymbol{0}$ の解は $\boldsymbol{x} = \boldsymbol{0}$ のみ. したがって $\mathrm{Ker}\, f = \{\boldsymbol{0}\}$. よって定理 5.3 より f は単射.

(2) $\det R(\theta) = 1 \neq 0$ より $R(\theta)$ は正則. (1) の結果より, この線形写像は単射.

(3) $A\boldsymbol{x} = \boldsymbol{0}$ が自明な解しかもたないとすると, A は正則なので, (1) の結果よりこの写像は単射である. この命題の対偶から示される.

10. 線形空間になることは省略. 表現行列は $\begin{bmatrix} 0 & 0 & 0 \\ 0 & 1 & 1 \\ 0 & 0 & 1 \end{bmatrix}$ となり, 正則でないので同型写像ではない.

11. (1) 例題 5.7 と同様にして, $(n+1)$ 次正方行列 $\begin{bmatrix} 0 & 1 & 0 & 0 & \cdots & 0 \\ 0 & 0 & 2 & 0 & \cdots & 0 \\ \vdots & \vdots & \vdots & \vdots & & \vdots \\ 0 & 0 & 0 & 0 & \cdots & n \\ 0 & 0 & 0 & 0 & \cdots & 0 \end{bmatrix}$ を得る.

(2) $p = c_0 e^x + c_1 x e^x$ とおくと，$q = p' = (c_0 + c_1)e^x + c_1 x e^x$ であるから，表現行列は $A = \begin{bmatrix} 1 & 1 \\ 0 & 1 \end{bmatrix}$.

12. まず，$f(x), g(x) \in C^0(I)$ に対して，$\Phi(f+g) = \displaystyle\int_a^b (f(x)+g(x))\,dx = \int_a^b f(x)\,dx + \int_a^b g(x)\,dx = \Phi(f) + \Phi(g)$ となる．

次に，任意の $c \in \mathbb{R}$ と $f(x) \in C^0(I)$ に対して，$\Phi(cf) = \displaystyle\int_a^b cf(x)\,dx = c\int_a^b f(x)\,dx = c\Phi(f)$ である．

したがって，Φ は線形写像である．

13. (1) 係数行列を A とすると $\operatorname{rank} A = 2$ であるから，$\dim \operatorname{Ker} f = 4 - 2 = 2$, $\dim \operatorname{Im} f = 2$.

$\operatorname{Ker} f$ の基底として，$\left\{ \begin{bmatrix} 5 \\ -2 \\ 1 \\ 0 \end{bmatrix}, \begin{bmatrix} 2 \\ -3 \\ 0 \\ 1 \end{bmatrix} \right\}$ がとれる．$\operatorname{Im} f$ の基底としては，$\left\{ \begin{bmatrix} 1 \\ 0 \\ 2 \end{bmatrix}, \begin{bmatrix} 2 \\ 1 \\ 3 \end{bmatrix} \right\}$ がとれる．

(2) 基底を並べた行列を $Q = \begin{bmatrix} 1 & 3 & 1 \\ 1 & 5 & 1 \\ 2 & 4 & 1 \end{bmatrix}$ とすると，$\mathbb{R}^3$ の標準基底からこの基底への基底変換の行列が Q であるから，異なる基底の組に関する表現行列の関係から，求める表現行列は，

$$B = Q^{-1}AE = \frac{1}{2}\begin{bmatrix} 3 & 3 & -9 & 3 \\ -1 & -1 & 3 & -1 \\ 2 & 4 & -2 & 8 \end{bmatrix}.$$

第6章

1. $(A\boldsymbol{a}, \boldsymbol{b}) = (\boldsymbol{a}, {}^tA\boldsymbol{b}) = (\boldsymbol{a}, B\boldsymbol{b}) \iff (\boldsymbol{a}, ({}^tA - B)\boldsymbol{b}) = 0$. 任意の $\boldsymbol{a}, \boldsymbol{b}$ についてこの式が成立するので，$B = {}^tA$.

2. (1), (2) 略.　**3.** $\pm\dfrac{1}{\sqrt{14}}\begin{bmatrix} 1 \\ 2 \\ 3 \end{bmatrix}$　**4.** $\left\{ \dfrac{1}{3}\begin{bmatrix} 1 \\ 2 \\ -2 \end{bmatrix}, \dfrac{1}{3\sqrt{2}}\begin{bmatrix} -4 \\ 1 \\ -1 \end{bmatrix}, \dfrac{1}{\sqrt{2}}\begin{bmatrix} 0 \\ 1 \\ 1 \end{bmatrix} \right\}$

5. 方程式 $x_1 + x_2 - x_3 = 0$ を解くと $\begin{bmatrix} x_1 \\ x_2 \\ x_3 \end{bmatrix} = s\begin{bmatrix} -1 \\ 1 \\ 0 \end{bmatrix} + t\begin{bmatrix} 1 \\ 0 \\ 1 \end{bmatrix}$ であるので，W の

基底は $\begin{bmatrix}-1\\1\\0\end{bmatrix}, \begin{bmatrix}1\\0\\1\end{bmatrix}$ となる．グラム・シュミットの直交化法より，正規直交基底は $\left\{\frac{1}{\sqrt{2}}\begin{bmatrix}-1\\1\\0\end{bmatrix}, \frac{1}{\sqrt{6}}\begin{bmatrix}1\\1\\2\end{bmatrix}\right\}$.

6. $W = \left\langle \begin{bmatrix}2\\-1\\4\\0\end{bmatrix}, \begin{bmatrix}0\\0\\0\\1\end{bmatrix} \right\rangle$. これの直交補空間を $W^{\perp}$ とすると，

$$W^{\perp} = \left\{ \begin{bmatrix}x_1\\x_2\\x_3\\x_4\end{bmatrix} \middle| \begin{array}{r} 2x_1 - x_2 + 4x_3 = 0, \\ x_4 = 0 \end{array} \right\}$$

で表される．これを解いて，$W^{\perp} = \left\langle \begin{bmatrix}1\\2\\0\\0\end{bmatrix}, \begin{bmatrix}-2\\0\\1\\0\end{bmatrix} \right\rangle$. よって $\dim W^{\perp} = 2$，基底は $\left\{ \begin{bmatrix}1\\2\\0\\0\end{bmatrix}, \begin{bmatrix}-2\\0\\1\\0\end{bmatrix} \right\}$.

7. (1) $\boldsymbol{v} \in W \cap W^{\perp}$ ならば $\boldsymbol{v} \in W$ かつ $\boldsymbol{v} \in W^{\perp}$ なので，$(\boldsymbol{v}, \boldsymbol{v}) = 0$. 内積の性質よりこれが成り立つのは $\boldsymbol{v} = \boldsymbol{0}$ の場合だけである．

(2) $(\Rightarrow)$ $\boldsymbol{u} \in W_1^{\perp}$ とする．W_1, W_2 の包含関係よりある $\boldsymbol{v}$ が $\boldsymbol{v} \in W_2$ ならば $\boldsymbol{v} \in W_1$ である．つまり $(\boldsymbol{u}, \boldsymbol{v}) = 0$ が成り立つ．このことから $\boldsymbol{u} \in W_2^{\perp}$. よって $W_1^{\perp} \subset W_2^{\perp}$.

$(\Leftarrow)$ 同様にできる．

8. $A\,{}^tA = {}^tAA = E$ であるから ${}^tA = A^{-1}$. これより $A^{-1}\,{}^t(A^{-1}) = {}^tAA = E$. ${}^t(A^{-1})A^{-1} = E$ も同様に示せる．また，$(AB)\,{}^t(AB) = AB\,{}^tB\,{}^tA = E$.

9. 定理 6.5 をみよ．

第 7 章

1. (1) $\Phi_A(\lambda) = \lambda^2 - 2\lambda - 1$, $\lambda = 1 \pm \sqrt{2}$.

(2) $\Phi_A(\lambda) = \lambda^2 - 3\lambda - 2$, $\lambda = \dfrac{3 \pm \sqrt{17}}{2}$.

(3) $\Phi_A(\lambda) = (\lambda - 1)(\lambda - 4)(\lambda + 1)$, $\lambda = 1, 4, -1$.

(4) $\Phi_A(\lambda) = (\lambda-1)^2(\lambda-4), \quad \lambda = 1, 4.$

(5) $\Phi_A(\lambda) = (\lambda-1)(\lambda^2-2\lambda-1), \quad \lambda = 1, 1\pm\sqrt{2}.$

(6) $\Phi_A(\lambda) = (\lambda-1)(\lambda^2+1), \quad \lambda = 1, \pm i.$

2. (1) 固有値は，$\lambda = 1, 2, -1$．各固有値に対応する固有空間は，

$$W(1) = \left\{ c \begin{bmatrix} -1 \\ 0 \\ 1 \end{bmatrix} \middle| \, c \in \mathbb{R} \right\}, \qquad W(2) = \left\{ c \begin{bmatrix} 1 \\ 1 \\ 1 \end{bmatrix} \middle| \, c \in \mathbb{R} \right\},$$

$$W(-1) = \left\{ c \begin{bmatrix} 1 \\ -2 \\ 1 \end{bmatrix} \middle| \, c \in \mathbb{R} \right\}.$$

(2) 固有値は，$\lambda = 2, 3, 6$．各固有値に対応する固有空間は，

$$W(2) = \left\{ c \begin{bmatrix} -1 \\ 0 \\ 1 \end{bmatrix} \middle| \, c \in \mathbb{R} \right\}, \qquad W(3) = \left\{ c \begin{bmatrix} 1 \\ 1 \\ 1 \end{bmatrix} \middle| \, c \in \mathbb{R} \right\},$$

$$W(6) = \left\{ c \begin{bmatrix} 1 \\ -2 \\ 1 \end{bmatrix} \middle| \, c \in \mathbb{R} \right\}.$$

(3) 固有値は，$\lambda = 6, -1, -2$．各固有値に対する固有空間は，

$$W(6) = \left\{ c \begin{bmatrix} 1 \\ 1 \\ 1 \end{bmatrix} \middle| \, c \in \mathbb{R} \right\}, \qquad W(-1) = \left\{ c \begin{bmatrix} 2 \\ -5 \\ 2 \end{bmatrix} \middle| \, c \in \mathbb{R} \right\},$$

$$W(-2) = \left\{ c \begin{bmatrix} -1 \\ -1 \\ 7 \end{bmatrix} \middle| \, c \in \mathbb{R} \right\}.$$

(4) 固有値は，$\lambda = 2, 4, 6$．各固有値に対する固有空間は，

$$W(2) = \left\{ c \begin{bmatrix} -1 \\ 1 \\ 1 \end{bmatrix} \middle| \, c \in \mathbb{R} \right\}, \qquad W(4) = \left\{ c \begin{bmatrix} 1 \\ -1 \\ 1 \end{bmatrix} \middle| \, c \in \mathbb{R} \right\},$$

$$W(6) = \left\{ c \begin{bmatrix} -1 \\ -1 \\ 1 \end{bmatrix} \middle| \, c \in \mathbb{R} \right\}.$$

(5) 固有値は，$\lambda = 1, 5$．各固有値に対する固有空間は，

$$W(1) = \left\{ c_1 \begin{bmatrix} 1 \\ 1 \\ 0 \end{bmatrix} + c_2 \begin{bmatrix} -1 \\ 0 \\ 1 \end{bmatrix} \middle| \, c_1, c_2 \in \mathbb{R} \right\}, \qquad W(5) = \left\{ c \begin{bmatrix} 1 \\ -2 \\ 1 \end{bmatrix} \middle| \, c \in \mathbb{R} \right\}.$$

(6) 固有値は，$\lambda = 1, 2$．各固有値に対する固有空間は，

$$W(1) = \left\{ c \begin{bmatrix} 0 \\ 1 \\ 1 \end{bmatrix} \middle| \, c \in \mathbb{R} \right\}, \qquad W(2) = \left\{ c \begin{bmatrix} 1 \\ 0 \\ 1 \end{bmatrix} \middle| \, c \in \mathbb{R} \right\}.$$

3. 固有値は，$\lambda = -1$．固有値 $\lambda = -1$ に対応する固有空間は，

$$W(-1) = \left\{ c \begin{bmatrix} 1 \\ 2 \\ 1 \end{bmatrix} \middle| \, c \in \mathbb{R} \right\}.$$

すべての固有値に対する固有空間の次元の和 $(\dim W(-1) = 1)$ が行列 A の次数 $(n = 3)$ と等しくないので，A は対角化可能でない．

4. A の固有値はすべて異なるので対角化可能であることに注意する．

(1) $E - 3A$ のすべての固有値は，$1 - 3\lambda = -2, -5, -8, -11$．

(2) $\det A = 1 \times 2 \times 3 \times 4 = 24$ であるから，A は正則行列である．

(3) A^{-1} のすべての固有値は，$\dfrac{1}{\lambda} = 1, \dfrac{1}{2}, \dfrac{1}{3}, \dfrac{1}{4}$．

(4) $\det(E + A^{-1}) = (1 + 1) \times (1 + \frac{1}{2}) \times (1 + \frac{1}{3}) \times (1 + \frac{1}{4}) = 5$

5. $A = E + a \begin{bmatrix} 1 & 1 & 0 \\ 1 & 0 & 1 \\ 0 & 1 & 1 \end{bmatrix}$ のように書ける．$B = \begin{bmatrix} 1 & 1 & 0 \\ 1 & 0 & 1 \\ 0 & 1 & 1 \end{bmatrix}$ の固有値を λ とし，対応する固有ベクトルを $\boldsymbol{x}$ とすると，$E + aB$ の固有値と固有ベクトルは，$(E + aB)\boldsymbol{x} = (1 + a\lambda)\boldsymbol{x}$ から $1 + a\lambda$ および $\boldsymbol{x}$ である．いま，B の固有値は，$\lambda = 1, 2, -1$ である．したがって，A の固有値は，$1 + a, 1 + 2a, 1 - a$ である．固有空間は，B の固有空間と同じであるから，

$$W(1+a) = \left\{ c \begin{bmatrix} -1 \\ 0 \\ 1 \end{bmatrix} \middle| \, c \in \mathbb{R} \right\}, \qquad W(1+2a) = \left\{ c \begin{bmatrix} 1 \\ 1 \\ 1 \end{bmatrix} \middle| \, c \in \mathbb{R} \right\},$$

$$W(1-a) = \left\{ c \begin{bmatrix} 1 \\ -2 \\ 1 \end{bmatrix} \middle| \, c \in \mathbb{R} \right\}.$$

6. 固有多項式は，$\Phi_A(\lambda) = (\lambda - n + 1)(\lambda + 1)^{n-1}$ となるから，固有値は，$\lambda = -1, n-1$．各固有値に対する固有空間は

$$W(-1) = \left\langle \begin{bmatrix} 1 \\ -1 \\ 0 \\ \vdots \\ 0 \end{bmatrix}, \begin{bmatrix} 1 \\ 0 \\ -1 \\ \vdots \\ 0 \end{bmatrix}, \cdots, \begin{bmatrix} 1 \\ 0 \\ 0 \\ \vdots \\ -1 \end{bmatrix} \right\rangle, \qquad W(n-1) = \left\langle \begin{bmatrix} 1 \\ 1 \\ 1 \\ \vdots \\ 1 \end{bmatrix} \right\rangle.$$

7. 固有多項式は $\Phi_A(\lambda) = \lambda^2 - 2a\lambda + a^2 + b^2$ となるから，固有値は $\lambda = a \pm ib$. 固有値 $\lambda = a + ib$，および，$\lambda = a - ib$ に対応する固有ベクトルは，それぞれ $\begin{bmatrix} i \\ 1 \end{bmatrix}, \begin{bmatrix} -i \\ 1 \end{bmatrix}$.

8. (1) A は実対称行列であるから，正規化した固有ベクトルを並べた行列を用いて対角化可能である．本章の章末問題 2(1) で求めたように，A の固有値は，$\lambda = 1, 2, -1$ であり，対応する固有空間は，

$$W(1) = \left\{ c \begin{bmatrix} -1 \\ 0 \\ 1 \end{bmatrix} \middle| \, c \in \mathbb{R} \right\}, \quad W(2) = \left\{ c \begin{bmatrix} 1 \\ 1 \\ 1 \end{bmatrix} \middle| \, c \in \mathbb{R} \right\},$$

$$W(-1) = \left\{ c \begin{bmatrix} 1 \\ -2 \\ 1 \end{bmatrix} \middle| \, c \in \mathbb{R} \right\}$$

である．したがって，正規化した固有値を並べた行列は，

$$P = [\boldsymbol{p}_1 \ \boldsymbol{p}_2 \ \boldsymbol{p}_3] = \begin{bmatrix} \frac{-1}{\sqrt{2}} & \frac{1}{\sqrt{3}} & \frac{1}{\sqrt{6}} \\ 0 & \frac{1}{\sqrt{3}} & -\frac{2}{\sqrt{6}} \\ \frac{1}{\sqrt{2}} & \frac{1}{\sqrt{3}} & \frac{1}{\sqrt{6}} \end{bmatrix}$$

となる．行列 A は，この行列 P と固有値を対角成分とする対角行列 $\Lambda = \mathrm{diag}(1, 2, -1)$ を用いて，${}^tPAP = \Lambda$ のように対角化できる．この両辺を k 乗すると

$$({}^tPAP)^k = {}^tPA^kP = \Lambda^k$$

となる．この両辺に左から P，右から ${}^tP$ を掛けると，

$$P({}^tPAP)^k \, {}^tP = A^k = P\Lambda^k \, {}^tP$$

となる．これを計算すると

$$\begin{aligned} A^k &= P\Lambda^k \, {}^tP \\ &= \frac{1}{6} \begin{bmatrix} 3 + 2^{k+1} + (-1)^k & 2^{k+1} - 2(-1)^k & -3 + 2^{k+1} + (-1)^k \\ 2^{k+1} - 2(-1)^k & 2^{k+1} + 4(-1)^k & 2^{k+1} - 2(-1)^k \\ -3 + 2^{k+1} + (-1)^k & 2^{k+1} - 2(-1)^k & 3 + 2^{k+1} + (-1)^k \end{bmatrix} \end{aligned}$$

となる．

(2) 行列 A は対称行列ではない．A の固有値は，$\lambda = 4, 2, 6$ である．それぞれの固有値に対応する固有空間は，

$$W(4) = \left\{ c \begin{bmatrix} 1 \\ 1 \\ -1 \end{bmatrix} \middle| \, c \in \mathbb{R} \right\}, \quad W(2) = \left\{ c \begin{bmatrix} 1 \\ -1 \\ 1 \end{bmatrix} \middle| \, c \in \mathbb{R} \right\},$$

$$W(6) = \left\{ c \begin{bmatrix} -1 \\ 1 \\ 1 \end{bmatrix} \middle| \, c \in \mathbb{R} \right\}$$

となる．したがって，固有値を並べた行列を P とすると，

$$P = \begin{bmatrix} \boldsymbol{p}_1 & \boldsymbol{p}_2 & \boldsymbol{p}_3 \end{bmatrix} = \begin{bmatrix} 1 & 1 & -1 \\ 1 & -1 & 1 \\ -1 & 1 & 1 \end{bmatrix}$$

となる．この逆行列を求めると，

$$P^{-1} = \frac{1}{2} \begin{bmatrix} 1 & 1 & 0 \\ 1 & 0 & 1 \\ 0 & 1 & 1 \end{bmatrix}$$

となる．行列 A は，これらの行列 P, P^{-1} と固有値を対角成分とする対角行列 $\Lambda = \mathrm{diag}(4, 2, 6)$ を用いて，$P^{-1}AP = \Lambda$ のように対角化できる．(1) と同様な議論から，

$$A^k = P\Lambda^k P^{-1} = 2^{k-1} \begin{bmatrix} 2^k + 1 & 2^k - 3^k & 1 - 3^k \\ 2^k - 1 & 2^k + 3^k & -1 + 3^k \\ -2^k + 1 & -2^k + 3^k & 1 + 3^k \end{bmatrix}$$

となる．

9. A は，対称行列であるから対角化可能である．A の直交行列 T による対角化を ${}^tTAT = \Lambda$ とする．ここで，$\Lambda = \mathrm{diag}(\lambda_1, \lambda_2, \cdots, \lambda_n)$ である．このとき，$\boldsymbol{x} = T\boldsymbol{y}$ と変数変換すると 2 次形式は，

$$Q(\boldsymbol{x}) = {}^t\boldsymbol{x}A\boldsymbol{x} = {}^t\boldsymbol{y}\,{}^tTAT\boldsymbol{y} = {}^t\boldsymbol{y}\,{}^t\Lambda\boldsymbol{y} = \lambda_1 y_1^2 + \lambda_2 y_2^2 + \cdots + \lambda_n y_n^2$$

となる．

10. (1) $Q(\boldsymbol{x}) = \begin{bmatrix} x_1 & x_2 & x_3 \end{bmatrix} \begin{bmatrix} 1 & 1 & 2 \\ 1 & 2 & 1 \\ 2 & 1 & 1 \end{bmatrix} \begin{bmatrix} x_1 \\ x_2 \\ x_3 \end{bmatrix}$ と書ける．$A = \begin{bmatrix} 1 & 1 & 2 \\ 1 & 2 & 1 \\ 2 & 1 & 1 \end{bmatrix}$ の固有値は，$\lambda = 1, 4, -1$ であり，対応する固有ベクトルを並べた直交行列は，

$$T = \frac{1}{\sqrt{6}} \begin{bmatrix} 1 & \sqrt{2} & -\sqrt{3} \\ -2 & \sqrt{2} & 0 \\ 1 & \sqrt{2} & \sqrt{3} \end{bmatrix}$$

となる．$\boldsymbol{x} = T\boldsymbol{y}$ と変数変換すると，

$$Q(\boldsymbol{x}) = {}^t\boldsymbol{y}\,{}^tTAT\boldsymbol{y} = {}^t\boldsymbol{y} \begin{bmatrix} 1 & 0 & 0 \\ 0 & 4 & 0 \\ 0 & 0 & -1 \end{bmatrix} \boldsymbol{y} = y_1^2 + 4y_2^2 - y_3^2$$

となる．

(2) この問題は，制約条件 $||\boldsymbol{x}||^2 = 1$ のもとで $Q(\boldsymbol{x})$ を最大化，あるいは，最小化する問題である．これは，ラグランジュ乗数を λ として，新たな目的関数

$$j(\boldsymbol{x}, \lambda) = {}^t\boldsymbol{x}A\boldsymbol{x} - \lambda({}^t\boldsymbol{x}\boldsymbol{x} - 1)$$

を最大化，あるいは，最小化する $\boldsymbol{x}$ と λ を求めればよい．

$$\frac{\partial Q(\boldsymbol{x}, \lambda)}{\partial \boldsymbol{x}} = \begin{bmatrix} \frac{\partial Q}{\partial x_1} \\ \frac{\partial Q}{\partial x_2} \\ \frac{\partial Q}{\partial x_3} \end{bmatrix} = A\boldsymbol{x} - \lambda\boldsymbol{x} = \mathbf{0}$$

から，条件式 $A\boldsymbol{x} = \lambda\boldsymbol{x}$ を得る．これは，行列 A の固有値，固有ベクトルの式である．ここで，この条件式を満たす $\boldsymbol{x}$ を $Q(\boldsymbol{x})$ に代入すると

$$Q(\boldsymbol{x}) = {}^t\boldsymbol{x}A\boldsymbol{x} = {}^t\boldsymbol{x}\lambda\boldsymbol{x} = \lambda||\boldsymbol{x}||^2 = \lambda$$

となる．したがって，$Q(\boldsymbol{x})$ が最大となるのは，最大の固有値 $\lambda = 4$ のときで，そのときの $\boldsymbol{x}$ は，

$$\boldsymbol{x} = \pm\frac{1}{\sqrt{3}}\begin{bmatrix} 1 \\ 1 \\ 1 \end{bmatrix}$$

である．最小値は，最小の固有値 $\lambda = -1$ のときで，そのときの $\boldsymbol{x}$ は，

$$\boldsymbol{x} = \pm\frac{1}{\sqrt{2}}\begin{bmatrix} -1 \\ 0 \\ 1 \end{bmatrix}$$

である．

索　引

欧文・数字

あ　行

か　行

さ 行